Carsten Niemitz
Das Geheimnis des aufrechten Gangs

Carsten Niemitz

Das Geheimnis des aufrechten Gangs

Unsere Evolution verlief anders

Verlag C. H. Beck

Mit 17 Abbildungen

Alle Zeichnungen und Fotos stammen vom Autor mit Ausnahme der drei Abbildungen in Kapitel 11, die wir mit freundlicher Genehmigung entnommen haben aus: M. Roede/J. Wind/J. Patric/V. Reynolds (Hrsg.): The Aquatic Ape: Fact or Fiction? © 1991 by Souvenir Press (Educational & Academic) Ltd., London

© Verlag C. H. Beck oHG, München 2004
Satz: Fotosatz Amann, Aichstetten
Druck und Bindung: Ebner & Spiegel, Ulm
Gedruckt auf säurefreiem, alterungsbeständigem Papier
(hergestellt aus chlorfrei gebleichtem Zellstoff)
Printed in Germany
ISBN 3 406 51606 8

www.beck.de

Inhalt

Kapitel 1
Von Dogmen und Theorien zur Evolution der Aufrichtung

In den Lehrbüchern zur Evolution des Menschen sowie jener seiner stammesgeschichtlichen Ahnen gibt es eine ganze Reihe von Dogmen oder zumindest allgemein verbreiteten Lehrmeinungen, die man heute nicht mehr unwidersprochen hinnehmen darf. Eines dieser Dogmen heißt, die Affen hätten früher auf den Bäumen gelebt. Unsere äffischen Vorfahren wären im Verlauf vieler Generationen von dort herabgestiegen und zum am Boden lebenden «Savannentier Mensch» geworden. Ein zweites lautet, der aufrechte Gang sei im Zusammenhang mit der Befreiung der Hände von Aufgaben der Fortbewegung zu sehen. Dieser Gedankengang stammt ursprünglich von Charles Darwin, wird aber auch heute immer noch als mögliche Begründung für die Aufrichtung unserer Ahnen herangezogen. Darwin schreibt in der zweiten revidierten Auflage der «Abstammung des Menschen» von 1874: «Der Mensch hätte seine jetzige herrschende Stellung in der Welt nicht ohne seine Hände erreichen können, welche so wunderbar geeignet sind, seinem Willen gemäß tätig zu sein. Wie Sir C. Bell betont: ‹Die Hand ersetzt alle Instrumente, und durch ihr Zusammenwirken mit dem Intellekt verleiht sie dem Menschen universelle Herrschaft.› Die Hände und Arme hätten aber kaum genügend vollkommen werden können, um Waffen oder Steine und Speere nach einem bestimmten Ziele zu werfen, solange sie gewohnheitsmäßig zur Lokomotion benutzt worden wären, wobei sie das ganze Gewicht des Körpers zu tragen hatten ... es ist auch für viele Handlungen durchaus nötig, dass beide Arme und der ganze obere Teil des Körpers frei bleiben, und zu diesem Zweck musste er fest auf seinen Füßen stehen.»[8]

Auch kann man oft lesen, die doppelt S-förmig gekrümmte Wirbelsäule des Menschen sei ein anatomisches Merkmal für den aufrechten Gang. Alle anderen Primaten, auch die nächstverwandten Menschenaffen, besitzen eine bogenförmig gekrümmte Wirbelsäule, und dies sei ein anatomisches Kennzeichen ihrer Unfähigkeit zu dauernd aufrechter Haltung. Mit vielen weiteren solcher Dogmen wird sich dieses Buch befassen.

Diese Aufzählung von Beispielen wie auch der Untertitel des Buches lassen bereits erahnen, dass wir absonderlich aufrechten Tiere einen ganz besonderen Evolutionsweg zurückgelegt haben und dass dieses Buch sich deshalb einer ganzen Reihe von sehr grundsätzlichen Themen der Evolution widmen muss, um gänzlich verstanden zu werden und um wirklich überzeugend zu sein. Ich will auf den folgenden Seiten nicht nur zeigen, dass die oben erwähnten Dogmen alle entweder den Kern des Problems der evolutiven Aufrichtung nicht erklären oder dass sie allein ohne weitere, hinzutretende Gesichtspunkte letztlich keine Beweiskraft haben. Deshalb möchte ich sie durch mehr als nur plausible Erklärungen der Menschwerdung ersetzen. Eines der Ziele dieses Buches ist es darzulegen, dass wir in mancher Hinsicht mehr den vierfüßigen Makaken, wie zum Beispiel den Rhesusaffen, ähneln als den näher mit uns verwandten Menschenaffen. Diese Ähnlichkeiten wurden zwar von Wissenschaftlern bemerkt, aber bisher nicht genügend gewichtet. Ich möchte belegen, dass eine ganze Reihe von Unterschieden zwischen unseren nächsten Verwandten einerseits, den vier Schimpansen- und Gorilla-Arten[17], und dem Menschen andererseits auf speziellen, jeweils eigenen Entwicklungen in der Evolution beider Zweige beruhen. Damit will ich zeigen, dass beide Menschenaffengattungen in vieler Hinsicht evolutiv moderner sind als der Mensch. Es soll verständlich werden, dass unsere vorhominiden, vierfüßigen Ahnen nicht den geringsten Grund hatten, im Laufe vieler Generationen einen zweifüßig aufrechten Gang zu erwerben. Dabei möchte ich nachweisen, dass unsere vierfüßigen Vorfahren – jene Affen irgendwann im Zeitraum vor vielleicht zehn bis etwa sechs Millionen Jahren – bestimmte Gründe hatten, über eine längere Periode hinweg anhaltend im flachen Wasser zu waten. Dies war ursächlich für die Evolution der langen Beine, die außer dem Menschen kein anderer Primat besitzt.

Man mag dies für unsinnig oder doch zumindest für provokant halten. Die nachfolgenden Kapitel sollen aber zeigen, zumindest ist dies meine Hoffnung, dass es zwingend oder logisch erscheint, sich von alten Ideen abzuwenden, und dass die neuen Gedankengänge nur anfänglich provokativ wirken. Zum Teil sind sie zweifellos ganz neu, genauso, wie ich auch neue Verknüpfungen und gedankliche Einbindungen einiger alter Ideen vorstellen werde. Zum Teil vereinigt und versöhnt die hier vorgestellte

Theorie sogar recht viele Gesichtspunkte von heute als gegensätzlich angesehenen Theorien zur Evolution des aufrechten Menschen.

Von Menschen und Pinguinen

Diese Geschichte der Evolution des Menschen beginnt aber nicht in Afrika, sondern in der Antarktis.

«Schau 'mal, sie watscheln wie eine Karikatur kleiner Menschen.» Ganz gebannt ist er von der scheinbar feierlichen Prozession unzähliger Adelie-Pinguine, die nach über einer Woche der Jagd im freien Meer nun zu ihren Brutpartnern zurückkehren. Sie sind satt; der Inhalt ihres randvollen Magens macht fast ein Drittel ihres Körpergewichtes aus. Dies reicht nicht nur als Nahrung zur Aufzucht der beiden Küken etwa für die nächsten zehn Tage, sondern auch für den erwachsenen Pinguin selbst beim anstrengenden elterlichen Geschäft. Durch die Kolonie von etwa 800 000 Brutpaaren hindurch kennt das Weibchen in etwa ihren Weg zur Brutstelle. Dort fast angekommen, ist sie unsicher, welcher der Partner nun definitiv ihrer ist. Auf ihr Rufen antwortet ihr Männchen, dessen Stimme sie aus über anderthalb Millionen Pinguinen erkennt. Man ist sich treu seit Jahren. Die Begrüßung des Partners und die Ablösung dauern eine Viertelstunde. Verabschieden tut man sich nicht, denn jeder weiß, was er zu tun hat. Sie füttert und hudert die beiden Flaumküken in ihrem warmen Bauchgefieder, während er sich anschickt, Hunderte von Kilometern schwimmend im Eiswasser zurückzulegen, um in ein bis zwei Wochen mit seesackartig vollem Magen den beschwerlichen, steilen Weg zum Brutplatz zusammen mit Tausenden anderer Pinguine zu Fuß wieder zu erklimmen. Die sechs aufrecht dastehenden Menschen, fünf Touristen und ein Biologe, staunen dem aufrecht davoneilenden, hungrigen Männchen nach. Zielstrebig und mit hochgerecktem Schnabel geht es den Hang hinab. Es hüpft über einen Absatz, und scheinbar hastet es weiter, als wisse das Tier um die Kürze der Brutsaison und die drängende Zeit.

«Die gehen wie Großstadtmenschen, als hätten sie alle etwas Wichtiges vor, was eilig und gewissenhaft erledigt werden muss.» – Amüsement mischt sich mit Bewunderung.

Unter Wasser schwimmen Pinguine in Wirklichkeit nicht, sondern dem Typ ihrer Bewegung nach «fliegen» sie, wie sich das für Vögel gehört. Wenn sie nicht gerade unter Wasser «fliegen», sind Pinguine an Land aufrecht zweifüßig gehende Lebewesen – wie der Mensch. Natürlich haben sie kurze Beine und, zum besseren Klettern an Land, mit Krallen bewehrte Schwimmfüße. Aber ihre Körperhaltung ist so stolz und lotrecht wie jene der Wachen vor dem Buckingham Palace.

Die sechs Leute stemmen sich gegen den Wind, der in ihren Kapuzen rauscht, aber der Lärm der unzähligen Frackmännchen ist nicht zu übertönen. Stecknadelartige Graupeln schießt der Sturm ihnen ins Gesicht. An den Gestank des Guano kann man sich kaum gewöhnen. Zur antarktischen Polarstation sind es nur ein paar Minuten glitschigen Weges. Eisregen peitscht plötzlich tausendfach stechend ins Gesicht. Sie gehen gebückt und ziehen den Kapuzenrand auf der Windseite schützend vor die Wange. «Gleich gibt's 'nen heißen Tee!», ruft einer von ihnen seinem Nebenmann zu.

Eine knappe Stunde später steht er dampfend auf dem kleinen, runden Tisch vor ihnen. Während sein gestriger Vortrag der Brutbiologie der Pinguine gegolten hatte, ist heute der aufrechte Gang von Menschen und Pinguinen das Thema. Der Biologe referiert über die Fortbewegung der Pinguine und hierbei besonders über wissenschaftliche Experimente in dieser Station, bei denen man die Vögel in einem Wasserkanal hat schwimmen lassen, ähnlich wie man den Flug der Vögel in einem Windkanal untersuchte. Ein Pinguin, der mit knapp 30 Stundenkilometern einem Seeleopard zu entkommen versucht, müsste wegen der Dünnflüssigkeit der Luft mit über 1200 Stundenkilometern fliegen, um etwa den gleichen Strömungswiderstand zu erreichen wie im Wasser. Im relativ dickflüssigen Wasser entsprechen die Pinguine in dieser Hinsicht also mit Überschallgeschwindigkeit fliegenden Vögeln. Ein Falke im Sturzflug auf seine Beute ist sprichwörtlich schnell, aber bezogen auf die Viskosität des umgebenden Mediums Luft ist er im Vergleich zum Pinguin im Wasser wohl langsamer als ein satter Goldfisch gegenüber einem hungrigen Hecht.

Beim Vogelflug erfolgt die Fortbewegung mit den Flügeln. Im Skelett ist deutlich zu erkennen, dass die Flügel den Armen und Vorderfüßen ihrer nächsten Verwandten, den Reptilien, entsprechen. Gerne schwimmen Pinguine im Wasser wie Entenvögel. Hierbei paddeln sie mit den Schwimmfüßen auch ähnlich den Enten und Gänsen. Beim

Unterwasserflug jedoch dienen die Hinterfüße zur Steuerung der pfeil-schnellen Tiere. Sie werden als doppeltes Heckruder eingesetzt, wie es bei vielen Booten und Schiffen verwirklicht ist. Deshalb müssen sie auch ganz hinten am Körper angebracht sein. Ein solches Ruder ähn-lich den Schwimmfüßen der Enten zu Beginn des hinteren Körperdrit-tels anzubringen, wäre bei Pinguinen unfunktionell und würde unter anderem eine Einbuße an Geschwindigkeit bedeuten. Seeleoparden hätten ein leichtes Spiel. Es ist also keine Frage, warum nur jene Pin-guine von der natürlichen Auslese übrig gelassen wurden – und die heutigen Vertreter darstellen –, bei denen die vorteilhaftere «Konstruk-tion» realisiert ist.

«Pinguine brüten doch an Land. Die Biokonstruktion, wenn ich das einmal so sagen darf, ist aber durch die Evolution im Wasser entstanden. Passt das zusammen?», fragt einer der Antarktistouristen. «Ja, genau das ist der Fall», antwortet der Biologe: «Wie andere Vögel auch, ob Sperling oder Flamingo, benutzen sie zum Stand und Gang die Hintergliedma-ßen. Die den Körperbau in allen seinen Einzelheiten bestimmenden Gene sind recht stabil und werden, wo sie sich funktionell bewähren, auch oftmals über lange Zeit erhalten. Tatsächlich aber sind die Gene im Verlauf unzähliger Generationen immer wieder Veränderungen des Erb-gutes unterworfen, den so genannten Mutationen. In ihrer Richtung und Auswirkung sind Mutationen jedoch weitgehend zufällig.

Als bei den Pinguinen die Frage nach der optimalen Position ihrer Schwimmfüße anstand, hatten nur kleine Veränderungen eine Über-lebenschance, größere Veränderungen wären in irgendeiner Hinsicht unfunktionell gewesen. Denn die Selektion der Natur las *nicht* die am schnellsten flüchtenden Pinguine *für die Nachzucht* weiterer Generatio-nen aus, wie dies meistens falsch dargestellt wird. Im Gegenteil elimi-nierte sie nach statistischen Wahrscheinlichkeitsregeln die etwas lang-samer flüchtenden Tiere lediglich ein bißchen häufiger, indem jene bei-spielsweise Beute einer jagenden Robbe wurden. Die Natur ließ also die wendigeren Flüchter mit statistischer Wahrscheinlichkeit etwas häufiger am Leben. Dies aber hat genetisch einen völlig anderen, ganz wesent-lichen Effekt. Es bedeutet nämlich, dass die Natur innerhalb der Popula-tionen für die Entstehung und für den Erhalt einer genetischen Vielfalt sorgt. Schon Darwin hat dies im Prinzip erkannt, ohne dass er die Existenz von Genen hätte erahnen können. Diese sehr bedeutsame seiner vielen bahnbrechenden Erkenntnisse wird dadurch klar, dass er aus diesem Grunde nämlich nicht von der Auslese der Tüchtigsten gesprochen hat, sondern vom bloßen Überleben der Angepasstesten, dem *survival of the fittest*», schloss der Biologe seinen Vortrag.

Pinguine sind also so etwas wie Torpedos mit Frontantrieb und Hecklenkung. Das Problem, wo die Füße «anzubringen» seien, wäre sicher nur halb so gravierend, wenn diese Unterwasservögel nicht zur Fortpflanzung an Land gehen würden. Sie machen es genau umgekehrt wie die Amphibien, die an Land leben und unter Umständen weite Wanderungen zum Wasser unternehmen müssen. Ihr Liebesleben spielt sich im Wasser ab, und auch die Entwicklung der Larven geschieht dort. Pinguine gehen zur Balz an Land. Sie leben ebenfalls amphibisch, nur zeugen sie ihre Nachkommen auf dem Trockenen und brüten sie dort auch aus. Die Jungen verbringen einen entscheidenden Teil ihrer frühen Entwicklung an Land, bis ihre Eltern kaum noch groß genug sind, um sie aus dem Kropf von oben in den sperrenden Schnabel hinein zu füttern. Lange nachdem also in der Evolution ein Teil der Amphibien den als Fortschritt gefeierten Landgang anatomisch und physiologisch bewältigt hatte, gab es unter den Vögeln wieder eine Evolution zu einer anderen, neuen Art von amphibischer Lebensweise, nur eben unter völlig anderen Vorzeichen. Dieser Pfad der Evolution zum amphibischen Dasein war seit dem ersten Landgang in der Evolution nicht der erste, sondern einer von vielen. Denken wir nur an die Otter, die von landlebenden Marderartigen abstammen. Und es war nicht der letzte Weg zu einer amphibischen Lebensweise, wie wir noch sehen werden.

Storch und Dinosaurier – wie einzigartig ist der aufrechte Gang des Menschen?

Pinguine können wegen ihrer Flügel beim Gang an Land nicht auf allen Vieren gehen, sondern sie bewegen sich zweifüßig, also biped, fort. Von wenigen Ausnahmen abgesehen, wie jener der Mauersegler,[1] die praktisch nur fliegen können, sind alle Vögel an Land Zweifüßer. Spatzen hüpfen, Kleiber klettern an senkrechten Baumstämmen hinauf und Kopf voran wieder hinab, Regenpfeifer und Strandläufer «rollen» geschwind auf ihren zwei Beinchen, die bei vollem Tempo unsichtbar werden. Biped gehen schreitende Störche, Strauße und beispielsweise Flamingos. Nur auf den ersten Blick geschieht es dort ähnlich, wie es ihnen die Menschen vorzumachen scheinen. Aber jene Schreitvögel haben es schon viele Millionen Jahre *vor* den ersten Hominiden getan.

Natürlich handelt es sich hierbei nicht um einen Gang vom gleichen Bewegungstyp wie jenem des Menschen. So fehlen zum Beispiel die für den menschlichen Gang charakteristischen pendelnden Arme. Ebenso fundamental unterscheidet sich der Gang aller Schreitvögel vom Menschen durch dessen aufrechten Rumpf. Nur der lange Hals mancher Vögel wird beim Gehen senkrecht gehalten. Er ermöglicht es ihnen, zur Nahrungsaufnahme und zum Trinken mit dem Schnabel zum Niveau ihrer Füße hinabzureichen. Vom Bug bis zum Bürzel hingegen wird der gesamte Rumpf waagrecht gehalten und braucht beispielsweise bei schwimmenden Schwänen seine horizontale Orientierung im Raum kaum zu verändern.

Man mag einwenden, dass es doch eine ganze Reihe von zweifüßigen Säugetieren gäbe, von Kängurus bis zu Tanzbären sowie den Kamelhals- oder Giraffenantilopen, den so genannten Gerenuks, und weiteren anderen Beispielen. Aber der Reihe nach. Zunächst muss man zwischen Haltung und Fortbewegung unterscheiden. Eichhörnchen zum Beispiel bewegen sich vierfüßig kletternd und laufend fort, wenn sie aber eine Haselnuss aufraspeln, hocken sie sich auf ihre Hinterfüße und halten die Nuss zwischen den Vorderpfoten fest. Dies ist eine zweifüßige Körperhaltung und damit trotz ihrer offensichtlichen Verschiedenheit mit jener des Menschen in einer Kategorie zu führen. Mit Hinblick auf die Wirbelsäule des Rumpfes ist sie beim Eichhörnchen auch einigermaßen aufrecht. Wenn man aber vom aufrechten Stand spricht, wird man diese hockenden Nager nicht mehr mit den Menschen in einer Kategorie finden. Dies verhält sich beim bettelnden Zirkusbären ganz anders, der sich kerzengerade hinstellt. Verfehlt ihn aber ein zugeworfenes Brötchen, so wird er sich schon für wenige Meter wieder auf alle vier Füße begeben, um sich den Brocken zu holen.

Gerenuks sind langhalsige und langbeinige Antilopen, die sehr gut an jahreszeitliche Dürren angepasst sind. Manchmal stellen sie sich zum Fressen – auf eine geradezu spektakulär aufrechte Art – senkrecht auf die Hinterläufe, um auch noch an die höchsten, winzigen Akazienblättchen zu gelangen. Auf diese Weise erreichen sie ein wenig mehr vom feuchten Grün, das andere Antilopen nicht nutzen können. Aber auch für sie gilt der große Unterschied gegenüber dem Menschen, dass sie sich beim kleinsten Ortswechsel wieder auf alle vier Füße begeben und den weitaus größten Teil der Zeit so laufen wie alle anderen Antilopen auch.

Für Kängurus scheint dieser Unterschied nicht zu gelten, denn sie sind vornehmlich bipede Lebewesen, sowohl was die Haltung als auch was die Fortbewegung betrifft. Der gleiche Typ des Positions- und Lokomotionsverhaltens, wie es fachbegrifflich heißt, wurde übrigens in der Evolution nicht nur bei Kängurus, sondern gleich mehrfach entwickelt, bei afrikanischen und ostasiatischen Nagetieren beispielsweise und auch bei Springhasen. Alle diese Tiere tragen ihren Rumpf jedoch nicht aufrecht, sondern meistens mehr oder weniger waagrecht, allenfalls vorn ein wenig angehoben. Wie unterschiedlich aber die funktionell anatomischen Grundlagen sind, sieht man daran, dass diese Art der Fortbewegung vom Menschen nur beim Sackhüpfen und dann zur Belustigung über die Ungeschicklichkeit anderer ausgeübt wird. Umgekehrt wäre (natürlich rein theoretisch!) ein zweifüßiger Gang von Kängurus oder Wüstenmäusen sicher nicht geschickter.

Zweifüßig gehen konnten manche Dinosaurier, und zum Teil erreichten sie beachtliche Geschwindigkeiten, unter ihnen der berühmte *Tyrannosaurus rex*. Dieses riesige Tier war trotz seines gigantischen Gewichts und recht behäbiger Bewegungen ein schneller Läufer. Wegen seiner enormen Schrittlänge bedurfte es nämlich nicht einmal übermäßig eiliger Schrittfolgen. Mit dem Menschen stimmen aber weder seine Anatomie noch die Bewegungsabläufe bei der Fortbewegung auch nur annähernd überein, denn diese zweibeinigen Saurier besaßen einen immens großen, massigen Schwanz, dessen Spitze bis dicht über den Boden hinab weit nach hinten reichte. Der Tierkörper wurde im Hüftgelenk von den Füßen getragen, und der Schwanz bildete hinten ein Gegengewicht zu dem schräg nach vorn und nach oben hinaufreichenden Rumpf und Hals. Die Kleinheit ihrer Arme und Vorderfüße hing wohl auch damit zusammen, dass der Schwanz bei größeren Armen als Gegengewicht zum Oberkörper hätte noch massiger ausfallen müssen, was wohl problematisch gewesen wäre.

Die schweren Beine beim Lauf nach vorne zu bringen, erfordert beim

Menschen ein heftiges gegenläufiges Pendeln der Arme, ohne deren Mithilfe ein schneller Lauf schwierig und kräftezehrend ist. Dies hat jeder schon einmal erlebt, der beim Laufen einen Gegenstand mit beiden Händen tragen musste. Dass *Tyrannosaurus* trotzdem auf die Masse von Vordergliedmaßen fast ganz verzichten konnte, klingt in diesem Vergleich erstaunlich. Es liegt daran, dass der lange, schwere Körper eben weit nach vorne und hinten ragt. Vor und hinter dem Hüftgelenk wird der Körper ohne viel Kraftaufwand ähnlich einer Wippe in der Waage gehalten.

Ganz andere Probleme aber ergeben sich bei einer Drehung des Körpers, beispielsweise in einer scharfen Wendung. Die im Lauf pendelnden Beine können diesen weit hinausragenden, massigen «Kran» nämlich nur schwer nach links oder rechts um eine senkrechte Achse drehen. Als Modell hierfür könnte nun ein Besenstiel dienen, den man in der Mitte zwischen Daumen und Zeigefinger etwa waagrecht oder etwas schräg balanciert und dann in Drehung zu setzen versucht. Das gelingt gegen die Trägheit nur langsam; übrigens ist es auch ebenso schwer, ihn auf die gleiche Weise wieder abzubremsen. Für eine solche Drehung des Körpers ist diese Masse des langen Saurierkörpers also einfach zu träge, während der senkrecht über dem Becken stehende, näherungsweise zylindrische menschliche Körper sich leicht drehen lässt. Als Modell für ihn kann wieder der Besenstiel dienen. Diesmal müssen wir ihn senkrecht halten und wie einen Quirl zwischen die Handteller klemmen. Mit quirlenden Bewegungen können wir denselben Besenstiel ganz mühelos schnell hin und her rotieren. Um wenigstens etwas mehr Trägheit gegen diese Drehung um die Längsachse zu erlangen, haben die Menschen zum leichteren Gehen und Laufen im Verlauf der Evolution übrigens ihre im Vergleich zu den Menschenaffen deutlich breiteren Schultern erworben. Je weiter die Masse von der Drehachse weg ist, desto schwerer kann sie in Drehung versetzt oder wieder abgebremst werden. Aus all diesen Gründen kam *Tyrannosaurus* also trotz kleiner Ärmchen und relativ langsamer Schrittfolgen im Lauf wohl recht schnell voran.

Im krassen Gegensatz hierzu verfügen wir Menschen nur noch über ein kleines Überbleibsel der Schwanzwirbelsäule in Form unseres Steißbeins. Rumpf und Kopf werden also etwa senkrecht über dem Hüftgelenk getragen. Dies erlaubt und erfordert breitere Schultern und pendelnde Arme. Wie wichtig die Masse der Arme für schnelles Laufen beim Menschen ist, kann man leicht mit zwei Hinweisen demonstrieren. Denken Sie an den letzten 100-Meter-Endlauf, den Sie im Fernsehen verfolgt haben, und an die eindrucksvoll muskulösen, also auch schweren Schultern und Arme jener besonders schnellen Sprinter. Oder erinnern Sie sich daran, wie Sie das letzte Mal mit einer schweren Einkaufstüte an einer Hand (die Sie an schnellen pendelnden Armbewegungen hinderte) versuchten, einen Bus oder eine U-Bahn schnell laufend noch zu erreichen, und wie die an der Hand pendelnde Stofftüte mit einer Flasche Wein und reifen Tomaten darin gefährlich eigenmächtig zu schwingen begann. Wir schwanzlosen, aufrechten Zweibeiner benötigen also im Gegensatz zu *Tyrannosaurus* für unseren Energie sparenden Gang – und mehr noch für gelegentlich schnellen Lauf – breite Schultern und im Verhältnis zum Rumpf recht lange, relativ schwere Arme.

Der Mensch ist also mit seiner besonderen Form der Zweifüßigkeit recht einsam. Kein Storch oder Dinosaurier, kein Känguru, Tanzbär oder Springhase ähnelt der menschlichen Haltung und Lokomotion in einer Weise, die erlauben würde, von einem ähnlichen Fortbewegungstypus zu sprechen. Und in der Tat, wenn man sich zu weiterer Suche im Tierreich aufmacht, wird man eine vergebliche Reise durch das System aller Tiere antreten. Die aufrecht bipede Haltung und Fortbewegung des Menschen unter allen lebenden und ausgestorbenen Wirbeltieren ist wirklich einzigartig. In der Evolution ist das keine Auszeichnung, zumindest ist sie nicht viel versprechend. Denn wenn man die letzten hunderte von Millionen Jahre im Geiste Revue passieren lässt, so findet man, dass stark abweichende und auch so ungewöhnlich schnell entstandene Formen[2] meist nicht lange existiert haben und recht schnell das Antlitz unseres Planeten wieder verließen. Sie starben aus, weil die Evolution bereits recht gut angepasste Formen durch zufällige Mutationen und funktionelle Selektion hervorgebracht hatte. Starke Abweichungen von diesen optimierten Typen unterliegen daher gewissermaßen einer neuen Überprüfung ihrer Lebenstüchtigkeit und bringen deshalb meist auf Dauer eher einen Überlebensnachteil mit sich.

Der Begriff der Zufälligkeit der Erbänderung bedeutet hier nicht, dass alles an den Mutationen des Erbgutes zufällig wäre. Der Eintritt eines solchen Ereignisses ist zwar zufällig, hat aber durchaus nicht bei allen

Genen und zu allen Zeiten die gleiche statistische Wahrscheinlichkeit. Mit der Zufälligkeit der Mutationen ist gemeint, dass die Richtung und die Stärke der Auswirkung einer genetischen Änderung nicht vorhersagbar ist. Man kann sich leicht vorstellen, dass gewissermaßen zufällige Konstruktionsänderungen an einem viele tausend Generationen ausgelesenen Typ eher funktionelle Nachteile als Vorteile mit sich bringen. Ändert also irgendjemand etwas rein zufällig im Konstruktionsplan eines Segelflugzeuges, so wird dies viel wahrscheinlicher zu einem Absturz führen als zu einer sich bewährenden Verbesserung. Nun sind aber unsere nahen Verwandten im Tierreich wie beispielsweise Rhesusaffen oder Paviane sprichwörtlich behende und schnell. Der uns riskant überholende Autofahrer fährt «einen Affenzahn»; das elfjährige, motorisch sehr geschickte Kind unserer Nachbarn wird gelegentlich von seinen Eltern liebevoll als «richtiger Kletteraffe» tituliert. Der Volksmund hat hier Recht, denn viele Affen sind lokomotorisch unglaublich schnell und geschickt, und dies sowohl am Boden als auch in den Bäumen. Wir können bei der Zufälligkeit der Mutationen also zwei Fakten vor Beginn der allmählich fortschreitenden Evolution zur Aufrichtung und Bipedie festhalten.

- Die Aufrichtung des Menschen war für den «blinden Konstrukteur» der Evolution alles andere als wahrscheinlich, denn unsere den heutigen Makaken nicht unähnlichen Vorfahren vor zwanzig oder dreißig Millionen Jahren waren eigentlich lokomotorisch optimiert und bedurften – auch bis zu den jetzt lebenden Formen – in dieser Hinsicht eigentlich keiner konstruktiven Verbesserung.
- Eine zweibeinige Fortbewegung auf dem Boden mit nur etwas verlängerten Beinen, noch nicht voll durchstreckbaren Hüftgelenken und einem schlechter greifenden Fuß als zuvor hatte nur Nachteile. Diese mit hohem Energieverbrauch nur langsam umherschlurfenden vormenschlichen Zwischenformen zwischen Affen und heutigen Menschen hätten nach aller Logik von der Selektion wieder ausgemerzt werden müssen.

Und dennoch gibt es uns völlig unwahrscheinliche aufrechte Zweibeiner. Die Frage lautet also, warum wir entgegen dieser funktionellen Nachteile trotzdem als Zweibeiner existieren.

Theorien zur Evolution der Aufrichtung und des zweifüßigen Ganges – eine Übersicht

In der Wissenschaftsgeschichte des zwanzigsten Jahrhunderts wurden bereits eine ganze Reihe von Theorien zur Kausalität einer Aufrichtung der Hominiden entwickelt. Die allen Theorien gemeinsame Frage lautete, welche funktionellen Vorteile eine aufrechte Haltung und ein aufrechter Gang für unsere vierfüßigen Vorfahren hatten, die dauerhaft bewirkten, dass jene sowohl ihr Verhalten als auch ihre Anatomie grundlegend änderten. Diese Theorien sollen hier einigermaßen vollständig vorgestellt werden. Ihre große Anzahl macht es bereits nötig, ihre Schilderung und die Diskussion ihrer jeweiligen Wahrscheinlichkeiten in zwei Kapitel aufzuteilen. Allein dieser Umstand aber zeigt, dass es immer wieder Anthropologen und Evolutionswissenschaftler gibt, die trotz der vielen gängigen und keineswegs *ad acta* gelegten Theorien weiterhin mit allen Erklärungsversuchen unzufrieden sind. Erst im vergangenen Jahrzehnt wurden wieder zwei völlig unterschiedliche Theorien, die *Imponiertheorie* und die *Aasfressertheorie*, aufgestellt. Sie belegen mit ihren total verschiedenen Ansätzen, dass ein so zentrales Thema wie die Evolution des aufrechten Gangs von vielen Fachleuten auch heute noch als ein völlig ungelöstes Problem angesehen wird.

1. Frei werdende Hände. Die Vorstellung, dass die Befreiung der Hände von unterstützenden Aufgaben bei der Fortbewegung sowohl den aufrechten Gang als auch die Entwicklung eines größeren, tüchtigeren Gehirns gefördert hätte, wurde, auf dem oben geschilderten Gedankengang von Charles Darwin fußend, vor etwa vierzig Jahren ziemlich zeitgleich von Washburn in den USA und von Ardrey in Südafrika weiterentwickelt.[6, 23] Sie nahmen Darwin folgend an, dass bei aufrechter Haltung die Hände nunmehr frei für fein manipulierende Tätigkeiten waren. Hand und Hirn konnten für präzise und kreative Tätigkeiten immer besser interagieren. Es gab gewissermaßen eine gegenseitige Stimulation, wobei nicht nur die Hände die Befehle des Gehirns allmählich immer besser auszuführen lernten, sondern offenbar auch das Gehirn auf Dauer von den immer flinkeren und sichereren Händen profitierte. Die geschicktere Herstellung von Werkzeugen war ein Beispiel für einen solchen komplexen evolutorischen Prozess. Diese Theorie beschäftigte viele Fachleute und wurde oftmals referiert, sie fand ihren Weg sogar in Schulbücher. Dies hatte mich schon als Student erstaunt, weil mir durch die Beobachtung von Affen immer klar war, dass jene sich für feine Manipulationen und präzise Fingerfertigkeiten immer hinzusetzen pflegen. Auch wir Menschen setzen uns trotz unseres überlegenen Manipulationsgeschicks für Tätigkeiten hin, die Fingerspitzengefühl verlangen. Es gab also offensichtlich keinen selektiven Vorteil für jene unter unseren Ahnen, die feine Tätigkeiten im Stehen vorgenommen hätten. *Selektionsvorteil bedeutet hierbei, wie beim ‹survival of the fittest› bereits angedeutet, dass die Wahrscheinlichkeit statistisch größer wäre, mehr gesunde Nachkommen aufzuziehen.*

2. Das Pflücken kleiner Nahrungseinheiten, besonders in Kopfhöhe oder darüber. Es war die bekannte Primatologin Allison Jolly, die 1970 diese Theorie formulierte; zehn Jahre später griff Richard Wrangham sie wieder auf und verfeinerte sie nach dem damals neuesten Kenntnisstand.[12, 25] Die Autoren dieser Hypothese gehen davon aus, dass es zur Zeit des Übergangs von Affen zu Menschen in der Savanne nicht immer üppige Nahrungsressourcen gab. Danach wäre aber erheblich mehr Energie notwendig gewesen, um sich aufzurichten und um an die Samen hoch wachsender Gräser und an höhere Früchte zu gelangen. Dies wäre nur bei entsprechend höherem Ertrag an Nahrung rentabel gewesen. Menschenaffen biegen jedoch Pflanzen oft einfach um oder brechen sie ab. Die mit uns mehr oder weniger nah verwandten Tierprimaten in den Savannen Ostafrikas oder in afrikanischen Wäldern haben auch heute das gleiche Problem, wenn auch unterschiedlich häufig. Auch sie richten sich gelegentlich auf, um an sonst schlecht erreichbare Nahrung zu gelangen. Neulich erhielt diese Hypothese wieder eine gewisse Unterstützung durch die experimentelle Bestätigung der Tatsache, dass sowohl der Gemeine als auch der Zwergschimpanse oder Bonobo sich bei hoch angebrachter Nahrung häufiger auf beide Füße aufrichten.[22] Aber bipedes Gehen ist bei Schimpansen selten. Bei den uns ebenfalls nah verwandten Gorillas macht es weniger als ein Prozent der Fortbewegungszeit aus.[19] Selektionsdrucke, die aus einer solchen Form der Nahrungsbeschaffung einen Trend zur bipeden Fortbewegung begründen könnten, erscheinen also aus einer ganzen Reihe von Gründen nicht überzeugend.

3. *Das Tragen von Kleinkindern.* Drei Jahre vor Allison Jollys Hypothese veröffentlichte Washburn seine Theorie zur Evolution der menschlichen Aufrichtung. Sie geht von der Überzeugung aus, dass es entscheidende Vorteile besäße, aufrecht zu gehen und die Säuglinge oder Kleinkinder dabei auf den Armen zu tragen. Vierfüßige Affenmütter, wie zum Beispiel Berberaffen- oder Pavianweibchen, haben jedoch keinerlei Probleme damit, ihre Winzlinge am Bauch und die kleinen Reiter später auf dem Rücken zu tragen, und zwar sowohl was die Geschwindigkeit des Transports betrifft als auch hinsichtlich der Dauer beim Umherwandern. Das Transportproblem an sich scheint jedoch geradezu exzellent gelöst zu sein. Wer jedoch, als Mensch, sein Kind aufrecht umhergetragen hat, weiß, dass dies nicht schnell gelingen kann und dass man sich den (ungefragten) Affenmüttern sicher nicht überlegen fühlt. Viele Mütter und Väter benutzen wegen dieses Dilemmas einen Rucksack oder sonstige textile Hilfskonstruktionen, um den störenden, lästigen Bewegungseinschränkungen und Beschwerden entgegenzuwirken. Gerade dies zeigt, wie «unhandlich» ein auf zwei Beinen aufrecht getragener Säugling ist.

Dabei kann man andererseits durchaus mit Wrangham argumentieren, dass menschliche oder menschenäffische Säuglinge einfach zu klein und wenig später sehr langsam sind und man als Gruppe erheblich an Geschwindigkeit gewinnt, wenn man das Kind trägt. Die Jungen von Grünen Meerkatzen, Pavianen oder terrestrisch lebenden Makaken beispielsweise sind im Alter von einem dreiviertel Jahr so schnell wie ein entsprechend kleiner Hund. Im Vergleich mit einer Raubkatze ist dies vielleicht nicht sehr flott, aber ungleich schneller als ein Kind, das in diesem Alter noch nicht mehr als krabbeln kann! Dies ist aber der falsche Ansatz. Wenn man nämlich fragt, welcher funktionelle Vorteil zum Beispiel unseren evolutorischen Ausgangspunkt – also dem Typ nach etwa eine Rhesusaffenmutter oder eine Pavianmutter – bewegen konnte, aufrecht zu gehen, um ihr Kind biped auf den Armen zu tragen, so kann man angesichts der eingangs erwähnten, recht optimierten Lösung nur eine Antwort erwarten: Hierzu konnte sie so gut wie nichts bewegen.

Da die Aufrichtung aber in der Evolution nun einmal geschehen ist und die Menschen ihre kleinen Kinder nun überhaupt nicht mehr am Bauch hängend und nur beim Spiel und recht beschwerlich langsam reiten lassen können, muss der noch verbleibende Rest gefunden werden,

den wir gerade eben kühn «so gut wie nichts» genannt haben. Dieses «fast nichts» gilt es also zu finden.

4. Transport von Werkzeugen oder Nahrung. Wenn man einen Schimpansen beim Transport von Objekten betrachtet, fällt einem kein funktionelles Defizit auf. Mühelos trägt er einen Holzhammer zum Knacken von Ölpalmenfrüchten tagsüber stundenlang in der Absicht mit sich herum, ihn erst am Spätnachmittag einzusetzen. Viel Nahrung auf einmal wegzutragen, um sie ungestört verzehren zu können, ist die hierfür zumeist angeführte Begründung. In der Natur aber kommt eine solche Situation fast nie vor, sondern nur bei Fütterungen der Menschenaffen durch Menschen. Recht stereotyp stammen die als Beispiel hierfür dienenden Bilder nämlich auch aus solchen Situationen. Bei einem entsprechend reichen Futterangebot in der Natur nimmt ein Individuum das, was es bequem mitnehmen kann, vielleicht ein paar Schritte zur Seite und kehrt nach dem Verzehr für die nächsten Happen eben die kurze Strecke zurück. Darüber hinaus tragen sie auch dann häufig ihre Nahrungsstücke nicht biped davon, sondern im vierfüßigen Knöchelgang. Dies geht manchmal recht akrobatisch, zwei Bananen in der linken Hand, eine in der rechten, zwei Zwiebeln im Mund und drei weitere Futterbrocken mit den Füßen. Einem Menschen würden diese vielen Objekte wahrscheinlich zur Hälfte auf dem Weg zum Ort des Verzehrs abhanden kommen.

Die von Hewes vor rund vierzig Jahren formulierte These wurde 1967 von Washburn befürwortet und argumentativ erweitert.[9, 24] Beiden gelang es jedoch nicht, klar zu machen, warum ein schimpansenähnlicher Typus derart dramatische anatomische Änderungen der gesamten Statik und des Fortbewegungsapparates für solch einen Zweck hätte einleiten sollen. Kürzlich wurden Schimpansen und Zwergschimpansen dicht gepackte Futterhaufen in ihr Gehege eingebracht, um zu sehen, ob sich dieses Nahrungsangebot auf die Fortbewegung auswirken würde. Ein solches künstliches Ereignis ist in der Natur aber zweifellos selten; ein voller Obstbaum mag häufiger vorkommen, aber er läßt dann meistens genügend Platz zum Pflücken, so dass kein Individuum Nahrung wegtragen muss. Tatsächlich jedoch hatte eine solche künstlich herbeigeführte Situation die Wirkung, dass beide Arten mehr bipedes Gehen zeigten, um Nahrung zu tragen.[22] Bei Beobachtungen in Gehegen richteten sich Zwergschimpansen mehr auf, um etwas zu tragen, als Gemeine Schimpansen.[21] Immerhin widerspricht dies meinem Eindruck von dem eben geschilderten Bananen- und Zwiebeltransport auf drei oder vier Gliedmaßen. Aber sicher wird meine Skepsis von vielen geteilt, die sich darauf gründet, dass ein in der Natur fast nicht vorkommendes Ereignis beigetragen haben soll, uns zu optimierten Wanderern zu machen. Wenn es die Überlebenswahrscheinlichkeit der betreffenden Individuen kaum beeinflusst, kann ein seltenes Verhalten nämlich nur als äußerst schwacher Selektionsfaktor wirken.

Im Bwindi Impenetrable Nationalpark in Uganda wurde beobachtet, wie häufig sich Gemeine Schimpansen in reich fruchtenden Feigenbäumen beim Pflücken der Früchte biped aufrichteten.[20] Diese Beobachtung an sich überrascht mich überhaupt nicht, denn ebenso wie am Boden werden die Schimpansen die aufrechte Haltung natürlich auch auf Ästen stehend nutzen, um an die leckeren Feigen zu gelangen. Doch handelte es sich hierbei um recht selten protokollierte Ereignisse, die während der Nahrungsaufnahme in den Bäumen nur einmal in zwei Beobachtungsstunden auftraten. In einer solchen Situation hätte ich das Auftreten dieser Verhaltensweise eher häufiger erwartet. Vielleicht kann der Aussagewert dieser Beobachtungen daher als nicht sehr stark eingeschätzt werden. Ich kann mir außerdem keinen einleuchtenden Grund denken, warum die Einnahme einer solchen Haltung als verhaltensbiologischer Vorläufer der aufrechten bipeden Fortbewegung am Boden gedient haben könnte. Eigentlich handelt es sich bei dieser Untersuchung um die Wiederaufnahme einer rund achtzig Jahre alten Theorie, welche den «arboreal bipedalism» («auf den Bäumen stattfindende Zweifüßigkeit») bei einem eher gibbonartigen Vorfahren des Menschen sah.[16]

5. Transport von Nahrung im Zusammenhang mit der Evolution sozialer Strukturen. Die eben geschilderte Theorie wurde in abgewandelter Form in Zusammenhang mit der Evolution menschlichen Zusammenlebens gebracht. Der amerikanische Anatom Owen Lovejoy entwickelte eine Szenerie, in der insbesondere die männlichen Individuen Nahrung jagen oder sonstwie besorgen würden und sie dann zu ihren Frauen und Kindern ins Lager tragen.[14, 15] Dies schilderte er in einer Zusammenschau des menschlichen Lebens in einer monogamen Paargemeinschaft und der Aufzucht der Nachkommen in besonders intensiver Betreuung.

Ich nenne dies manchmal salopp die «Einkaufstüten-Theorie». Und in der Tat, wenn man an irgendeinem belebten Platz der Welt die vorbeischlendernden oder -eilenden Menschen betrachtet, so wird man feststellen, dass die wenigsten von ihnen mit leeren Händen unterwegs sind. Was sie tragen, hat entweder Nutzen für sie selbst, beispielsweise der Regenschirm, der sie beschirmen und trockenen Weges nach Hause begleiten soll. Oder sie haben gerade für sich, ihre Familien oder für Freunde eingekauft. Natürlich kommen in einem gedachten Beispiel die urmenschlichen Jäger nicht vom Einkauf, sondern von der Jagd zurück, und sie tragen Beutetiere oder Fleischstücke zu ihrer Sippe. Aber außer der Tatsache, dass die Theorie vornehmlich zur Erklärung der von Lovejoy postulierten menschlichen Monogamie dienen sollte, hat sie drei Schwachpunkte hinsichtlich der kausalen Erklärung für eine Entstehung des aufrechten Ganges.

Zum einen wurde über lange Zeit – und wird zum Teil noch heute – das Fachbücher und Romane füllende Großwildjägertum der männlichen Urmenschen konsequent überschätzt.[10] Würde nämlich diese riskante Tätigkeit lediglich in zwanzig «Jäger-Jahren» das Leben nur eines Mannes der kleinen Sippen kosten, müsste dies trotzdem zu einer drastischen Schwächung der Überlebenswahrscheinlichkeit der Gemeinschaft führen. Dieser Einwand gilt natürlich nicht, weil es an Männern für die Zeugung von Kindern fehlen würde, sondern an Männern für ebendiese Szenerie von Jägern sowie an spähenden und kämpfenden Beschützern, an Nahrung sammelnden Männern und in vielen anderen Funktionen mehr. Dies aber könnte besonders in Zeiten kritischer Nahrungsversorgung, klimatischer Widernisse oder bei Epidemien zu einer vielleicht entscheidenden Schwächung der Population führen. Möglicherweise hätte eine solche Schwächung auf längere Sicht Konsequenzen mit vielleicht fatalem Ausgang für alle betroffenen Individuen. Auf einen solchen Selektionsnachteil des Verlustes von Sippenmitgliedern sollte sich aber ein Genpool im Stadium der evolutorisch schwierigen Umstellungsphase zur aufrechten Haltung nicht einlassen dürfen. Ein Großwildjägertum in jener Phase der Hominidenevolution wäre außerdem völlig spekulativ. Während es viel später, als der aufrechte Gang längst erworben war, vielfach sicher belegt ist, fehlt in dieser frühen Zeit jeglicher sichere Hinweise hierfür.

Ausschnitt aus dem System der Primaten

Dieses System stützt sich zum Teil auf eigene Befunde, aber auch auf Angaben anderer Autoren. Für persönliche Mitteilungen bin ich Dr. Brigitte Sénut (Muséum Nationale d'Histoire Naturelle, Paris), Prof. Günter Bräuer (Humanbiologisches Institut, Universität Hamburg), Prof. Michel Brunet (Université de Poitiers) und Prof. Tim White (Museum of Vertebrate Zoology, University of California, Berkeley) besonders dankbar.

Ordnung:	*Primates**, Herrentiere
Unterordnung:	*Haplorhini*, Affen
Namenloser Rang:	*Catarrhini*, Altweltaffen
Überfamilie:	*Hominoidea*, Menschenähnliche

Familie: *Hylobatidae*, Gibbonartige

Familie: *Pongidae*, Orang-Utanartige

Familie: *Panidae*, Schimpansenartige

> **Gattung:**   *Gorilla*, Gorillas
> **Arten:**   *Gorilla gorilla*, Westlicher Gorilla (mit 2 Unterarten)
> *Gorilla beringei*, Östlicher Gorilla (mit 3 Unterarten)

> **Gattung:**   *Pan*, Schimpansen
> **Arten:**   *Pan troglodytes*, Gemeiner Schimpanse (möglicherweise 2 Arten mit 3 oder 4 Unterarten)
> *Pan paniscus*, Zwergschimpanse (Bonobo; nicht in Unterarten aufgeteilt)

Familie: *Hominidae*, Menschenartige (Menschen im weiteren Sinne; wahrscheinlich seit 6 – 7 Millionen Jahren)

> **Gattung:**   *Sahelanthropus* †** (ca. 6 – 7 Mio. J.***) mit nur einer Art:
> **Art:**   *Sahelanthropus tchadensis* †

> **Gattung:**   *Orrorin* † (ca. 6 Mio. J.) mit nur einer Art:
> **Art:**   *Orrorin tugenensis* †

> **Gattung:**   *Ardipithecus* † (ca. 5,8 – 4,2 Mio. J.) mit nur einer Art:
> **Art:**   *Ardipithecus ramidus* † (mit den Unterarten *A. r. ramidus* † und *A. r. kadabba* †)

> **Gattung:**   *Australopithecus* † (ca. 4,3 – 1 Mio. J.)
> **Arten:**   *Australopithecus anamensis* † (ca. 4,3 – 3,9 Mio. J.). Zusammen mit einem Teil der *A.-afarensis*-Funde auch als *Praeanthropus* † benannt.)
> *Australopithecus afarensis* † (ca. 3,7 – 2,9 Mio. J. – Ein Teil der Funde wird auch als *A. antiquus* † bezeichnet. Auch für die folgenden Arten werden unterschiedliche Zusammenfassungen angewendet.)
> *Australopithecus garhi* † (ca. 2,5 Mio. J.)
> *Australopithecus aethiopicus* † (ca. 2,6 – 2,3 Mio. J.)
> *Australopithecus africanus* † (ca. 2,9 – 2,3 Mio. J.)
> *Australopithecus barelghazali* † (ca. 3,2 Mio. J.)
> *Australopithecus boisei* † (ca. 2,2 – 1,5 Mio. J.)
> *Australopithecus robustus* † (ca. 1,9 – 1,6 Mio. J.)

Gattung:	*? Kenyanthropus* †
Art:	*? Kenyanthropus platyops* † (ca. 3,3 – 3,5 Mio. J.)

Gattung: *Homo*, Mensch (Menschen im engeren Sinne; seit ca. 2,4 Mio. J.– Die Arten der Gattung *Homo* werden von verschiedenen Autoren völlig unterschiedlich zusammengefasst.)

Arten: *Homo rudolfensis* † (ca. 2,4 – 1,9 Mio. J.)
Homo habilis † *(ca. 2,3 – 1,6 Mio. J.)*
Homo ergaster † *(ca. 1,8 – 1,5 Mio. J.)*
Homo erectus † (ca. 1,6 – 0,05 Mio. J. v.)
Homo antecessor † (ca. 0,8 Mio. J.)
Homo heidelbergensis † (ca. 0,6 – 0,3 Mio. J.)
Homo neanderthalensis † (ca. 0,6 – 0,03 Mio. J.)
Homo sapiens (archaischer *Homo sapiens* seit ca. 0,6 Mio. J.; moderner *Homo sapiens* seit ca. 0,15 Mio J.).

* Alle Bezeichnungen der wissenschaftlichen Nomenklatur sind kursiv kenntlich gesetzt.
** †: ausgestorbene Gattungen oder Arten
*** Mio. J. = Millionen Jahre vor jetzt

Etwa zehn der rund zwanzig hier aufgeführten Arten von Hominiden wurden vor einem Jahrzehnt entweder systematisch oder nach ihrer damaligen Datierung völlig anders eingeordnet, oder sie waren noch gänzlich unbekannt. Daher fiel es früher viel leichter, einen möglichen Stammbaum der Menschheit zu zeichnen; es gab nur wenige Alternativen, je nach Sichtweise verschiedener Kapazitäten. Die frühen Gattungen *Sahelanthropus*, *Ardipithecus* und *Orrorin* wurden inzwischen neu entdeckt. Einige Gattungen oder Arten sind stark umstritten und werden von manchen Autoren anderen Kategorien beigefügt. *Kenyanthropus* zum Beispiel könnte ein typischer *Australopithecus afarensis* sein: Es handelt sich um einen einzigen, recht kompletten Schädel, der aber aus über tausend Fragmenten besteht und dessen Verformungen im Erdreich zu entsprechenden Unsicherheiten führen.

Als Stand der Diskussion kann man zusammenfassen, dass der zur Zeit älteste Hominide, *Sahelanthropus*, sich bereits auf einem eigenen Seitenast befand, also nicht Vorfahr der Menschen ist. Während *Orrorin* von seinen Entdeckern Sénut und Pickford in unserer unmittelbaren Vorfahrenlinie eingeordnet wird, stellt ihn beispielsweise der Entdecker von *Sahelanthropus*, Brunet, weit abseits davon. Als Vorfahren der Gattung *Homo* in direkter Linie werden *Ardipithecus*, *Australopithecus afarensis* und *Australopithecus africanus* diskutiert, ohne dass Einigkeit hierüber bestünde. Die meisten Fachleute meinen aber, dass unsere Ahnen ein australopithecines Stadium passiert haben. Es wird jedoch gleichwohl debattiert oder zumindest offen gelassen, ob die Australopithecinen von einem noch unbekannten gemeinsamen Vorfahren des Menschen selbst abgezweigt sind. Unzweifelhaft ist jedoch, dass unsere Ahnen zierliche Aufrechtgänger mit kleinem Gehirn waren, die dem Erscheinungsbild der Gattungen *Australopithecus* und davor *Ardipithecus* recht ähnlich sahen.

Wie früher bereits wird *Homo ergaster* von vielen Forschern wieder mit *Homo erectus* vereint. Auch die Existenzberechtigung von *Homo antecessor* wird stark angezweifelt. Es erscheint hingegen sicher, dass wir ein *Homo-erectus*-Stadium durchlaufen haben. Letztlich bestehen derzeit weiterhin unterschiedliche Ansichten darüber, ob der Neandertaler eine eigene Art *Homo neanderthalensis* war oder ob es sich um eine Unterart des Jetztmenschen *Homo sapiens neanderthalensis* handelte.

Ferner wurde der Beitrag der sammelnden Frauen durch den gleichen Zeitgeist und in der auch hierdurch geprägten Fachliteratur ebenso notorisch unterschätzt. In Steinzeitgesellschaften des abgelaufenen Jahrhunderts wurde nämlich nachgewiesen, dass der energetische Betrag und die Menge an Protein aus von Frauen gesammelter Nahrung in der Regel höher quotierte als jener des Jagderfolgs von Männern. In diesem Zusammenhang hält Jonathan Kingdon für Jäger- und Sammlerkulturen Asiens, Australiens und Afrikas fest: In solchen Gesellschaften «konzentrieren Frauen ihre Sammeltätigkeiten auf Dinge, die sie trotz der Behinderung durch kleine Kinder ... erreichen konnten ... Jagd auf Großtiere war die Domäne der Männer und ‹nichts für Kinder›. Die großen, ... auch gefährlichen Beutetiere stellen einleuchtenderweise die *unzuverlässigere* Nahrungsquelle dar.»[13]

Ein weiteres, abschließendes Beispiel mag hier genügen, um dies zu verdeutlichen. Die Völker der Dani, Yali oder der Eipo im zentralen Hochland von Neuguinea sind jungsteinzeitlich lebende Völker. Der allergrößte Teil der Nahrung ist vegetarisch; die von ihnen gehaltenen kleinen Schweine werden bei seltenen Festen geschlachtet und unter den vielen Dorfbewohnern einschließlich der Kinder geteilt. Nach meinem Eindruck macht dies bei den Dani und Yali verschwindend wenig an der Menge der gesamten Nahrung aus; bei den Eipo trägt es weniger als ein Prozent zur Nahrung bei.[3]

Die Männer gehen dabei durchaus zur Jagd und sind stolze Jäger, die sich nicht mit fremden, sondern buchstäblich gern mit ihren selbst gejagten Federn schmücken: Ihr schönster Fest- und Kriegsschmuck sind nämlich die Federn der Paradiesvögel. Gelegentlich wird dabei auch einmal ein Baumtier nicht verschmäht, wie zum Beispiel ein Kuskus,[4] und zum Verzehr heimgebracht. Aber solche Jagdbeute spielt mengenmäßig überhaupt keine Rolle.

Wenn die männlichen Großwildjäger anderer Gesellschaften trotzdem einmal ein stattliches Jagdglück melden konnten mit einer großen Beute, an der sich alle Gruppenmitglieder satt essen konnten, so hätte ein aufrechter Gang auch zum Tragen dieser Fleischmenge nicht viel genutzt. Eher hätten einige das Wildbret versteckt und bewacht, während die anderen die Sippe benachrichtigt und herbeigeholt hätten. Den Urmenschen wäre es zurecht unvernünftig erschienen, die schweren, duftenden

Brocken – sogar noch aufrecht und hoch in der Luft! – umherzuschleppen. Hierdurch hätten sie doch gleichzeitig und mit großer, manchmal gar tödlicher Sicherheit die Konkurrenz von gefährlichen tierischen Fleischdieben wie Löwen und Hyänen auf sich gezogen. Diesen Nachteil für den Erhalt ihrer Sippe oder, wie man es fachlich ausdrückt, diese Minderung ihrer ‹inklusiven Fitness› hätten sie aber nicht hinnehmen können.

6. *Aasesser.* Die Theorie, dass unsere frühesten hominiden Vorfahren weniger selbst jagten, sondern eher als Konkurrenten um den Riss wehrhafterer, schnellerer Jäger auftraten, ist noch gar nicht so alt. Blumenshine und Cavallo veröffentlichten die These 1992.[7] Sie hat den Vorzug, dass unser recht wehrloser, damals außerdem noch deutlich kleiner und sicher nicht sehr schneller australopitheciner Vorfahr[5] die Mittel seiner Intelligenz einsetzen konnte, um Löwen und Hyänen ihre Beute abspenstig zu machen. Aber die Risiken, die das Vertreiben eines oder mehrerer hungriger Löwen oder eines wehrhaften Hyänenrudels mit sich bringt, sind eben nicht als gering einzuschätzen. Mir jedenfalls kommt dieses Risiko beträchtlich vor,[18] besonders, wenn wir uns an die oben dargelegte Argumentation der «Jäger-Jahre» erinnern. Schon ein scheinbar seltenes Ereignis wie der Tod oder die schwere Verletzung eines Jägers kann sich enorm auf die Stabilität des Genpools auswirken. Ein Teil des Modells würde vorsehen, dass unsere Vorfahren, hierin Geiern gleich, die sicher noch nahrhaften Reste eines Risses verzehrten. Mit den Geiern und letzten Schakalen zu konkurrieren und sie zu vertreiben, wäre sicherlich leichter gewesen. Aber für alle Aspekte dieser Theorie erscheint es weder zwingend noch besonders nötig, für die geschilderten Funktionen auf zwei Beinen anstatt auf allen Vieren zu laufen. Auch kann man kaum einen relativ größeren Fortpflanzungserfolg bei den Aas verzehrenden Zweibeinern konstruieren.

7. *Imponieren und Drohverhalten.* Diese beiden Verhaltenskategorien können sicherlich kaum dafür herhalten, einen Selektionsvorteil bei den imponierenden Individuen für eine gewohnheitsmäßige aufrechte Haltung zu begründen. Keine andere Primatenart ist auf diese «Idee» gekommen, für einen solchen Zweck sich häufiger auf zwei Beine zu er-

heben als nötig. Nina Jablonski und George Chaplin von der University of Western Australia haben in einem eindrucksvollen Artikel ihre Ansicht dargelegt, dass sich das Imponier- und Beschwichtigungsverhalten, als stammesgeschichtlich sehr junge Verhaltenskomplexe bei Menschenaffen, als mögliche Auslöser für aufgerichtete Haltung anbieten.[11] Das Klischee hierfür ist der drohend auf zwei Beinen laufende King-Kong. Die Argumentation der beiden Autoren fußt eigentlich auf einer Idee von Konrad Lorenz, dass Drohverhalten tätliche Aggressionen oftmals verhindert oder unnötig macht. Trotzdem kann ich ihre Ansicht nicht teilen. Schon bei Makaken und Pavianen nämlich, also im System der Primaten noch unterhalb der Menschenaffen, kommt ein aggressionsminderndes Kommunikationsrepertoire mit vielerlei wesentlich weniger drastischen und fein abgestimmten Drohgebärden vor, das den evolutiven Erwerb eines solch heftigen Imponierens auf zwei Beinen nicht notwendigerweise erzwingt.

Einige der gängigen Theorien zur Evolution der Aufrichtung haben wir nun gewissermaßen als Sandkastenspiel der Evolution durchdacht. Jedoch gibt es noch eine ganze Reihe weiterer, die bisher für unsere Überlegungen noch keine Berücksichtigung gefunden haben. Vor allem aber müssen wir das Problem in diesem Stadium präziser formulieren. Es ist in diesem Zusammenhang nämlich nicht vorrangig die Frage, was ein Individuum in welcher Situation bewegt, sich aufzurichten. In dieser Weise haben wir das Problem höchstens bis zu den zuletzt dargestellten Theorien verstanden. Ab hier aber wird es unvermeidlich festzustellen, dass es eine viel entscheidendere Frage gibt: *Was hat unsere Vorfahren nach einem imponierenden oder drohenden Verhalten mit aufrechter Haltung dazu bewogen, anschließend stehen zu bleiben und weiterhin aufrecht zu gehen, wenn der anfängliche Auslöser hierfür, das Ausgangsmotiv, längst nicht mehr bestand?* Daher wird es notwendig sein, unter diesem Gesichtspunkt noch eine ganze Reihe weiterer Theorien im nächsten Kapitel zu diskutieren.

Kapitel 2
Warum sind wir stehen geblieben?

Vom Ausschauen, Imponieren und der Energiebilanz

Die Frage, warum wir stehen geblieben sind und warum wir nach ein paar Schritten unseren aufrechten Gang nicht unverzüglich wieder aufgaben, ist fundamental und muss auch bei anderen Theorien gestellt werden. Die Selektion sollte auf dem evolutiven Weg zu den Urhominiden diejenigen Individuen relativ bevorteilt haben, die nicht nur längere Zeit aufrecht gingen, sondern sich auch anderweitig aufrecht verhielten, im Gegensatz zu anderen unserer Vorfahren, die sich seltener und nur für kurze Zeitspannen aufrichteten.

1. Spähverhalten. Wenn vierfüßige Tierprimaten aus verschiedenen Gründen aufstehen, um sich umzublicken oder auszuspähen, haben sie gegenüber vierfüßig bleibenden Individuen den eindeutigen Vorteil, mögliche Gefahren schon aus größerer Entfernung zu sehen.[51] Dies aber ist nicht der einzige Aspekt eines solchen Spähverhaltens. Affen zeigen nämlich, wie ich oft in Afrika beobachten konnte, die klare Tendenz, nicht unnötig lange im hohen Gras stehend sichtbar zu bleiben. Nur derjenige Pavian oder diejenige Grüne Meerkatze, die sich wieder auf ihre vier Gliedmaßen zurückbegibt, bestimmt selbst, wie lange er oder sie gesehen wird. Dies ist mit Sicherheit ein kaum zu überschätzendes Sicherheitsmoment. Wenn sich aber andererseits alle Gruppenmitglieder unserer damals noch recht kleinen menschenäffischen Vorfahren gemeinsam aufrichteten und in der Gegenwart eines Leoparden stehen blieben, so könnte ein solches Verhalten der Raubkatze vielleicht durchaus imponieren. Wenn die Katze nicht allzu hungrig war, könnte die gemeinsame, als solidarische Drohgebärde verstandene Körperhaltung den Fleischfresser von einem Angriff abgehalten haben. Man kann aber die Wirksamkeit eines solchen Drohverhaltens im Vergleich zu den wütenden, gemeinschaftlichen Verteidigungsstrategien, beispielsweise von Pavianen gegenüber Leoparden, möglicherweise völlig unterschiedlich einstufen.

Jedenfalls ist es keineswegs selbstverständlich, sondern es gehört zu den Merkwürdigkeiten unserer afrikanischen Stammesgeschichte, dass wir auch heute noch eine relativ schwache, wenig wehrhafte und wirklich nicht sehr schnelle Beute wären; trotzdem sind wir nicht im Spektrum der Nahrungstiere der meisten afrikanischen Carnivoren zu finden. Es kann mit keiner Methode überprüft werden, ob der bisher einzige Schädel eines *Australopithecus africanus* aus Südafrika, der zweifellos Löcher vom Biss eines Leoparden aufweist, das Zeugnis eines häufigen oder eines seltenen Räuber-Beute-Ereignisses darstellt. Sicher scheint lediglich, dass vor etwa zwei Millionen Jahren ein Leopard die Kapsel des Hirnschädels eines solchen Hominiden durch seinen Zubiss perforierte. Möglicherweise stellt der Zahnabdruck mit den beiden Löchern in der knöchernen Hirnschale auch nicht die Todesursache dar, denn vielleicht schleppte der Leopard den bereits toten Körper durch einen Biss in die Schädelkalotte nur zu einem Baum, so, wie es diese Raubkatzen häufig beispielsweise mit Antilopen tun, um auf einem starken Ast weniger Konkurrenz um den Riss zu haben. Andererseits konnten sich unsere frühesten hominiden – also bereits aufrecht gehenden – Vorfahren aber gewiss nicht leisten, dass ein beträchtlicher Prozentsatz von ihnen regelmäßig Raubkatzen oder Hyänen zum Opfer fiel. Über diese wohl unbestrittene Tatsache hinaus ist also nicht sicher, seit wann unsere Primatenvorfahren nicht mehr zu den Beutetieren afrikanischer Raubtiere gehörten. Sicher ist nur, dass sie es heute nicht mehr sind.

Der niederländische Primatenforscher Adriaan Kortlandt hat einmal vorgeschlagen, dass unsere frühesten menschlichen Vorfahren irgendwann die Schmerzhaftigkeit und die Gefährlichkeit von großen Ästen mit Akaziendornen erkannt und zu ihrem Schutz beispielsweise gegen Löwen eingesetzt haben könnten. Akazienäste können als Waffen nur von aufrecht stehenden Lebewesen angewandt werden, die über einen starken Kraftgriff der Hände verfügen. Die nadelartig spitzen, aber gleichzeitig eisenharten Stacheln können sich ohne weiteres gleich einem durch eine Holzlatte ragenden Nagel durch die Schuhsohle in den Fuß bohren, wenn man unachtsam auf einen Akazienast tritt. Ich habe einmal tiefe Fleischwunden im Arm eines Beifahrers gesehen, der bei der afrikanischen Tageshitze seinen Ellenbogen lässig auf dem Fensterrahmen hatte aus dem Wagen ragen lassen. Der Geländewagen war zu nah an einem Akazienbusch vorbeigefahren. Löwen machen sicher schon als kleine Kätzchen beim Spiel ihre eindrucksvollen, bleibenden Erfahrungen mit dieser Pflanze und beherzigen sie wahrscheinlich respektvoll ein

Leben lang. Sollten die Vermutungen Kortlandts stimmen, waren sie aber mit Sicherheit nur einer von mehreren und sicher nicht der bedeutendste Anlass für eine aufrechte Haltung und den bipeden Gang.

2. *Lange Beine und die Geschwindigkeit zweibeiniger Fortbewegung.* Zweifellos ist eine schnelle Flucht vor einem Raubtier ein wirksamer Selektionsmechanismus, der die langsameren Individuen benachteiligt. Aber ein solcher Selektionsdruck kann nicht die Evolution zu einer bipeden Lebensweise gesteuert haben und nicht einmal der erste Anstoß zu aufrechter Lokomotion gewesen sein. Denn bereits die viel kleineren vierfüßigen Primaten, wie Makaken oder Paviane, galoppieren quadruped viel schneller, als der biped angepasste Mensch laufen kann. Niemand hat bis heute einen einleuchtenden Grund oder auch nur einen völlig abwegigen, abstrusen Grund dafür formuliert, warum die schnelleren Galoppierer, die unsere Vorfahren vor einigen Millionen Jahren sicherlich ebenso waren, wie die eben genannten Hundsaffen es heute sind, warum sie also diesen Nachteil einer Geschwindigkeitseinbuße bei der Flucht hätten hinnehmen sollen und für welchen Vorteil sie ihn hätten zweibeinig eintauschen können.

Eine hohe Geschwindigkeit am Boden schreibt man übrigens auch unseren nächsten Verwandten, den Schimpansen, zu. Die Geschwindigkeit dieser Knöchelgänger ist im Freiland nie exakt gemessen worden, und Schätzungen kommen zu unterschiedlichen Ergebnissen. Manche meinen, dass sie mit ihrem eigenartig schief versetzten Galopp deutlich schneller als Menschen seien, andere sind der Ansicht, sie seien etwas langsamer als ein aus vollen Kräften sprintender Mensch. Die verschiedenen Schätzungen legen jedoch nahe, dass der Unterschied wohl nicht sehr groß sein mag.

3. *Sexuelles Imponiergehabe.* Dies kann wohl kaum als einer der wichtigsten Gründe für eine dauerhafte Aufrichtung des menschlichen Körpers herhalten. Die primären Geschlechtsmerkmale, also die äußeren Genitalien selbst, haben bei keinem anderen Tier zu dieser dauerhaften Veränderung seiner Körperhaltung und Fortbewegung geführt. Alle Hundsaffen und auch beispielsweise Schimpansenmänner präsentieren ihr erigiertes Glied oft im Sitzen, Letztere auch auf beiden Beinen aufgerichtet. Bei dieser oft

mit Gähnen verbundenen Geste handelt es sich aber um Drohverhalten und nicht um sexuelles Imponieren. Ferner besitzt der Mensch eine Reihe sekundärer Geschlechtsmerkmale wie die weiblichen Brüste, Schambehaarung oder den Bart der Männer. Gewiss taugen sie zur Identifikation des Geschlechts, eventuell sogar schon aus größerer Distanz. Aber sie sind im Laufe der Evolution sicher keine geeigneten Merkmale für die Annahme, dass längere Zeit bipede Individuen mit etwas stärker ausgeprägten Merkmalen dieser Art mehr gesunde Nachkommen gezeugt hätten als vierfüßige, die sie nur kurzfristig biped zeigten. Auch fehlen Hinweise dafür, dass die mehr zweibeinigen Vertreter ihre gesunden Nachkommen häufiger in die nächste Generation hätten bringen können. Weder das Verhalten von Menschenaffen noch jenes von Menschen bietet also einen Hinweis für einen Fortpflanzungsvorteil von Individuen mit solchen sekundären Merkmalen im kausalen Zusammenhang mit einer aufrechten Lebensweise.

4. Aufrechter Gang und Energie. Schon vor etwa zwanzig Jahren berechneten zwei Wissenschaftler, Rodman und McHenry, mit recht genauen Zahlenwerten, um wie viel die menschliche Bipedie effektiver und Energie sparender ist als der bipede Gang von Schimpansen.[50] Dies aber ist sicher nicht der richtige Vergleich, denn aus dem Blickwinkel der Evolutionsbiologie scheint der Vergleich des menschlichen Ganges mit jenem des vierfüßigen Knöchelganges des Schimpansen wichtiger zu sein. Denn Schimpansen gehen wirklich selten aufrecht auf zwei Beinen, nämlich nach unseren eigenen Beobachtungen eher etwas weniger als ein Prozent ihrer Fortbewegungsaktivitäten. Da sie hierfür offenbar nicht optimal angepasst sind, wäre dieser Vergleich, sagen wir es einmal sportlich, wohl unfair.

Korrekter wäre außerdem der Vergleich eines unserer Vorfahren vor der Ausbildung der spezifischen Merkmale von Schimpansen einerseits und den aufrechten Hominiden andererseits. Außerdem ist der aufrechte menschliche Gang bei normaler Geschwindigkeit «signifikant effektiver als der vierfüßige bei den Menschenaffen ... Bei größeren Tieren kann Klettern energetisch zwei- bis dreimal so aufwendig wie ebenerdige Fortbewegung» sein, schrieb die Forscherin Leslie Aiello.[26] Der Gang des Menschen wurde nämlich im Verlauf der Evolution durch ganz feine, schrittweise Veränderungen unserer Körperproportionen für einen minimalen Energieverbrauch optimiert. Wie wir heute wissen, geschahen diese «konstruktiven Verbesserungen» aber erst *nach* der Aufrichtung der frühen Hominiden. Sie können also nicht Anlass gewesen sein, eine quadrupede Haltung und Fortbewegung aufzugeben. Mehrere Abänderungen waren für diese Optimierungen nötig, nämlich längere Beine mit längeren Oberschenkeln und durchstreckbarem Hüftgelenk sowie ein relativ kürzerer Rumpf, außerdem noch Änderungen der Halslänge, der Schulterbreite und der Armlänge sowie der Masse der Arme und letztlich auch die Ausbildung der Hüfte.[32, 54, 58]

Foley und Elton sind der Auffassung, dass die Verlagerung des Lebensraumes in die Savanne unsere Vorfahren aus energetischen Gründen dazu zwang, große Strecken zurückzulegen.[35] Da Energie in der Savanne sehr weit verbreitet verteilt sei, müssten die Tiere auf Kosten sozialer Verhaltensweisen lange Zeit für Wanderungen und Futtersuche aufbringen.[34] Ich möchte das konkreter benennen. In der Savanne ist für Primaten die verfügbare Energiedichte geringer. Unsere Vorfahren mussten also zwischen drei zeitaufwendigen Tätigkeiten wählen, ob sie nämlich soziale Kontakte pflegen, ob sie auf der Suche nach Nahrungsquellen umherziehen wollten, oder schließlich, ob sie bevorzugten, zur Futtersuche an einem Platz zu verweilen. Für die beiden Autoren gibt es nach den gängigen Vorstellungen über unsere Evolution keine Alternativen zur Entstehung der Hominiden in der Savanne. Sie bewegen sich damit aber in dem alten Denkschema der Entstehung der Hominiden in diesem Landschaftstyp. Trotzdem haben sie sicher recht mit dem Dilemma, in dem sich unsere Ahnen auf der Schwelle zur Menschwerdung befanden. Denn tatsächlich ist die Savanne zumindest nicht das ganze Jahr über reich an Nahrungsressourcen, sondern über größere Abschnitte des Jahreslaufes ein recht karger Lebensraum.

Die von Foley und Elton vorgeschlagene Lösung erscheint mir deshalb nicht zu Ende gedacht; näher liegender wäre wohl die Frage nach einer an Ressourcen reicheren Landschaft. Ein besonderes Hindernis in ihren Überlegungen liegt wohl darin, dass die Frage nach dem geringeren Energieverbrauch von zweifüßigem Gang des Menschen und quadrupedem Knöchelgang der Schimpansen zwei für ihre jeweiligen Bedürfnisse und Funktionen gut angepasste, heute lebende Evolutionsstadien vergleicht. Während man zunächst als lebendes Modell den Menschen und den Schimpansen untersuchte und fragte «Welche der beiden Fortbewegungsweisen ist effektiver?», stellt sich nun die Frage ganz anders und präziser: *Wie oben dargelegt wurde, waren die vierfüßigen Urhominiden über viele Millionen von Generationen ökologisch und funktionell hervorragend optimiert. Was bewegte einen derart gut angepassten, vierfüßigen äffischen Vorfahren von uns dazu, innerhalb vieler Generationen die genetischen Grundlagen des Verhalten und der Anatomie derart zu verändern, dass er in einer Übergangsphase (wiederum von vielen Generationen) die aufrechte Haltung und den gewohnheitsmäßig bipeden Gang evolvierte? Was gab den Anstoß? Welches waren also die ersten Selektionsvorteile einer beginnenden Zweifüßigkeit, trotz all ihrer Unfertigkeiten, eine gut angepasste Quadrupedie (Vierfüßigkeit) allmählich aufzugeben?*

Letztlich ist die Schwerkraft der Grund dafür, dass es ein Übergangsstadium zwischen vier- und zweifüßiger Lebensweise auf der Erde für Primaten faktisch nicht gibt. Ein Affe und ein Mensch können beide nicht lange gebückt und nur halb aufgerichtet gehen. Dies würde schnell zur Qual und kostete viel zu viel an Energie. Aber ein anatomisch gut angepasster Vierfüßer, wie beispielsweise ein Schimpanse, der aufrecht auf zwei Beinen geht, hat hierfür einen viel höheren Energieverbrauch als beim Knöchelgang und auch höher als der auf beiden Füßen gehende Zweibeiner. Sowohl die phylogenetische Herleitung, also der biohistorische Pfad, als auch die theoretischen Erwägungen müssen befriedigend herleiten, wie das Hindernis einer energetisch aufwendigen Phase überwunden werden konnte oder wie es im Laufe unserer Stammesgeschichte beiseite geräumt wurde. *Entweder bestanden also in höchstem Maße wirksame selektive Kräfte für den aufrechten Gang, der den enormen Energieaufwand für die beginnende Zweibeinigkeit voll kompensierte. Oder aber die gesamte Szenerie erlaubte eine Reduktion der Energieausgaben in anderen Bereichen, so dass netto mehr Energie zur Verfügung stand.*

5. Bilanzen der Wärmestrahlung und Thermoregulation. Man kann annehmen, ein in der ostafrikanischen Savanne aufrecht stehender und gehender Primat sei der steilen, tropischen Sonnenstrahlung weniger ausgesetzt. Eine solche Tatsache könnte mit einem Selektionswert für eine aufrechte Haltung und einen bipeden Gang verknüpft sein.[56, 57] Unsere so genannte Kopfschwarte ist eine stark durchblutete Körperregion. Die eintreffende Wärmestrahlung der Sonne heizt den Körper auf. Außerdem verlangsamt die kurze Behaarung unseres ganzen Körpers den ganz dicht an unserer Haut aufsteigenden dünnen Film eines Luftstroms und fördert damit diesen aufheizenden Effekt.[56] Falls dies nötig wird, beginnen wir zur Kühlung des Körpers zu schwitzen. Die Feuchtigkeit auf der Haut trocknet, wobei ein Teil der Verdunstungsenergie als Wärme aus dem Innern des Körpers stammt, so dass dieser abkühlt. Wenn der Schweiß, wie in den Tropen, bei sehr hoher Luftfeuchtigkeit nicht genügend trocknet, wird der Körper trotz seiner nassen Haut nicht ausreichend gekühlt. Im Extremfall kann man mit klitschnassem Hemd einen Hitzekollaps erleiden. Die gegenteilige Gefahr besteht zum Beispiel bei anstrengenden Bergtouren an sonnigen Tagen. Heiß und nass vor Anstrengung erreichen wir den Gipfel und entledigen uns möglichst unserer warmen Kleidung. Der Bergwind zusammen mit dem niedrigen Luftdruck im Gebirge bewirkt, dass der Schweiß schneidend kalt schnell abtrocknet, so dass man sich leicht eine Erkältung einfangen kann. Sowohl Einstrahlung als auch Wärmeabgabe über die Kopfschwarte werden durch das Haupthaar abgeschwächt. Männer mit Glatze müssen daher auch im Sommer eher eine Mütze tragen, die sie dann gegen die Sonne schützt.

Für den Verlauf unserer Vorfahrenschaft wurde vor allem eine Kühlfunktion für unser Gehirn in Erwägung gezogen.[33] Nach dieser Überzeugung würde die Blutdrainage vom Gehirn aus zunächst den Venengeflechten in der Halswirbelsäule zugeleitet; später in der Evolution der Hominiden soll dann nach dieser Argumentation zunehmend Blut aus dem Inneren des Schädels durch feine knöcherne Kanäle der Hirnschädeldecke, den so genannten *Emissarien*, ebenfalls zu den Venengeflechten des Halses geflossen sein.[27] Durch diese Emissarien fließt auch beim heutigen Menschen Blut aus dem Hirnschädel hinaus auf die äußere Seite der Schädelkalotte und anschließend zum Teil weiter zu den Venengeflechten der Halswirbel, wo das Blut abgekühlt werden könnte. Bei weitem die Hauptmenge fließt aber über die äußere Halsvene sehr direkt dem Herzen zu. Außerdem haben japanische Wissenschaftler zeigen können, dass nicht nur alle Blutleiter des Hinterhauptsinneren, die so genannten *Sinus*, sich zur inneren Halsvene hin ergießen, sondern dass auch das Halsvenengeflecht die Möglichkeit der Drainage zum Innern des Halses besitzt, also nicht durch die Emissarien nach außen.[43]

Besonders wichtig erscheint mir jedoch, dass der Blutfluss durch die Öffnungen der Emissarien, im Gegensatz zu den Venen in allen übrigen Bereichen des Körpers, nicht reguliert werden kann. Wenn eine Emissarie dort, wo sie aus dem Schädel austritt, beispielsweise durch einen Schnitt eröffnet wird, ist dies auch heute noch eine gefährliche Verletzung, da eine Blutstillung hier eher schwierig ist. Eine unbehandelte Verletzung des Emissarienforamens kann zur Verblutung der betreffenden Person führen. Dies hat bei frühen chirurgischen Eröffnungen des Hirnschädels, den Trepanationen, immer wieder zu Todesfällen geführt. Es erscheint mir, besonders vor den Hintergrund evolutiver Prozesse, absolut nicht sinnvoll, wenn nicht gar widersinnig, dass eine thermoregulatorische Funktion ausgerechnet durch ein im Durchfluss nicht regulierbares Blutgefäß reguliert werden soll. Das ganze Thema beinhaltet also durchaus eine Reihe positiv und negativ zu bewertender Argumente. Es trägt aber zur Zeit kaum dazu bei, das Problem der Evolution der menschlichen Bipedie zu lösen.

Vielleicht entwickelten unsere Vorfahren in dieser Phase – so eine von Carrier 1984 aufgestellte Hypothese – eine besondere Aufmerksamkeit und ein hohes Maß an Aktivität in den Mittagsstunden, möglicherweise, um besonders erfolgreich zu jagen.[30] Nach jener Theorie gehörte ein Kühlmechanismus vielleicht zu dem ganzen Satz neu erworbener Merkmale, zu dem auch die Abkühlung durch Windexposition des aufrechten Körpers gehörte.[56, 57] Nicht nur die Menschen, sondern auch alle anderen Primaten der Savanne meistern das Problem von zu starker Sonnenstrahlung und Hitze jedoch auf ganz andere Weise. Sie richten ihre Körperachse nicht in irgendeiner bestimmten Anordnung zu jener der Sonnenstrahlung aus, sondern, viel einfacher: Sie entziehen sich der Einwirkung der Sonne und halten eine Siesta im kühleren Schatten![31]

Bei den Menschen ist eine solche Mittagsruhe nicht bloß ein fundamentaler Bestandteil des Ablaufs ihres Alltags geworden, vielmehr ist in vielen Ländern zusätzlich die Einhaltung mittäglich gedämpfter Lärmemission gesetzlich geregelt. Mehr noch, über die Mittagsstille hinaus ist es Teil unserer genetischen Ausstattung, dass wir in dieser Tageszeit weniger aktiv sind und sogar unaufmerksam oder müde werden. Dass diese leichte Müdigkeit zeitlich nicht mit dem Sonnenhöchststand zusammenfällt, sondern in die frühen Nachmittagsstunden, mag vier Gründe haben. Ein Teil davon könnte kulturell bedingt sein, denn die meisten Menschen nehmen ein Mittagessen ein, das ein gewisses Ruhebedürfnis, gewissermaßen ein Verdauungspäuschen, nach sich zieht. Außerdem beträgt der Tagesrhythmus der genetisch bestimmten «inneren Uhr» nicht 24 Stunden, sondern im Durchschnitt etwas mehr, so dass sie täglich neu durch so genannte Zeitgeber ein wenig «gestellt» wird.[40, 59] Drittens treffen die Strahlen der hochstehenden Mittagssonne mit steigenden Tagestemperaturen und daher abnehmendem Dunst am frühen Nachmittag auf den geringsten UV-Filter, so dass eine Siesta im Schatten in diesen Stunden am ehesten eine Art verhaltensbiologischer Krebsvorsorge gegen den gefährlichen Hautkrebs darstellt. Ein vierter Grund, der zur frühnachmittäglichen Siesta in tropischen Ländern beitragen mag, ist folgender einfacher Umstand: Die Summe aus den physiologischen Belastungen durch Einstrahlung einerseits und Lufttemperatur andererseits erreicht ihren höchsten Wert sicherlich nicht gegen Mittag, sondern etwas später als die astronomische Tageshälfte.

Eines wird bei allen diesen Überlegungen unumstritten bleiben: Die Neigung, sich am frühen Nachmittag ein kurzes Schläfchen oder ein ‹Beamtenpäuschen› zum Dösen zu gönnen, kommt in unserer Menschwerdung als treibender Faktor für einen aufrechten Gang nicht in Frage; ganz klar könnte er eher bewirken, aufrechte Haltung und zweibeinigen Gang zu vermeiden. Letzteres gilt übrigens nicht nur für «High Noon», sondern auch für andere Tageszeiten: Die Sonne wandert mit einer Winkelgeschwindigkeit von 15° pro Stunde über den Himmel. Daher kommen für eine Absenkung der Strahlungswärme auf einen etwa senkrechten Menschenkörper nur drei oder vier Stunden um Mittag oder kurz danach in Frage. Während der früheren Vormittags- und besonders während der späteren Nachmittagsstunden geht die bei dem einzigen aufrecht gehenden Primaten sogar erhöhte Einstrahlung in unsere Bilanz ein. Wenn es in den Tropen nachmittags gegen vier Uhr so richtig brütend heiß ist, wäre es zu jener Zeit und bis zum Abend günstiger, sich auf vier Füßen vor der Wärmestrahlung «zu drücken».

In irgendeiner wissenschaftlichen Zeitschrift wurde auch einmal die Meinung vertreten, unsere Urahnen hätten gerade in der Mittagshitze gute Chancen zum Erwerb von Tierprotein dadurch gehabt, dass es ihnen ein Leichtes gewesen sei, das Wildbret, beispielsweise Antilopen, zu Tode zu hetzen. Hintergrund der Überlegung war unter anderem, dass die menschlichen Vorfahren, ähnlich wie wir heute auch, einen kühlenden stark durchbluteten und schwitzenden Stirn- und Scheitelbereich hatten. Dies hätte unsere Ahnen in den Stand versetzt, trotz körperlicher Anstrengung die Kerntemperatur, besonders jene des Gehirns, herunterzukühlen. Über solch eine Theorie kann man als Fachfrau oder Fachmann oder auch als Laie nur entsetzt sein: Wie soll der armselige Vormensch mit noch nicht sonderlich an den zweibeinigen Gang und Lauf angepassten Gliedmaßen denn ausgerechnet Antilopen (!) zu Tode gehetzt haben – zumindest ohne sich nicht gleich vor Erschöpfung daneben gelegt zu haben.

Im Grunde bin ich der Meinung, dass Spekulation die Mutter des wissenschaftlichen Fortschritts ist. Wenn man aber weiß, dass ein Springbock für die kurze Frist von einer Minute, ohne mit der Gazellenwimper zu zucken, 70 km/h vorlegt, so hat er vor dem ihn verfolgenden Hominiden, ehe jener es sich versieht, wahrlich über einen halben Kilometer Vorsprung ersprintet. Er kann sich sehr gemütlich nach dem Verfolger umblicken, und er kann sich der zutiefst entmutigenden Wirkung seiner gegen Geparden trainierten Sprintkraft gewiss sein: Der frühe Hominide wird diese ebenso aussichtslose wie schweißtreibende Technik in den Mittagsstunden – tunlichst und unverzüglich sein lassen. Gelegentlich jagen Paviane kleine, zumeist junge Antilopen, wobei ihnen ihre Intelligenz hilft sowie die Schnelligkeit ihres quadrupeden Galopps. Beides zusammen brächte trotzdem nicht den notwendigen Jagderfolg, wenn die Paviane nicht wie bei einem Staffellauf arbeitsteilig vorgingen.

Dennoch existieren zwei Selektionsdrucke für eine aufrechte Körperhaltung – obwohl sie natürlich mit den entgegengerichteten Selektionswerten konkurrieren müssen. Während der heißen Spätnachmittagsstunden würde eine aufrechte Körperhaltung den heißen Körper einer kühlenden Brise besser aussetzen als eine vierfüßige. Ein unbehaarter Körper könnte eine solche kühlende Wirkung hierbei verstärken. Ferner müssen wir die oftmals kühlen, ja kalten Nächte in Afrika in unsere Überlegungen einbeziehen. Viele Primatenarten haben sich an diese Verhältnisse frierend angepasst und pflegen morgens ein ausgiebiges Sonnenbad. Dieses Verhalten ist bei *Lemur catta*, dem madegassischen Katzenmaki, spektakulär, wenn sie sich ihrer Erwärmungszeremonie mit ausgebreiteten Armen und halb geschlossenen Augen dasitzend genießerisch hingeben. Auch die Paviane als Inkarnation des Gottes Thot der ägyptischen Mythologie beten die aufgehende Sonne an. So jedenfalls wurde es im großen Fries an den Tempeln von Abu Simbel vor über 3000 Jahren beeindruckend in Stein gehauen. Ein Verlust des Körperfells käme für eine schnellere Auskühlung in Frage, aber sicher auch als Selektionswert für eine wirkungsvollere Aufwärmung am Morgen. Da Sonnenbaden zur Erwärmung eines über die Nacht ausgekühlten Körpers im Allgemeinen ein stationäres Verhalten ist, wäre es sicher von Vorteil, wenn es stehend oder gehend geschähe. Wenn ich in der afrikanischen Savanne morgens bei etwa 0 °C aus meinem Schlafsack gekrochen war, genoss ich meinen heißen Kaffee bei Sonnenaufgang oft im Stehen und erfreute mich bereits in einem dünnen T-Shirt der wärmenden Strahlen.

6. *Wanderungen.* Das Zurücklegen großer Strecken gehörte wohl zu den ersten Fähigkeiten, die unsere frühesten hominiden Ahnen erwarben.[52] Besonders wenn es zur Jagd auf Antilopen oder andere Tiere geschieht, könnte es vorteilhafter sein, den Kopf hoch über dem Savannengras zu tragen.[30, 50, 53] Da man aber lauernde Löwen sogar bei nur kniehohem Gras nicht sehen kann, wird dem Betroffenen sein Weitblick nicht viel helfen. Außerdem lauern die afrikanischen Raubtiere nicht an traditionellen Orten, sondern sie überraschen ihre Beute an jeweils neuen, für völlig harmlos gehaltenen Stellen. Das Risiko ist deshalb bei zweibeiniger oder vierfüßiger Fortbewegung absolut gleich: Wenn man 10 Kilometer in einem bekannten Terrain wandert, wird dies wegen der allgegenwärtigen Unsichtbarkeit der Löwen kaum ungefährlicher sein als in einer völlig unbekannten Gegend.

7. *Evolution aufrechter Fortbewegung im Waldhabitat.* Gegenwärtig weisen Fossilien darauf hin, dass die frühesten Australopithecinen Waldbewohner waren, unweit der entstehenden Savannen, und dass sie den Wald etwa zeitgleich mit ihrem Erwerb des aufrechten Ganges verließen. Der erste Nachweis für eine habituell aufrechte Fortbewegung sind die versteinerten Fußabdrücke aus Laetoli, einem Savannenhabitat, die auf ein recht gut gesichertes Alter von 3,6 Millionen Jahren zurückdatiert wer

den. Sind diese fossilen Abdrücke schon ein rechter Glücksfall, so erscheint die dauerhafte Verhärtung zu solchen Versteinerungen in einer Waldumgebung noch viel unwahrscheinlicher. Der amerikanische Anatom Owen Lovejoy hat 1981 hergeleitet, die Australopithecinen seien wohl schon gänzlich aufrechte Lebewesen gewesen, als sie den Wald verließen und ihren alten Lebensraum mit dem in der Savanne eintauschten.[42] Ich möchte dies gar nicht in Abrede stellen, sondern lediglich zu bedenken geben, dass bezüglich der Evolution der Aufrichtung hinsichtlich der Körperproportionen, der Streckbarkeit der Hüft- und Kniegelenke und der zur Fortbewegung benötigten Energie sowie letztlich auch der erreichbaren Geschwindigkeit kein wesentlicher Unterschied zwischen dem Wald und der Savanne bestand. Lediglich Fragen des Sehens und Gesehen-Werdens sowie der Wärmestrahlung und der Thermoregulation unterscheiden sich bedeutsam in beiden Lebensbereichen. Die relativ niedrige Statur bei Urwaldvölkern gegenüber der großen Körperhöhe von Savannenpopulationen bietet hier einen möglichen Schlüssel.

8. Die Theorie der aquatischen Menschenaffen. Die Idee, dass unsere Ahnen eine Zeit lang als Wassertiere, also als Wasseraffen, gelebt haben sollen,[39, 44, 55] hat unter den Paläoanthropologen nicht nur Kontroversen ausgelöst, sondern vor allem auch emotionale, unsachliche Reaktionen provoziert. Der Theorie wurden jedoch mehrere Untersuchungen gewidmet, die in einem in weiten Teilen unvoreingenommenen Buch 1991 erschienen.[49] Von der Mehrzahl der Fachkollegen wurde die Theorie mit vielen und oft stichhaltigen Argumenten angefochten.[46, 47, 48] Dies entmutigte die Hauptvertreterin dieser Theorie, Elaine Morgan, nicht, die von ihr weiterhin vehement vertretenen Thesen auszubauen.[45] Auch erhielt sie gelegentlich weitere Schützenhilfe, die aber zum Teil immer noch die Unzufriedenheit der Autoren vermitteln, das Thema würde nicht ernst genommen und *ad acta* gelegt, bevor es ernstlich diskutiert worden sei.[28, 29] Zum Teil haben sie Recht; daher soll jene Theorie später auch umfassender diskutiert werden.

9. Anpassungen an das Werfen, so eine neue Theorie von Kirschmann,[41] sei einer der wesentlichsten Antriebe für die Evolution des Menschen gewesen. Nach dieser in vieler Hinsicht interessanten Theorie hätten die

Vormenschen in verhaltensgenetischer Übereinstimmung mit Schimpansen ebenfalls feindselig-kämpferische, kriegsähnliche Auseinandersetzungen ausgefochten. Dies sei ein Antrieb für eine Aufrichtung der Urhominiden gewesen. Unter frei lebenden Schimpansen gibt es tatsächlich enorm brutale Überfälle und Kämpfe, die ohne weiteres zum Tod des überfallenen Tieres führen können.[36, 37, 38] Wie gezielt und schnell Würfe von Menschenaffen sein können, erlebte ich erst wieder im letzten Sommersemester, als ich mit meinen Studenten im Zoologischen Garten Berlin die Primatologievorlesung hielt.

Der ‹Chef› der einen Gorilla-Gruppe, ‹Derrick›, kennt mich seit vielen Jahren. Wenn ich alleine komme, grüßt er mich, gewissermaßen mit einem freundlich zwinkernden Seitenblick. Wenn ich aber mit meiner ‹ganzen Horde› komme, bei der ich die zentrale Person, sozusagen das Alpha-Männchen jener Menschengruppe, bin, dann findet er meinen Besuch meistens weniger nett. Eines Tages setzte er sich unweit meiner Studentengruppe ruhig in seinem Gehege hin, beobachtete uns und nestelte ein wenig mit den Fingern. Ich erkannte jedoch nicht, dass er nicht mit seinen eigenen Fingern am Boden spielte, sondern dass er heimlich ein paar Erdklumpen zusammenkratzte – die er mir plötzlich blitzschnell und zielsicher ins Gesicht warf. Kein Augenblick mehr, um sich zu ducken! Gott sei dank war kein Steinchen mit dabei – und meine Brille blieb heil. Aber dieser erfolgreiche Werfer ist keineswegs aufrecht, sondern ein Vierfüßer.

Leider ist auch diese Theorie des Werfens als Auslöser für die Aufrichtung monokausal. Aber wenn man schon das Verhalten der Schimpansen als Erklärung bemüht, sollte jenes des Menschen als Basis für die Überzeugungskraft der Argumentation passen. Für Anpassungen an werfendes Verhalten gibt es in den ersten Millionen Jahren der aufrechten Menschheit keine Belege. Mit Sicherheit waren die Menschen aber erst lange nach ihrer Entstehung zielende Werfer, nämlich nachdem sie die Jagdwaffe der Speere vor rund 400 000 Jahren erfunden hatten. Ob Steine als ebenso einfache wie effektive Distanzwaffen bei Auseinandersetzungen zwischen Urhominiden ebenso selten eingesetzt wurden wie bei heutigen Menschen fast aller Kulturen, muss offen gelassen werden. Mit Speeren ausgetragene Kämpfe, wie sie in Neuguinea zu beobachten sind, stellen eine fast absolute Ausnahme dar. Außerdem sind sie mit Sicherheit kulturell sehr viel jünger als der funktionell-anatomische Erwerb der Aufrichtung in der Evolution.

Hingegen wird, anstatt mit Steinen zu werfen, bis in heutige Zeiten meistens ebenso lustvoll wie grimmig gerauft. Wie wir alle wissen, geschieht dies nicht nur in schriftlosen Kulturen! Und auch bei Schimpansen gilt dieselbe starke Bevorzugung. Aber nicht nur das Werfen selbst, für das es, beiläufig angemerkt, auch nur bei Männern die sehr guten anatomischen Anpassungen gibt, soll einen Anlass für die aufrechte Zweibeinigkeit gegeben haben. Darüber hinaus soll nach Kirschmann auch der Transport von Waffen ein Anlass für die Evolution der Bipedie gewesen sein. Dies aber würde bedeuten, dass die Waffen, wie beispielsweise Jagdspeere, zeitlich vor oder mit dem aufrechten Gang erworben wurden. Die ersten bekannten Jagdwaffen werden aber um über vier Millionen Jahre jünger datiert als der Erwerb des aufrechten Gangs. Wenn überhaupt, erscheint es mir viel eher mit allen anderen Überlegungen vereinbar, dass verbesserte Transporte mit den Händen nach oder mit dem Erwerb aufrechter Fortbewegung möglich wurden (vergleiche Kapitel 1). Jedenfalls scheinen die Anpassungen an die gute Wurffähigkeit von Menschen nicht – und vor allem nicht allein – ursächlich für den aufrechten Gang des Menschen zu sein.

Kapitel 3
Ist die Evolution bewiesen? –
Das Theorem der ubiquitären Energieknappheit

Gibt es den Prozess der Evolution? – Die Beweislast ist umgekehrt

Muss man das noch fragen? Spätestens seit der Dinosaurier-Welle wurde das Thema der Evolution auch für jene, die das Problem sonst weniger berührt, ein selbstverständlicher und nicht länger hinterfragter Prozess. Mit weltweit reisenden Ausstellungen von fossilen Giganten, sowohl als montiertes Skelett als auch als rekonstruierte Dermoplastik in naturgeschichtlichen und zoologischen Museen, mit Kinderbüchern, Plastik-Dinos und anderem Spielzeug und nicht zuletzt mit Spielbergs Film ‹Jurassic Parc› sind derart viele erdgeschichtliche Details auf die Betrachter und Besucher eingeströmt, dass alles klar und einen Zweifel nicht mehr wert zu sein schien. Fossilien, Zeitachsen und die Veränderlichkeit der Welt des Lebendigen in den unterschiedlichen Epochen wurden relativ plötzlich zu unumstößlichem Allgemeingut. – Mag man meinen. Doch hat die Dino-Welle diese Wirkung mancherorts völlig verfehlt. Beispielsweise im Staate Kansas in den Vereinigten Staaten, wo die mit der Zeit als veränderlich beschriebenen oder aufgefassten Tierarten als unbiblisch und gotteslästerlich erschienen. Dort verabschiedete die Bildungskommission im August 1999 den Beschluss, Darwins Evolutionstheorie nicht mehr als offiziellen Unterrichtsinhalt anzuerkennen. Die Schöpfungsgläubigen oder so genannten Creationisten lehnten die Veränderlichkeit des Erbgutes im Zusammenhang mit einer funktionellen Auslese veränderter Gene und damit die Evolution als Prozess ab. Sie waren so einflussreich, dass aller geballter Fachverstand amerikanischer Experten in Sachen Evolution nichts ausrichten konnte. Der republikanische Gouverneur Bill Graves kritisierte diese Entscheidung bald darauf als «peinliche, tragische und schreckliche Lösung für ein Problem, das es gar nicht gibt». So machte man sich in Kansas im Spätsommer 2000 auch daran, diesen Beschluss wieder außer Kraft zu setzen.

Diese christlichen Fundamentalisten sind der Auffassung, dass es eine Zufälligkeit der vielen «Wunder» der Tier- und Pflanzenwelt nicht geben kann, sind sie doch alle so genial, dass sie von Gott sein müssen. Dies ist ganz ohne Ironie geschrieben; denn viele Entdeckungen offenbaren – übrigens fast jeden Tag neu – unzählige, wirklich wunderbare Dinge in der Natur, so dass es schwer fällt einzusehen, dass sie alle letztlich auf Zufällen beruhen sollen. Deshalb wollen wir uns hier mit wenigen grundlegenden Prinzipien der Evolution aller Organismen befassen. Sie haben einerseits ganz fundamental auch unsere eigene Evolution mitbestimmt. Andererseits erscheinen sie mir hier unverzichtbar, weil hier völlig anders argumentiert werden soll, als gemeinhin üblich.

Ich will mich in diesem Zusammenhang nicht mit der Entstehung des Lebens befassen, weil dieser Aspekt zu weit vom hier behandelten Thema wegführt.[61] Eine Unzahl von Abhandlungen mit noch einer größeren Zahl von Belegen für die Evolution ließe sich hier anführen.[60] Aber es lässt sich leicht zeigen, dass nicht die Evolution unwahrscheinlich ist, sondern dass vielmehr die Annahme einer Konstanz der Arten überhaupt keine Wahrscheinlichkeit besitzt.[62] Gott erschuf die Tiere, «ein jegliches nach seiner Art». Wenn dies im biblischen Sinne stimmt, kann die Bibel es nicht so meinen, dass dies alles für immer unverändert so bleiben musste. Ich würde es auch für eine sehr menschliche Unterschätzung Gottes halten, wenn man ihm nicht noch viel mehr zutraute, als in den kärglichen Zeilen der Genesis nur erwähnt und meist nicht einmal in Grundzügen beschrieben wurde.

Die erste Grundlage der Evolution als Vorgang ist die Veränderlichkeit der Erbsubstanzen. Solche Veränderungen nennt man Mutationen. Es gibt eine ganze Anzahl verschiedener Formen dieser Veränderungen, vom molekularen Maßstab bis hinauf zu solchen, die als so genannte Chromosomenmutationen bereits im Lichtmikroskop sichtbar sind. Sie sind also vielfältig bewiesen, unter anderem dadurch, dass man sie sehen kann. Ein Beispiel für eine solche Chromosomenmutation ist das dreifache anstatt doppelte Vorkommen eines bestimmten, nämlich des 21. Chromosoms, die so genannte Trisomie 21. Sie bewirkt das Down-Syndrom, das landläufig immer noch unter der überholten Bezeichnung des Mongolismus bekannt ist. Viele hunderte anderer Mutationen und ihre Wirkungen ließen sich hier anführen.

Erbgut ist also veränderlich, und seine Veränderungen können Änderungen in allen Bereichen von genetisch gesteuerten Lebensfunktionen bewirken, in der Anatomie, in Wachstums- und Reifungsprozessen, im

Verhalten, in biochemischen oder physiologischen Leistungen des Körpers und so weiter. Ein Typ häufig erwähnter Änderungen des Erbgutes sind jene, die durch ultraviolettes Licht und Höhenstrahlung in den Zellkernen der Hautzellen hervorgerufen werden. Im Frühsommer warnen die Zeitungen immer wieder, dass UV-Licht mutagen ist; übermäßig sonnenbeschienene Haut neigt auf Dauer dazu, häufiger den gefährlichen schwarzen Hautkrebs zu entwickeln. Der karzinogene Mechanismus beruht, wie man aufgrund molekularbiologischer Forschungen weiß, hauptsächlich auf dem Gen RhoC, das UV-labil ist und bei starker Sonneneinstrahlung mutieren kann und dann in einem bestimmten Prozentsatz ein so genanntes malignes Melanom verursacht. Trotz mancher körpereigener Reparaturmechanismen wird also die Erbsubstanz durch eine ganze Reihe unterschiedlicher Mechanismen verändert, beispielsweise durch fehlerhafte Verteilungen auf Tochterzellen, wie im Fall der eben genannten Trisomie, oder durch chemische oder physikalische Mutagene wie zum Beispiel UV-Strahlung und vieles andere mehr. Es ist also einfach falsch anzunehmen, es gäbe eine über viele Tausende von Generationen hinweg stabile, unveränderliche Erbsubstanz, die aber die notwendige Voraussetzung für die Unveränderlichkeit der Arten wäre.

Dorte von Stünzner formuliert es am Beispiel des AIDS-Virus; etwa wörtlich schreibt sie: AIDS ist ein Beweis für die Abstammung mit Abwandlung, denn man kann zusehen, wie sie sich vollzieht. Wie in einem Indizienprozess fügen sich die Erkenntnisse der letzten Jahrzehnte über die Krankheit zu einem komplexen Bild zusammen. Nach der Entdeckung der ersten Viren konnten die Wissenschaftler anhand von Veränderungen in den Nukleinsäuren den Weg des Erregers rekonstruieren, und man erfuhr, dass das AIDS-Virus sich den jeweils herrschenden Sexualpraktiken der Menschen durch Veränderungen seines Erbgutes erstaunlich schnell anpassen kann. Die kurze Geschichte des menschlichen Immunschwächevirus enthält dabei die gesamte Argumentation der Entstehung der Arten.

Erbsubstanzen können also nachgewiesenermaßen und teilweise sogar sichtbar auf äußerst verschiedene Weise mutieren. Mit den Änderungen in der Erbsubstanz verändern sich zwangsläufig auch jene körperlichen Eigenschaften ihrer Träger, welche von den betroffenen Genen gesteuert werden. Weiterhin ist unmittelbar einleuchtend, dass unterschiedliche körperliche Eigenschaften Konsequenzen für ihre Träger bedeuten, wie zum Beispiel unterschiedliches Lebensalter oder unterschiedlich viele Nachkommen, denn unzählige Merkmale wirken sich auf die Nachkommenzahl aus. Individuen, die mit größerer Wahrscheinlichkeit an einem Hautkrebs sterben, werden natürlich im Durchschnitt nicht so alt wie Gesunde und damit statistisch etwas weniger Kinder haben als jene. Die Auslese wird also die genetisch veränderten Individuen – in den meisten Fällen geringfügig – selektieren. Dies führt zwangsläufig zu einer Optimierung der Übriggebliebenen an bestimmte Umweltbedingungen. Sie werden gesünder sein, da jene, die zu Hautkrebs neigen, relativ seltener werden. Damit ist aber bereits ein Evolutionsprozess vollzogen worden, denn die jetzige Population setzt sich aus durchschnittlich im Erbgut etwas veränderten Individuen zusammen.

Man braucht also heute kein fossiles Tierskelett als Beweisdokument mehr. Nicht der Evolutionstheoretiker muss belegen, dass es die Evolution gibt. Die Beweislage hat sich heute umgekehrt: Es ist völlig abwegig, die Evolution als Prozess für unmöglich zu erachten, und man müsste neue Belege anbieten, die den durch viele tausend Beispiele bewiesenen Evolutionsprozess widerlegen. Dies jedoch wird nicht mehr möglich sein.

Allgegenwärtige Energieknappheit als Motor des Evolutionsprozesses

Schon im ersten Kapitel haben wir von energetischen Zwängen gesprochen, die einer Aufrichtung der Menschenaffen oder Urmenschen im Wege standen. Welch zentrale, kaum zu überschätzende Bedeutung die Energie für die Evolution des Menschen in allen Phasen unserer Entstehungsgeschichte besaß, wird in letzter Konsequenz wahrscheinlich nur von wenigen Forschern voll erkannt. Auch mag das Argument, der Erwerb eines bestimmten Merkmals sei energetisch von Vorteil, gelegentlich in seiner Tragweite kaum wahrnehmbar sein. Man muss erst erkennen, wie stark sich wenige Prozente an Energieersparnis auf die Menschheitswerdung auswirken konnten. Immer wieder einmal wird in der hier vorgestellten Argumentationskette von energetischen Gesichtspunkten die Rede sein. Die grundlegende Bedeutung dieses Aspektes sei bereits hier dargelegt.

Natürlich kommen im Leben der meisten Tiere und auch in dem des

Menschen immer wieder Situationen vor, in denen Energie überreichlich vorhanden ist. Ein voller Walnussbaum im Oktober beispielsweise hat so viele tausend Sonnenstunden an Energie in Form von Proteinen und Walnussöl gespeichert, dass man als einzelner Mensch dieses Überangebot gar nicht nutzen kann. Die Nüsse aber sind lecker und durch ihren Gehalt besonders an B-Vitaminen sehr gesund. Nüsse sind in allen Weihnachtsgeschichten als unverzichtbare Requisiten des adventlichen Wohlergehens nicht wegzudenken. Die Martinsgans, Lebkuchen und eben Nüsse gehören zum frühwinterlichen, feierlichen Schlemmen, bevor der karge Spätwinter mit seinem Hunger und seinen Nahrungsmängeln droht. Viele Weihnachts- und Wintermärchen können als verharmlosender Beleg für die hohe Kindersterblichkeit in den Spätwintern vergangener Jahrhunderte dienen.

Die Bären in Alaska können zur Laichzeit manchmal gar nicht so viele große, fette Fische fangen und fressen, wie das Naturschauspiel geradezu Lachse sprudelnder Wasserfälle ihnen bietet. Trotzdem liegt die Betonung aber auf der Einschränkung, gar nicht so viele Fische fressen zu können. Auch die Mottenlarve im gemeinhin und falsch als «wurmstichig» bezeichneten Apfel kann die sie beherbergende Frucht gar nicht verzehren und lebt nur scheinbar im Schlaraffenland. Das Schlaraffenland aber, wie wir alle wissen, gibt es nicht. Die Walnüsse wehren sich, indem sie uns die Zeit raubende Mühe des Nüsse-Knackens auferlegen. Zu viel des Walnussöls beschert dem Unmäßigen einen unangenehmen Durchfall. Die Bären in Alaska bleiben in der Fülle nicht lange allein, bis sie sogar untereinander Streit um die besten Fangplätze in den Stromschnellen beginnen. Die Mottenlarven, für ihr Teil, sollten in ihrem Apfel besser allein bleiben und das nicht nutzbare Überangebot der einen Frucht klaglos hinnehmen. Denn sollte ein Mottenweibchen viele ihrer Eier in nur einen Apfel legen – immer noch genügend Nahrung für all ihre «Kinder» –, so könnte es zu einem unerwünschten Mottendrama kommen. Wenn nämlich ein Igel den Apfel fände, so labte er sich mindestens genauso gerne am «Wurm»- wie am Fruchtfleisch. Für die Motten ist es also ratsam, dieses Risiko zu streuen.

Es müssen schon besondere Umstände und ein noch schmalerer Pfad der Evolution gewesen sein, die eine Schmetterlingsart bewogen haben, sich für die Nahrung seiner Larven auf ein spezifisches Protein von Säugetierleichen zu spezialisieren. Das gibt es nicht? Doch, zum Ärger nicht nur so mancher Hausfrau gibt es diesen Spezialfall einer ziemlich abwegig erscheinenden ökologischen Nische: die Kleidermotte. Bei uns sind sie ja inzwischen recht selten geworden, kein Wunder bei der Ordentlichkeit, die in unseren Landschaften herrscht. Die Evolution der Kleidermotte hat natürlich nicht erst begonnen, als die Menschen Wollpullis und Wollsocken zu stricken begannen. Die Wildform lebte schon unvergleichlich länger auf dieser Erde. Der natürliche Lebensraum der Larven sind die leeren, wollenen Fellkarkassen verwester Säugetiere. Sie sind unglaubliche Nahrungsspezialisten geworden, denen die Wolle, also das bloße Tierhaar, zum Fraß und als Lebensraum für ihre ganze Entwicklung vom Ei zur fertigen Motte genügt. Ihre Nahrung besteht dabei zum allergrößten Teil aus dem Protein, das die Haarsubstanz selbst darstellt, dem Hornmaterial Keratin. Daneben gibt es noch ein wenig Wollfett, das jedermann unter dem Fachbegriff Lanolin kennt.

Mit der Evolution der Säugetiere fielen als verwertbare Energiequelle auch deren Leichen an. Fliegen, Aaskäfer, Schweine, Katzen und Geier – alle möglichen Tiere begannen, diese Quelle verwertbarer Energie zu recyclieren. Doch während es vielen Tierarten leicht fiel, um das frisch tote Fleisch selbst zu konkurrieren, gelang es nur wenigen Organismen, das Fell als Nahrung zu verwerten. Einer Tierart, der es gelänge, diese Nische schnell zu besetzen, würde diese Ressource wahrscheinlich relativ konkurrenzlos ausbeuten. Die kleine Motte hatte diesen Erfolg, musste jedoch hinnehmen, dass ihre Larven niemals wieder andere Nahrung nutzen können.

Diese Beispiele stellen eines klar: Der scheinbare Überfluss beispielsweise eines schwer mit Früchten beladenen Obstbaumes wird schnell und restlos verteilt sein. Außer dem Igel gönnen sich noch eine Menge anderer Säuger- und Vogelarten eine Mahlzeit, Siebenschläfer und Mäuse, Stare und Finkenvögel und so weiter. Was nun noch übrig ist, wird schnell von Insekten oder Fadenwürmern sowie schließlich von Mikroorganismen, zum Beispiel durch Pilze, zügig vertilgt. Der scheinbare Überfluss ist keineswegs üppig für die große Zahl an eine schnelle und vollständige Nutzung gut angepasster Konsumenten.

Alle Arten, die sich hier den gedeckten Tisch ökologisch teilen, haben sich im Verlauf vieler Generationen an eine optimal schnelle Nutzung des nur kurzfristig zur Verfügung stehenden ‹Sonderangebots› angepasst. Aber diejenigen Individuen, welche die gebotene große Menge an Energie noch etwas schneller nutzen können als andere Mitglieder ihrer Population, mögen etwas vitaler sein. Da sie «gut im Futter stehen», sind die Weibchen in der Lage, ihre Embryonen oder Feten optimal zu versorgen oder etwas mehr Milch für ihre vielleicht zahlreichen Jungen bereitzustellen. Sie verbrauchen also alsbald die reichlicher gewonnene Energie für eine zahlreichere oder besser versorgte Nachkommenschaft wieder auf. Mit dieser viele Generationen dauernden Anpassungsleistung sind sie jedoch nicht allein. Denn die Konkurrenz schläft nicht. Eine ganze Reihe von Insektenarten, Rehe und Wildschweine, Fasanen sowie Myriaden von Mikroorganismen treten mit auf den Plan. Kurzum, der scheinbare Überfluss existiert in Wirklichkeit nicht. Ein prozentual geringer Rückgang in einem nicht so guten Obstjahr kann für viele der Nutzer in der Regel bereits einen «nachkommenreduzierenden Faktor» darstellen. Schon ein normales Jahr begrenzt also bereits die Nachkommenzahl und bedeutet damit eine Einschränkung. Dieser Mechanismus ist für *alle Tiere*, für *alle Pilze* und für jene *Pflanzen* wirksam, *die von anderen Pflanzenstoffen leben* und nicht nur von Sonnenlicht, Kohlenstoffdioxid und Wasser; damit gilt er für alle so genannten *heterotrophen Lebewesen*, also für jene Organismen, die von anderen leben.

Ein optimiertes Gleichgewicht dürfte sich auch relativ bald einstellen, denn eine Selektion nach energetischen Gesichtspunkten fällt im Allgemeinen recht rigoros aus. Für einen ganz anderen Fall hat der Bioniker und Evolutionstheoretiker Rechenberg die Anzahl von Generationen von den ersten Anfängen bis zur Optimierung einer komplizierten biologischen Struktur kalkuliert, nämlich für die Evolution von Augenlinsen, wie sie sehr viele Tiere und auch der Mensch besitzen.[63] Im theoretischen Modell dauerte es bis zur Ausbildung einer optimalen anatomischen Anpassung nur wenige hundert Generationen. In der Natur müssen die Arten auf recht zufällige Mutationen jedoch warten. Wenn dort beispielsweise zehnmal oder sogar zwanzigmal so viele Generationen benötigt würden, so bedeutete dies trotzdem ein kaum vorstellbares Evolutionstempo von den ersten Veränderungen bis hin zum optimierten Organ.

Für die heterotrophen Organismen aber – und damit auch für die Evolution des Menschen – kann man also Folgendes ganz allgemein gültiges Fazit ziehen: Überall und immer haben wir es mit Energieknappheit zu tun, denn die vorhandene Energie reicht statistisch und langfristig praktisch nie zur optimalen Nutzung für erhöhte Individuenzahlen der Art in den nächsten Generationen. Daher war jeder Energie sparende Vorteil in unserer Stammesgeschichte von entscheidender Bedeutung.

Kapitel 4
Zur Biologie des Prestige

Vom Überlebenswillen und von der Tötung zum Zweck der Selbstrettung
Was macht den Porschefahrer sexy? – Na, der Porsche natürlich! Ich presche nun etwas vor und sage es gleich zu Beginn frei von der Leber weg: Ich halte es für möglich, dass dies eine stammesgeschichtliche Ursache hat, die wir über viele Millionen von Jahren hinweg ererbt haben. Sie mag tief in den Genen stecken, die über zehntausendmal älter sind als das erste Auto. Dass wir schneller sein wollen als andere, scheint zumindest bei Männern in subtilem Zusammenhang mit dem sozialen Rang zu stehen.[75] Wenn dies so ist, wäre es wahrscheinlich angeboren, also genetisch fixiert, und damit stammesgeschichtlich bedingt.

Die Soziobiologie hat zwei Nachbarn, nämlich auf der einen Seite die Verhaltenskunde oder Ethologie und auf der anderen die Phylogenetik, also die Wissenschaft vom Stammbaum der Tiere. Eine der Grundaussagen der Soziobiologie ist, dass die Tiere – möglicherweise einschließlich des Tieres Mensch – sich im Sinne der Erhaltung ihrer Gene verhalten. Ganz elementar ist in diesem Zusammenhang der Wille zu überleben, der umso klarer zutage tritt, je mehr das Überleben in Frage steht. Am wohlgedeckten Abendbrottisch spüre ich meinen Überlebenswillen nicht; der aktive Gegenspieler der Todesangst scheint nicht zu existieren. Als ich ein halbes Jahr nach dem Erwerb meiner Pilotenlizenz, nach Sichtflugregeln fliegend und ungeübt im Instrumentenflug, bei schlechtem Wetter in tief liegende Wolken geriet, wurde mir die Gefahr, in der ich mich befand, schlagartig klar. In Sekundenschnelle stürmt der Wille zu überleben als eine Urkraft ins Bewusstsein. Biologisch ist dabei wichtig, dass der Überlebenswille dazu beiträgt, dem Individuum nicht nur bei der Arterhaltung zu helfen, sondern viel konkreter bei der potenziellen Erhaltung der eigenen Gene für eine nächste Generation.

Über die Dramatik des persönlich Erlebten hinaus stellt sich das Problem aber erweitert dar. Das nun folgende Beispiel mag verdeutlichen, wie gesellschaftliche Regeln und unser konkretes Verhalten ganz allgemein im Sinne der Arterhaltung genetisch mitbestimmt werden. Dies galt für unsere urmenschlichen Sippen genauso, wie es für Menschen auf hoher See zutrifft. «Frauen und Kinder zuerst!», lautet die sprichwörtlich gewordene Anweisung des Kapitäns eines sinkenden Schiffs. Dahinter steht der Gedanke, dass die Schwächeren, die Schutzbedürftigeren eher die Rettungsboote besteigen sollen. Sie sollen einen Vorsprung erhalten, um ihre geringer eingeschätzte Überlebenswahrscheinlichkeit etwas zu kompensieren. Die galante männliche Rücksichtnahme, die diese Regel vorgaukelt, existiert möglicherweise aber gar nicht. In Wahrheit steht vielleicht ein biologisches Kalkül dahinter: Männer sind in einer vielleicht kleinen Sippe oder Population zum Überleben der Gemeinschaft zahlenmäßig weniger wichtig als die Frauen und die älteren Kinder. Denn die älteren Kinder stellen die auch genetische Zukunft dieser Population dar. Außerdem repräsentieren sie im Durchschnitt mehr eigene mögliche Kinder, als ihre Eltern in der Zukunft zeugen könnten, weil die Eltern eben schon mindestens ein oder sogar mehrere Kinder haben. Ferner reichen in dieser Überlebenssippe wenige Männer aus, im Extremfall auch nur einer, um durch einige Schwangerschaften zum Fortbestand der aus Seenot Geretteten beizutragen. Umgekehrt wäre ihr Fortbestand durch wenige oder nur eine Frau mit einem oder vielen Männern möglicherweise chancenlos.

Der Kapitän besteht auf der Erfüllung seines Befehls lediglich aus Pflichterfüllung, denn er geht, wenn er sich pflichtgemäß verhält, entweder als Letzter von Bord oder mit seinem Schiff unter. Eigentlich könnte es ihm also gleichgültig sein, wer überlebt. Hinter seiner Anordnung aber steht möglicherweise ein sehr starker anderer Imperativ. Es handelt sich wohl um einen biologischen Befehl, eine Art «Gen-Erhaltungsprogramm», das mittelbar, im Sinne Charles Darwins, vielleicht auch der Arterhaltung dienen kann, das aber keineswegs erfolgreich zu sein braucht. Nun weiß man aber aus Berichten von Überlebenden zuverlässig, dass der Befehl des Kapitäns «Frauen und Kinder zuerst!» oft missachtet wird. Dramen, deren schreiende Brutalität meist durch die Stille der kalten Tiefsee ertränkt werden, sind nur blasse Legende.

Hier wird mir die Erinnerung an ein Foto lebendig. Ich sah es, glaube ich, in einem Band weltberühmter Fotografien. Es wurde in der Endphase des Vietnamkrieges aufgenommen. – Es ist der letzte Tag der Amerikaner in Saigon. Viele US-Bürger fliehen in Panik vor den Vietkong zum Flughafen, denn nun werden die letzten Hubschrauber zu den allerletzten Evakuierungsflügen starten. Nur noch eine Hand voll Maschinen steht auf dem Flugfeld. Auch viele Einheimische sind unterwegs. Alles rennt. Um die Hubschrauber herum spielen sich kaum beschreibbare Szenen ab. Das Foto zeigt erbarmungslos genau mit seiner hundertstel Sekunde Belichtungszeit, schwarz-weiß und scheinbar spröde, einen Augenblick einer solchen Szene. Ein europäisch aussehender, athletischer Mann, der die einheimisch aussehenden, in den amerikanischen Militärhubschrauber drängenden Menschen um Kopfeshöhe überragt, steht in der offenen Tür. Er hilft niemandem. Verzweiflung und Wut stehen ihm gleichermaßen ins Gesicht geschrieben. Sein Mund schimpft laut auf die Nachdrängenden ein. Seine mächtige, muskulöse Faust erscheint nicht viel kleiner als das zierliche Gesicht, in das sie gerade schmettert. Zwei vietnamesische Gesichter schauen zusammen mit der wutverzerrten Fratze des Faustschlägers aus der schwarzen Türöffnung, mit weit offenen Augen. Adrenalin, aber sonst keine Regung lesbar. Die anderen Insassen sind in der Dunkelheit des Laderaums unsichtbar. Später einmal sah ich einen Film dieses Geschehnisses. Ein Hubschrauber hob langsam ab, mit offener Tür – langsam, damit die sich an der unteren Türkante Festhaltenden noch die Gelegenheit hatten, sich rechtzeitig fallen zu lassen, um nicht zu Tode zu stürzen. Zwei sah ich fallen, konnte aber nicht einschätzen, wie gefährlich ihr Sturz war. Als sich die Fahrgestellklappen schlossen, sah man ein Bein aus der linken Lukenklappe baumeln, und es war klar, dass die Hydraulik des Räderwerks in diesem Augenblick einen Flüchtling zerquetscht hatte.

Jeder, der Flucht, Panik oder Hunger bei zur Neige gehenden Vorräten erlebt hat, weiß, dass gute Vorsätze und gutes Benehmen oftmals enden, wenn es um die buchstäbliche Wurst geht. Dann ist man ‹sich selbst der Nächste›. Der pure Wille zu überleben ergreift von manchen Menschen Besitz; sie vergessen sich völlig, obwohl sie doch sonst ‹völlig normale› Mitmenschen sind. Soziobiologisch umformuliert lautet dies: Sie verhalten sich zwar völlig kopflos, vordergründig zum Erhalt ihres Lebens, letztlich aber zum Erhalt ihrer Fortpflanzungsfähigkeit und damit zum Fortbestand ihrer Gene. Dies befreit natürlich niemanden von Schuld, wenn er in einer solchen Situation ein Verbrechen begeht. Aber unzählige Berichte besagen, dass es immer wieder so geschieht.

Ich deutete oben bereits an, dass es nicht alle sind, die sich in extremen Notsituationen aggressiv vergessen und notfalls tötend behaupten. Aus Berichten wie jenen über den Untergang der ‹Titanic› wissen wir, dass es in solchen Situationen auch durchaus ruhige, besonnen handelnde und sogar selbstlos helfende Menschen gibt. Ihre Aussichten zu überleben, mögen gegenüber den egoistisch sich ins Rettungsboot durchprügelnden Leuten wegen ihrer Besonnenheit und ihrem kühlen Kopf vielleicht gar nicht sehr viel geringer sein als jene der anderen. Man kann aber berechnen, dass beide Verhaltensextreme mit all ihren Übergängen ein optimierendes Gemisch für die Überlebenden aus der Not ergeben können. Hierfür gibt es verschiedene mathematische, populationsgenetische Modelle. So wird errechnet, bei welchen Prozentsätzen der Gene für die eine oder für die andere Verhaltensweise sich ein Optimum für das Bestehen der Population einstellen könnte.

In dem Buch von Richard Dawkins mit dem Titel «Das egoistische Gen» wird gefragt, ob nicht die genetische Ausstattung der befruchteten Eizelle, wie sie auch in allen späteren Körperzellen praktisch identisch vorliegt, das wahre Individuum darstellt.[69] Dies ist philosophisch besonders interessant, weil die Gene demnach das Ich, das Zentrum, das Wesen des Seins selbst darstellten. Danach würden sie sich ihre Vasallen in Form von Körper und Seele gewissermaßen selbst erschaffen, die so genannte Proteinbiosynthese gewissermaßen als täglich millionenfach ablaufender Schöpfungsprozess. Jedenfalls, meine ich, stehen sich die beiden Begriffe der körperlichen Hülle und der Seele nach diesem Verständnis einander sehr nah. In dem Dreigestirn bilden sie gemeinsam den Gegenpol zu den Genen. An der Spitze der Hierarchie stehen die Gene, aber es besteht eine fein ausgewogene Interdynamik mit dem Körper und der Seele, in der sich das Leben immer neue feine Varianten und Kombinationen der im Prinzip außerordentlich stabilen, sehr beständigen Gene leistet. Jene wiederum leisten sich für jede Genvariante und Genkombination jeweils einen Körper mit einer dazugehörigen Seele.

Die Soziobiologie kann man als ultrakonsequenten Darwinismus auffassen, bei dem die Mechanismen der Individualerhaltung unmittelbar sowie die der Arterhaltung mittelbar die Anzahl der in der nächsten Generation geschlechtsreif werdenden Individuen bestimmen.[69, 80] Darwinistisch ist diese Ansicht, weil sie über statistisch verteilte Auslese von

Einzelfällen sich ausschließlich und «gnadenlos» an der Individuenzahl orientiert. Natürlich ist der Begriff der Gnadenlosigkeit hierbei lediglich als empfundene Härte der Natur zu verstehen: Dabei erfolgt die Selektion selbstverständlich «wertfrei» oder «blind». Die Selektion und ihre Wirkung sind insofern blind, als die Natur weder vorausschaut noch im Nachhinein ihren Erfolg bewertet;[73] die Anzahlen von Individuen bestimmter Arten sind «einfach da».

Die Optimierung des Fortpflanzungserfolges ist also der einzige Lebenszweck? Denke ich an die blühende Sommerwiese oder an den schmetternd laut singenden Zaunkönig, so ist die Fähigkeit zu solchen Empfindungen vielleicht nur schmückendes, übrigens dankbar anerkanntes Beiwerk – selbst wenn auch dies hintergründig wieder einen Fortpflanzungswert haben mag. Terminologisch würde dies bedeuten, dass die kognitiven und emotionalen Leistungen für solche Erlebnisfähigkeit unsere eigene Fitness oder die Gesamtfitness unseres genetischen Pools mindestens erhält, wenn nicht fördert. Die Optimierung der Fortpflanzung ist demzufolge in der Tat der einzige Lebenszweck. Wahrlich, aber dies stimmt eben erfreulicherweise nur für den Prozess der Evolution, über den wir uns in der Regel herzlich wenig Gedanken machen. Zum Glück!

Zur Soziobiologie der Wannseevilla

Es spricht meiner Überzeugung nach vieles dafür, dass das Prestige, welches die Ressource Wasser mit sich bringt, in Wirklichkeit einem stammesgeschichtlichen Erbe entspringt.[77] Diesem Erbe zufolge ist die Verfügbarkeit von Wasser gleichermaßen eine Metapher für leicht zu erwerbende, qualitativ hervorragende Nahrung mit einem hohen Anteil an tierischen Proteinen, die stetig und nur geringfügigen jahreszeitlichen Schwankungen unterworfen sind. Ich möchte es aber nicht einfach mit der Plausibilität der bisherigen Argumente bewenden lassen, sondern mit vertiefenden Argumenten wahrscheinlicher machen, als es bisher geschah. Deshalb bitte ich an dieser Stelle auch jene Leser um etwas Geduld, die meinen, die nachstehend geschilderten Gedankengänge würden die hier vorangestellte Überzeugung nicht beweisen. Schließlich bedarf die Argumentationskette dieses Buches noch einer Reihe von Kapiteln.

«Samstagsansicht Wannsee! 1200 m² Wassergrundstück mit 36 m Uferfront mit Landhausvilla zum Sanieren / 200 m² Wohnfläche + 40 m² Dach! 650 000 Euro ...» – der Preis von 3250 Euro pro Quadratmeter Wohnfläche betraf fast ausschließlich das Grundstück, denn wenn der Makler es schon als sanierungsbedürftig einstuft, kann man sich das marode Spukschlösschen gut vorstellen. Nur fünf Minuten zu Fuß von der idyllischen Krummen Lanke, mitten in der besten Waldgegend Berlins und dennoch nah der nächsten Einkaufsgelegenheit und U-Bahn-Station, kostete etwa gleichzeitig ein schönes Haus rund 2700 Euro pro Quadratmeter Wohnfläche, also deutlich weniger, obwohl dieses Haus bezugsfertig und in einwandfreiem Zustand, das andere Objekt aber praktisch eine Ruine war.

Im kleinen Küstenort Hayennesport, Neuengland (Massachusetts), berichtet der örtliche Touristenführer, ein sympathischer älterer Herr, an der sich sanft der Küste zuneigenden Ortsstraße würde der Preis der begehrten Häuser bei jedem Grundstück, mit dem man sich der Küste nähert, um das Doppelte steigen. Vielleicht übertreibt er ja auch ein bisschen. Aber überall auf der Welt scheint es zu stimmen: Seegrundstücke sind teurer als vergleichbare Grundstücke mit so genanntem Grünblick, obwohl jene bei ähnlich ruhiger Lage als zweitteuerste Kategorie rangieren.

Dies verdeutlichen zwei weitere konkrete Beispiele aus dem Immobilienteil einer renommierten deutschen Tageszeitung: «Aber bitte mit Blick aufs Meer – an der südfranzösischen Küste steigen die Immobilienpreise ... Ein Ferienhaus im französischen Teil der Mittelmeerküste koste im Schnitt über 250 000 Euro. Für eine Villa mit Blick aufs Meer müssten Käufer mehr als 1,5 Millionen Euro aufbringen ... In Cannes, Veranstaltungsort der Filmfestspiele ... könnten Eigentümer für Immobilien in besten Lagen am Meer bis zu 11 000 Euro je Quadratmeter erlösen.»[64] Nebenstehend ist in jener Ausgabe die «Immobilie der Woche» abgebildet; erstaunlicherweise handelt es sich um ein Schiff! Auf der ‹World of Residensea› kann man nämlich Wohnungen kaufen! Die durchschnittlich 200 Quadratmeter kosten im Mittel knapp fünf Millionen Euro. Nach Angaben eines Hamburger Nobelmaklers verkauften sich die Schiffswohnungen ausgezeichnet.[65]

Für Kaufinteressenten oder Bewohner von Ufer- oder Wasserimmobilien gibt es vier Gründe für die Attraktivität eines Ufergrundstücks: Sie können jederzeit baden gehen, sie können jederzeit ihr eigenes Boot gleich zu Wasser lassen oder vom Bootssteg aus angeln, und schließlich, aber vielleicht nicht zuletzt, können sie sich an ihr Ufer, an ihr Wasser setzen, wenn sie abends grillen oder nur die Wellen leise plätschern hören möchten. Mein Wasser! Vielleicht gilt auch fünftens und nicht immer voll eingestanden, dass man als Inhaber von 35 Meter Spülsaum gelegentlich beneidet wird. Uferbesitz gilt jedenfalls ohne Frage als erstrebenswert, und er bringt Prestige mit sich. Prestige, diese eigenartig nebelhaft sich scharfer Konturen entziehende Art von Wertschätzung, in der sich die Bewunderung oder Anerkennung den Definitionsraum peinlicherweise mit Missgunst oder Neid teilen muss, letztlich also mit einer seltsam ambivalenten sozialen Attraktivität.

Wenn man noch eins draufsetzen will, kann man am eigenen Bootssteg eine Yacht vertäuen. Aber schon die kleine Jolle bringt nicht nur dem Uferbesitzer Spaß an sich, sondern «Am Sonntag will mein Süßer mit mir segeln geh'n». Sofern die Winde weh'n, findet die junge Sängerin ihren Freund nicht nur an sich, sondern vielleicht auch sein Ufer und seine Art der Gewässernutzung attraktiv und, dem Schlagertext entsprechend, wunderschön.

In armen warmen Ländern sind Swimmingpools selten, wohl aber sind sie auch dort in den Gärten vieler großer Villen zu finden. Wer aber mit dem Flugzeug ins reiche Las Vegas einschwebt, erlebt vor der Landung eine mit türkis-blauen Rechtecken gesprenkelte Landschaft. Man kann aus solchen Beobachtungen den Schluss ziehen, dass Folgendes für die ganze Welt gelten mag: Wer immer sich diesen Luxus leisten kann, mag wohl auch dazu tendieren, sich einen schönen Schwimmteich wirklich zu gönnen, sich, seiner Familie und seinen Gästen. Die weltweite Vielfalt von Beispielen deutet darauf hin, dass solche Bedürfnisse recht unabhängig von Kulturen, Moden und Zeiträumen sind.

Was für den gehobenen Mittelstand und darüber gilt, trifft umso mehr für die Schlösser von Fürsten und Geldadel zu: Kaum ein Schloss der Welt ohne Wasserspiele oder Wasserlandschaften, sofern es, natürlich, nicht als Festung von allzu steilen Hängen umgeben ist. *Nomen est omen* für Schönbrunn; auch wenn man den Ursprung des Namens in der herrlichen, von Brunnen maßgeblich mit geprägten Parklandschaft gar nicht mehr wahrnimmt, war die durch den schönen Quell gekennzeichnete Stelle doch mit bestimmend für die Wahl des Ortes. Die berühmteste Bewohnerin des Schlosses, Kaiserin Elisabeth, schön, exzentrisch und depressiv, floh den Ort und reiste an andere Gestade, so vornehmlich nach Madeira, wo ‹Sissi›, kaum angekommen und den Blick auf das Meer genießend, sich wundersam gesund und alles andere als apathisch benahm. Man stelle sich, um beim Thema zu bleiben, Versailles, Nymphenburg, Sanssouci ohne seine jeweiligen Wasseranlagen vor. Welch Verlust von Idylle, Pracht oder Glanz dies bedeutete! Damit hier nicht der Eindruck erweckt werde, es handele sich um europäische Marotten, sei diese kleine, natürlich höchst unvollständige Aufzählung durch den Taj Mahal oder den indonesischen Präsidentenpalast in Bogor ergänzt. Auch hier sind es die Wasseranlagen, die den Schlössern oder, beim Beispiel des Taj Mahal, der Totenwohnstatt, dem Marmorprunkbau, Pracht und Glanz zu einem guten Teil mit verleihen.

Im 5. Jahrhundert herrschte in Sri Lanka der egozentrische König Dathusena, der sich für eine Inkarnation der Gottheit des Reichtums und der Liebe hielt. Unweit des heutigen Anuradhapura hatte er die riesige Schlossanlage von Sigiriya bauen lassen. Der «Palast über den Wolken» sollte dermaßen prachtvoll werden, dass Dathusena den unermesslich teuren Bau gar nicht vollenden konnte. Zu den ganz überwältigenden Besonderheiten des Weltkulturerbes von Sigiriya gehören aber nicht nur das landschaftsarchitektonische Gesamtkonzept und die wundervoll erhaltenen wunderschönen Felsmalereien der 500 «Wolkenmädchen», Felsgemälde von Tänzerinnen, die mit erlesenen Kleinodien geschmückt sind. Vor allem aber sind hierzu auch die ausgedehnten Lustgärten zu zählen, in denen «sich früher Seen, kleine Inseln, Spazierwege und Pavillons befanden. Dank eines ausgeklügelten Bewässerungssystems konnten sämtliche Gärten auf dem Löwenplateau der Zitadelle … mit Wasser versorgt werden».[78] Der Palast und die Wassergärten sind heute noch Symbole der Machtfülle und des Überflusses ebenso wie Wahrzeichen wahrhaft monarchischer Idylle.

In einer Betrachtung über die Entstehung von Machtstrukturen im 4. und 3. Jahrtausend in Mesopotamien und ihre Verknüpfung mit der Wasserwirtschaft sowie die Verfügbarkeit von Wasser schreiben Heinz und Nissen: «Im 3. Jt. v. Chr. war die ‹urbane Revolution› in ein etabliertes urbanes System übergegangen, in dem die BewohnerInnen des Südens ihre Städte entlang der weit verzweigten natürlichen Wasserarme errichtet hatten ... Die netzartige verzweigte Anordnung der Siedlungen lässt vermuten, dass der Süden Mesopotamiens ... von zahlreichen Wasserläufen durchzogen war ... Siedlungen wuchsen und konnten sich ... durch ... Ackerbau, Fischfang, Tierzucht und Jagd erstmals im 4. Jt. v. Chr. ... zu Städten entwickeln ... Einer Hypothese von H. J. Nissen ... zufolge steht die Selbstbezeichnung ‹König von Kish› in einem Zusammenhang mit Maßnahmen zur Flusslaufregulierung des Euphrats ... Die Hypothese besagt, dass es den als ‹König von Kish› benannten Machthabern des Südens gelungen war, in den Norden vorzudringen und die *Wassersituation im eigenen Interesse zu regeln* ... Der Titel ‹König von Kish› wäre damit im Süden vor allem auch als *Prestigetitel* zu verstehen gewesen ...»[70] Einer Theorie Wittfogels[81] folgend, fahren die Autoren fort: «Wasser ist bei der Entwicklung der so genannten Hochkulturen unter allen natürlichen Ressourcen die wichtigste.»

Auch die Küsten wurden jeher von privilegierten Ständen und so auch von der Aristokratie sowohl für eigene Annehmlichkeiten als auch für die Pflege des Ansehens genutzt. Zwei, wie ich finde, eindrucksvolle Beispiele mögen hier genügen. Der berühmte französische Historiker Alain Courbin hat sie in seinem Buch «Meereslust» aufgezeichnet, das eine Kulturgeschichte der Beziehung des Menschen zum Meer darstellt: «Das Landgut des Plinius, über der Küste und dem Meer gelegen, bietet einen freien Blick auf die Übergänge zwischen Land und Wasser. Der angesehene Römer, so sagt man, hat gern die lieblichen Geräusche der Natur im Ohr, das Murmeln der Quelle, das Rauschen des Windes in den Bäumen, den rhythmischen Wellenschlag des Meeres. Bisweilen genießt er sogar das Gefühl, den nachgiebigen Sand bei den auslaufenden Wellen am Wasserrand unter den Füßen zu spüren .... Zur Erholung unter freiem Himmel gehören auch kindliche Spiele am Strand: Fischen, Steinchen suchen, Muscheln sammeln oder schwimmen ... Der reiche Römer, der mehrere Villen besitzt, achtet darauf, dass mindestens eine an der Küste liegt ... Zur Zeit Plinius des Jüngeren säumt eine fast ununterbrochene Kette von Villen die Küste bei Ostia.» [68] Ungefähr 1700 Jahre später, um 1825, mehren sich in Brighton «die Residenzen, die nach dem Vorbild des halb indischen und halb chinesischen Marine-Pavillon – der Villa des

Prince of Wales, mit deren Bau 1786 begonnen wurde – über Fenster mit Meerblick verfügen, und bald wird es möglich sein, endlos auf Piers oder Dämmen mitten durch die Fluten zu spazieren.» [68]

Ein weiteres Beispiel für die Bedeutung der Küste stellt die Swahili-Kultur dar. Das Kiswahili wird heute als Bantusprache bezeichnet. Der Name dieser Kultur hat aber eine andere Geschichte. Ende des zehnten Jahrhunderts erreichten persische Sunniten die Küste des heutigen Tansania und siedelten dort und auf Sansibar. Auf einer kleinen Insel vor der südtansanischen Küste gründeten sie Kilwa Kisiwani, das vom 11. bis zum 14. Jahrhundert eine blühende persisch-arabische Handelsstadt war. Die Ruinen des einst mächtigen Sultanspalastes lassen seine frühere Pracht heute noch ahnen. Von dort aus wurde der Goldhandel aus dem Herzen Afrikas organisiert und beherrscht. In diesem Schmelztiegel aus mediterraner, vorderorientalischer und einheimischer afrikanischer Bevölkerung entstand die islamische Swahilikultur, deren Angehörige sich Waswahili nennen. Dies heißt ‹die Leute von der Küste›, denn das Wort Swahili entstammt dem Arabischen *sawahil*, was Küsten bedeutet. So hat sich die an der Küste entstandene Kultur auch in ihrer prunkvollen Blütezeit ihren stolzen Namen zu Recht gegeben.

Die Universalität des Phänomens der Wertschätzung von Wasser respektive Ufer, ob als nüchterner Preis einer Immobilie oder als Glanzpunkt einer Potentatenresidenz, ist bei so vielen die Kontinente umspannenden Beispielen sicher nicht mehr von der Hand zu weisen. Diese Wertschätzung ist nur selten abhängig von der Versorgung der Liegenschaft mit Trinkwasser. Denn kaum ein Schlossteich mag wohl als Trinkwasserreservoir dienen. Auch ist sie allermeistens unabhängig von der Gewässernutzung als notwendiger Verkehrsweg.

Gelegentliche Fischteiche dienen durchaus zur Muße, eher aber der Lustbarkeit und nur selten zur Ernährung der Schlossbewohner. Alles deutet darauf hin, dass das Wasser selbst ein Wert ist. Der Blick aus dem Fenster aufs eigene Ufer, der majestätische oder doch mindestens erhabene Anblick der sich im Schlossteich spiegelnden Fassade, die regenbogenfarben sprühenden Springbrunnen, sie sind einfach wohlgefällig, sie tun dem Auge und der Seele gut.

Wichtig ist mir dabei, dass die Auslöser für unser Wohlbefinden sehr regelhaft genetisch bedingt sind. Fragt man Menschen danach, wie sie sich eine idyllische, harmonische Landschaft vorstellen, so projizieren sich die Menschen in Gedanken meistens an einen Waldrand, an dem sie auf einer Wiese sitzen und zu einem nahen Ufer hinunterschauen. Wir werden dieses Thema später mit eingehenden Untersuchungen noch vertiefen.

Wie ich weiter unten noch näher ausführen werde, bot das ufernahe Flachwasser zur Zeit der evolutiven Entstehung der ersten Hominiden leicht zu sammelnde tierische Nahrung ohne jahreszeitliche Schwankungen, also mit größerer Verlässlichkeit als die Nahrungsressourcen auf dem Lande: Muscheln, Frösche, Wasserschnecken und dergleichen.[74] Auch unsere nächsten Verwandten, die Zwergschimpansen oder Bonobos, sammeln gelegentlich tierische Nahrung im Flachwasser kleinerer fließender Gewässer.[66, 67, 71, 72, 76, 79] Eine Attraktivität der Uferzone hätte sich also genetisch bilden und verfestigen können.

Zur Etablierung solcher Gene im Genom des Menschen sind mehrere Faktoren notwendig. Jedes Tier fühlt sich in der Gegend und belebten Umwelt am wohlsten, die am besten den Kriterien seiner ökologischen Nische entspricht. Über zufällige Änderungen der Erbinformation im Verlaufe vieler Generationen kann sich eine ehemalige Habitatpräferenz verschieben oder allmählich verloren gehen. Individuen, die sich aber außerhalb des Habitatoptimums ihrer Art bewegen, werden ungünstigen Einflüssen häufiger ausgesetzt als solche, die sich streng an diese Vorgaben halten. Klammeraffen beispielsweise, die als Laubdachbewohner auch Spezialisten bestimmter Blätter, Knospen und Blüten sind, werden in tieferen Schichten des Waldes nicht genügend ihrer spezifischen Nahrung finden. Die Bevorzugung des eigenen Habitatstyps dient also dazu, die arttypische Nahrung zu finden, Geschlechtspartner, Schlafplätze und vieles andere mehr, was alles dazu beiträgt, dass nicht nur Klammeraffen, sondern alle Primaten auch letztlich ihr Optimum an Nachkommen aufziehen können. Gene steuern auf diese Weise die Habitatwahl.

Wenn also beim Menschen derartig stereotypische Vorstellungen von erstrebenswerten oder angenehmen Habitaten vorliegen, so können solche Bilder von Ideallandschaften nur dem genetischen Erbe entsprechen, das unsere afrikanische Herkunft mit dieser Verquickung dreier Landschaftstypen verrät: Galeriewäldern, Savannen und Uferzonen.

Auch Prestige entspricht meiner Ansicht nach einem genetischen Erbe, denn es verheißt Ressourcen. ‹Eine gute Partie› für eine junge Frau ist im Volksmund ein Mann, der durch seine soziale Stellung oder seine Wohlhabenheit, besser noch durch beides, soziale Sicherheit bieten kann, also Krisenfestigkeit. Sie bietet ein bestimmtes Maß an Sicherheit, nicht nur für die Frau, sondern auch für ihre Kinder.

Viele der soziobiologischen Theorien, auch der hier angesprochenen, sind im strengen Sinne noch unbewiesen. Doch durch die gesicherten Belege, dass der Grundansatz der Soziobiologie in vielen Bereichen auch auf den Menschen zutrifft, gewinnt sie mit zunehmender biologischer Erkenntnis an Boden.

Vor wenigen Jahren wurden oft, ähnlich wie bei so manchen anderen Neuerungen der Erkenntniswelt, emotionale Argumente vorgetragen, meist in dem Sinne, der Mensch als Kulturwesen wäre in derlei Dingen doch vor Verdächtigungen solch niederer Art sicher. Als Geisteswesen träfen für uns die gleichen Selektionsmechanismen wie für Tiere nicht oder nur in wenigen Bereichen zu. Aber wir haben eben nicht nur Essen, Trinken und Schlafen mit den anderen Tieren gemeinsam, sondern wesentlich mehr. Zu den Besonderheiten des Menschen gehört jedoch ohne Zweifel ein starkes Bedürfnis, uns von unseren Nachbararten hinabblickend abzusetzen. Als Charles Darwin die Evolutionstheorie formuliert hatte, fiel es auch seinen Kritikern nicht schwer, uns Menschen als Wirbeltiere oder als Säugetiere wiederzuerkennen. Dass wir aber von Affen abstammen sollten, war nun wirklich zu viel, indes nicht als intellektuelle Überforderung, nein, rein emotional. Dies war schlechterdings zu starker Tobak.

Heute haben wir uns an den Abstammungsgedanken gewöhnt. Auf diese Frage der Abstammung antworte ich hartnäckig und kurz: «Nein, der Mensch stammt nicht vom Affen ab. – Er ist einer.» Und so manches Mal stelle ich an der Reaktion auf diese Bemerkung hin fest, dass dies in letzter Konsequenz von vielen noch nicht verinnerlicht wurde. So nämlich, wie wir zoologisch-systematisch Wirbel- und Säugetiere sind, sind wir ebenso Schmalnasen- oder Altweltaffen. Wohl alle Lehrbücher der zoologischen Systematik stimmen hierin überein. Wir gehören zur *Ordo Primates*, der Ordnung der Herrentiere – Tiere, wohlgemerkt! Bei den eben erwähnten ‹Säugetieren› hat sicher kaum ein Leser gestutzt. Dies war Absicht: Mit jenen gemeinsam durften wir problemlos Tiere sein, ohne dass uns ein Ruck durchfuhr. Aber sobald es um Herrentiere – um Affen gar! – geht, ist das mit dem Begriff ‹Tier› für viele Menschen plötzlich fraglich oder unangenehm oder gar unzumutbar. Alles, was an uns tierisch und menschlich ist, sollten wir unvoreingenommen erkennen wollen, und wir täten gut daran, es auch sachlich so hinzunehmen. Dies würde uns auch helfen, viele stammesgeschichtliche und damit genetisch bedingte Fakten leichter zu akzeptieren.

Kapitel 5
So viel Umbau! – Zur Anatomie eines aufrechten Affen

Sind wir Spezialisten für aufrechte Haltung und aufrechten Gang?

Der so genannte Alleskönner kann natürlich nicht alles, sondern lediglich viel. Von den historisch weniger Bewanderten wird er bestaunt, wenn er – fast – alle deutschen Kaiser kennt, und gleichzeitig von den Ungeübten, wenn er fix Tischtennis spielt. Aber weder in der Disziplin des Kupplung-Austauschens noch der des Tiramisu-Zubereitens, noch jener des Akkordeon-Spielens würde er sich auf eine Vereinsmeisterschaft trauen. Generalisten können eben vieles mit Note Zwei-bis-Drei, einige wohl auch mit Zwei.

Auch in der Natur gibt es die Vieles-ziemlich-gut-Könner, die mit einer Vielzahl unterschiedlicher Lebensbedingungen gut zurechtkommen und die man daher als Generalisten bezeichnet hat, und es gibt die Spezialisten. Was dies biologisch zu bedeuten hat, wie man es mit biologischen Mitteln ermittelt und beschreibt und welche Mechanismen hier in der Evolution zu beachten sind, wurde vor einigen Jahren am Beispiel einer Primatenfamilie aufgeklärt.[122]

Betrachten wir zunächst die erste Kategorie, jene der Generalisten, zu denen beispielsweise der Haussperling gehört. Gibt es genügend Ernährungsmöglichkeiten und Nistplätze, so verträgt er ein breites Spektrum verschiedenster Klimate, ein so unwirtliches wie in Mitteleuropa mit nasskalten Wintern und milden Sommern gleichermaßen wie ein tropisches. In viele Gegenden der Welt ist er als Käfigvogel mit eingereist, gelegentlich entflogen und hat sich als Einwanderer schnell etabliert. Nun tschilpt er in Paris genauso wie in Buenos Aires oder auf Mauritius mitten im tropischen Teil des Indischen Ozeans. Mit Kolibris oder Nektarvögeln wäre dies nicht so geschehen. Sie sind mit ihrer ganz bestimmten Schnabellänge und Schnabelform auf die Blüten ganz bestimmter Pflanzenarten als Nektarspender spezialisiert. In der neuen Freiheit hätten sie die für sie oft «maßgeschneiderten» Blüten nicht als Teil der fremden Natur vorgefunden und wären nach wenigen Tagen traurig verendet.

Spezialistentum bedeutete daher oftmals in der Evolution der Wirbeltiere unumkehrbare Weichenstellungen – und sicher nicht nur bei ihnen. Aus dem frühen Genpool der Insektenfresser, aus dem vor knapp siebzig Millionen Jahren auch die Ordnungen der Fledertiere und der Primaten gemeinsam ihren Ursprung nahmen, sind die unterschiedlichsten Nachkommen mit den verschiedensten Anpassungen hervorgegangen. Nachdem die einen jedoch den Evolutionsweg in Richtung auf das Fliegen mit Flügeln, also mit Armen und Händen, beschritten hatten, konnten sie praktisch nur noch fliegende Säugetiere bleiben und innerhalb dieser Branche sich in verschiedenen Richtungen optimieren, beispielsweise als Langstreckenflieger oder als hervorragende Segler oder als hoch spezialisierte Insekten- oder Fischjäger mit unglaublich schnellen Flugmanövern.

Oder sie könnten vielleicht mit Hilfe der Daumenkralle kletternde, flugunfähige Flughunde werden oder sonst noch irgendeine andere Art der Spezialisierung in ihrer Evolution erwerben. So werden die Nachkommen der heutigen Fledermäuse und Flughunde, die zum Fliegen hoch spezialisierte Vordergliedmaßen entwickelt haben, kaum das volle Spektrum von fliegenden, rennenden, kletternden, grabenden und schwimmenden Formen hervorbringen, wie es zwischenzeitlich bei den vielen verschiedenen Nachkommen der Vorfahren von Fledermäusen vor deren Spezialisation zum Fliegen erfolgte. Im Vergleich zum Artenspektrum von Läufern, Kletterern und grabenden Tieren würden also solche Spezialisierungen fliegender oder ehemals fliegender Tierarten geradezu bescheidene evolutive Perspektiven besitzen.

Auch in unserer eigenen Tierordnung, jener der Primaten, gibt es solche Generalisten und Spezialisten. Rhesusaffen (*Macaca mulatta*) in Indien gehören zur Kategorie der Generalisten, der Viel-Könner. Sie klettern und springen gern und schwindelfrei auf den höchsten Baumwipfeln und fühlen sich auf dem polierten Steinboden der Tempelanlagen genauso heimisch, vorausgesetzt, es gibt etwas zu essen. Und hierbei sind sie nicht wählerisch; die Nahrung kann tierischer oder pflanzlicher Herkunft sein, oder sie kann sogar aus einem menschlichen Kochtopf stammen, solange sie nicht allzu exotisch gewürzt ist. Auch die anderen Arten der Makaken sind hinsichtlich der Nahrung recht unkompliziert und können daher viele Ressourcen der Natur nutzen. Die eigentlich in Algerien und Marokko heimischen Berberaffen, mit wissenschaftlichem

Namen *Macaca sylvanus*, genießen im Tierpark in Salem am Bodensee gern das Popcorn, das die Besucher für sie am Eingang des Affenparks kaufen können. Die auf Borneo und Java heimischen Javaneraffen (*Macaca fascicularis*) werden auf Englisch nicht nur als ‹long tailed macaques›, also als Langschwanz-Makaken, bezeichnet, sondern auch als Krabben fressende Affen, als ‹crab-eating monkey›, weil sie auch tierische Kost, unter anderem auch Krabben, aus größerer Wassertiefe aktiv suchen. Hinsichtlich der Nahrung verfügen wir jedenfalls über illustre Verwandte mit ähnlichen Neigungen. Aber gilt dies auch hinsichtlich unserer Haltung und Fortbewegungsweisen?

Die vergleichende Anatomin Françoise Jouffroy in Paris formulierte es einmal treffend einfach; obwohl es auf Anhieb etwas grotesk anmutet, ist ihre Aussage sicher richtig: «Was den Menschen von den anderen Primaten anatomisch unterscheidet, betrifft ganz maßgeblich zwei Organe, seinen Fuß und sein Gehirn.» Während die Evolution des Gehirns uns viele Freiheitsgrade der Handlung eröffnete, erscheint dies für die Füße zunächst umgekehrt zu sein. Schließlich können wir Menschen weder ohne sonderliche Anstrengung noch für längere Zeit auf Händen und Füßen laufen; außerdem ist der Fuß der Menschen kein gutes Greiforgan. Dennoch wage ich zu behaupten, dass dies keine bedeutsame Spezialisation für den aufrecht zweifüßigen Gang bedeutet. Unsere Art als Fortbewegungsspezialisten zu deklarieren, weil unsere Hintergliedmaßen so einschneidende konstruktive Veränderungen in der Evolution erfahren haben, erscheint mir irreführend. Denn ein junger, erwachsener Mensch kann ohne besonderes Training

- an einem Tag 30 km wandernd zurücklegen,
- 150 m Meter aus voller Kraft sprinten,
- 1500 Meter zügig dauerlaufen («joggen»),
- einen hohen Baum erklettern,
- mit Anlauf einen drei Meter breiten Graben überspringen,
- 2 Meter tief tauchen, um einen ins Wasser gefallenen Gegenstand zu bergen, und
- 250 Meter zügig schwimmen.

Die letzten beiden dieser sieben Leistungen müssen erlernt werden. Diese Liste von Fähigkeiten vollbringt außer dem Menschen keines der vielen Säugetiere einschließlich aller Tierprimaten. Trotz ihrer offensichtlichen, sehr einschneidenden Umgestaltungen für biped-aufrechte Haltung und Fortbewegung sind die Menschen in erstaunlichem Ausmaß bezüglich ihrer Haltung und ihrer Fortbewegungsweisen Generalisten geblieben. Gerade dies, nämlich im Verlauf der Evolution die vielen Bewegungsmöglichkeiten nicht aufgegeben zu haben, erscheint mir eine der wesentlichen Vorbedingungen auch für eine ganze Reihe anderer Aspekte der Menschwerdung.

Man kann die biologische Spezialisation hinsichtlich evolutiver Gesichtspunkte aber auch ganz anders definieren. Je mehr ein Genpool für eine bestimmte Funktion spezialisiert ist, desto stärker ist der Selektionsdruck in dieser ökologischen Nische und auf diese Funktion. Je mehr sich eine Tierart beispielsweise an einen extremen Lebensraum mit einem hoch spezifischen Nahrungserwerb angepasst hat, desto mehr sind alle Körpermaße, alle Sinnesorgane, alle Verhaltensweisen und physiologischen Leistungen an genau diese Höchstleistung angepasst. Weil aber das rekordverdächtige Spezialistentum eine Reihe sehr bestimmter, unter Umständen recht extremer Anpassungen gleichzeitig fordert, damit die spezialisierte Konstruktion «stimmig» ist, stellt die Natur Fehlverhalten und Nichteinhaltung dieser Spezialistennorm unter eine hohe Strafe. Meistens besteht die «Strafe» im Tod des betreffenden Individuums, zuallermeist der Jungtiere. Umgekehrt folgt daraus eine Regel, die vor fast 25 Jahren entdeckt wurde: Wenn man eine größere Anzahl von Individuen zur Verfügung hat, beispielsweise in Sammlungen großer Museen, kann man den Spezialisationsgrad von Säugetieren an deren Skeletten gewissermaßen ablesen. Ihre Körpermaße sind nicht nur hinsichtlich der hoch spezialisierten Leistung extrem, sondern von Individuum zu Individuum gleichmäßiger. Die Streuungen der Maße, also die Standardabweichungen um die Mittelwerte, sind bei den Spezialisten kleiner.[122]

Als Beispiel mag eine der kleinsten Affengattungen der Welt dienen, die nächtlich lebenden Koboldmakis oder Tarsier, die unter anderem auf Borneo und Sulawesi leben. Sie fangen nachts ihre Beute, vornehmlich Insekten, die sie meist mit einem Beutesprung überraschen. Bei diesem Sprung müssen sie ihre großen Augen schützen, denn sie könnten im Dunklen beim Blick auf das Beutetier die messerscharfen und nadelspitzen Dornen beispielsweise von Rottanpalmen übersehen. Eine Korrektur des Zugriffs, wie er bei hellem Tageslicht möglich wäre, ist aber im Dunkeln und wegen der geschlossenen Augen nicht möglich. Also greifen die Tarsier meist blind zu. Dabei können sie trotz eines erstaunlich genauen Sprunges einen millimetergenauen Zugriff nicht gewährleisten. Ihre Beute, beispielsweise Nachtschmetterlinge oder Grashüpfer, muss binnen weniger hundertstel Sekunden fest ergriffen sein, denn sonst ist sie schnell auf und davon. Die Spezialisierung auf einen oftmals blind ausgeführten nächtlichen Präzisionssprung zur Erbeutung sehr schnell fortfliegender oder davonspringender Insekten verlangt deshalb eine ganz besondere Konstruktion des Fangapparates.

Die Länge der Finger des Borneo-Tarsiers wirkt geradezu grotesk. Sie wird im Relation zur Armlänge oder in dem Verhältnis der Fingerlänge zur Länge des ganzen Körpers wohl nicht einmal vom ebenfalls extrem spezialisierten madegassischen Fingertier übertroffen:[106, 121, 129] Sie bilden gewissermaßen eine Reuse, die trotz eines nicht völlig präzisen Zugriffs einen recht wahrscheinlichen Beutefang gewährleisten können. Die extreme Spezialisierung dieser winzigen, nächtlich jagenden Äffchen ging jedoch nicht nur mit einer Verlängerung der Finger einher. Vor allem nämlich verringerte sich bei denselben Tieren die Variabilität, also die Streubreite der Fingerlängen. Die Finger waren also nicht nur länger im Vergleich zu nah verwandten, nicht dermaßen spezialisierten Koboldmakis, sondern sie waren auch uniformer.

Aber nicht nur die Körpermaße und ihre als Standardabweichungen angegebene Variabilität werden von der Selektion über viele Mutationen, also auch über noch viel mehr Generationen, hinweg allmählich immer mehr an die spezialisierten Leistungen angepasst. Es ist geradezu Schwindel erregend, wie fein, wie exakt und mit welch untadeligem Ergebnis die Evolution arbeitet. Der eben angesprochene Optimierungsprozess geht nämlich sogar noch weiter. Er bezieht auch die Abstimmung der verschiedenen Proportionen unterschiedlicher Körperregionen untereinander mit ein.[122, 123, 125, 128, 129] Vielleicht erscheint es beim ersten Hinschauen nicht sehr erstaunlich, dass beim geringeren Fortbewegungsspezialisten alle drei großen Anteile des Beines, also Oberschenkel, Unterschenkel und auch der Fuß jeweils größere Standardabweichungen hatten als bei größeren Sprungspezialisten. Aber so selbstverständlich ist das gar nicht; die Natur muss diese Übereinstimmungen innerhalb der Gliedmaßen durch die natürliche Zuchtwahl, also durch die Selektion, erst erzeugen.

Die Streuungen der Längenmaße von Oberschenkel und Unterschenkel beispielsweise besagen jedoch keineswegs, ob diese beiden Maße bei einem – sagen wir – etwas überdurchschnittlich großen Individuum auch *in gleichem Maße länger* sind als beim Durchschnitt dieser Tarsierspezies. Ein Tarsier mit langem Oberschenkel hat möglicherweise auch einen *ähnlich längeren* Unterschenkel. Dies muss keineswegs so sein, aber es trifft zu! Proportionen werden also bei einzelnen Individuen der stärker spezialisierten Art genauer eingehalten als bei der weniger spezialisierten Art. Weil die Wirkungen der Selektion im Evolutionsprozess gleich noch verblüffender werden, sollten wir also nun als Zwischenergebnis folgenden Merksatz zusammenfassen: *Das funktionelle Zusammenspiel steht beim größeren Spezialisten für springende Fortbewegung unter höheren Anforderungen, was sich (erstens) nicht nur in den größeren Längenmaßen der Beine, sondern auch (zweitens) in den geringeren Standardabweichungen und (drittens) in genauer eingehaltenen Proportionen zeigt.*

Im folgenden Test wurden funktionell verknüpfte und funktionell getrennte Systeme vergleichend untersucht. Die einzelnen Anteile der Hintergliedmaßen sind beim Springen funktionell stark verknüpft, während andere Körpermaße, beispielsweise die Ohrlänge oder die Länge des Oberarmes, funktionell auf den Sprung kaum oder viel weniger einwirken dürften. Beim extremen Spezialisten wurden die Proportionen der Maße von Unterschenkel und Fußwurzellänge denn auch erwartungsgemäß äußerst genau eingehalten. Die scharfe Auslese bewirkte hierbei übrigens, dass in den betreffenden grafischen Darstellungen die Abweichungen der einzelnen Werte von der ermittelten Kurve praktisch nicht mit der Hand eingezeichnet werden konnten,[123] weil sie zu geringfügig waren. Wie auf der Perlschnur reihten sie sich sauber und exakt auf der Ideallinie ein.

Noch erstaunlicher aber war, dass *bei denselben Individuen* Proportionen der funktionell nicht so stark verknüpften Körpersegmente offenbar kaum selektiert wurden. So begannen die eben als Beispiel dienenden Fußwurzellängen, anstatt sich in den Diagrammen sauber als Kurve aufzureihen, plötzlich wilde, recht unzusammenhängende Punktewolken zu erzeugen, wenn sie beispielsweise mit den Maßen des Oberarms in Zusammenhang gebracht wurden.

Dies lässt einen enorm wichtigen Schluss auf die Mechanismen der Evolution zu: Die Natur kann nämlich auch in «liberaler» Weise «loslassen». Wo sie aus funktionellen Gründen nicht scharf zu selektieren braucht, um einen Fortpflanzungserfolg einer Art zu «erwirtschaften», wo eine Selektion den Fortpflanzungserfolg also nicht weiter stärkt, gibt es keinen Grund, die Variabilität einzuschränken. Daher ist sie dort groß. Während solche großen Streuungen beim Spezialisten – zum Beispiel wegen der größeren Zahl von Abstürzen bei weiten Sprüngen im Dunkeln – mit durchschnittlich geringeren Fortpflanzungserfolgen quittiert würden, ist es hier durchaus geduldete Realität.[122, 123] Die Erhellung solcher Zusammenhänge, der so genannten *Evolutionsmechanismen*, ist von außerordentlicher Bedeutung, um zu verstehen, bis in welche Feinheiten der funktionellen Anatomie hinein sich die zufälligen Mutationen über viele Tausende von Generationen hin auswirken.

Die sensationelle Urmutter war ein Winzling

Mit der Entstehung der Primaten vor rund 65 Millionen Jahren an der Wende von der Kreidezeit, dem ausgehenden Erdmittelalter, zur ersten Periode der Erdneuzeit, dem Eozän, erfolgten die entscheidenden Weichenstellungen, die zur späteren Ausbildung der greifenden Menschenhand führten. Die ersten, übrigens nur maus- bis rattengroßen Primaten entwickelten Hände, mit denen sie gut laufen, aber auch im Geäst und Gezweig schnell und behände klettern konnten. Ja, sogar doppelt so weit auf der Zeitachse zurückliegend, wurde kürzlich in China das zur Zeit früheste echte Säugetier fossil entdeckt, wobei ‹echt› bedeutet, dass es kein Beuteltier war, sondern ein plazentales Säugetier, bei dem das tragende Weibchen seinen Fetus über die Plazenta ernährt. Das Tierchen, das vor rund 120 Millionen Jahren die Welt bevölkerte, besaß etwa die Größe zwischen einer Spitzmaus und einer kleinen Maus.

Wissenschaftlich heißt dieser Fund *Eomaia scansoria* Ji *et al.*, 2002, was bedeutet, dass er im Jahr 2002 von dem chinesischen Wissenschaftler Ji und seinen Mitarbeitern wissenschaftlich beschrieben wurde.[105] Der Name leitet sich ab von den griechischen Wortstämmen *eos* für die Morgenröte, den Beginn oder den Uranfang; *maia* steht griechisch für die Amme oder Nährmutter, so dass *Eomaia*, das winzige Tierchen, den Gattungsnamen gewissermaßen einer ‹Uramme› trägt. Dies ist eine recht zutreffende Namensgebung, weil ihr verwandtschaftliches Umfeld vielleicht die Vorfahren aller heute lebenden plazentalen Säugetiere und damit auch den Menschen hervorbrachte. *Eomaia* befindet sich auf einem Seitenzweig der Evolution, war also selbst kein direkter Vorfahre der Primaten. *Scansoria* ist lateinisch und bedeutet die Kletternde. Ich kann mir nicht helfen, aber ein nur etwa spitzmauskleines, kletternd huschendes Tierchen als «Uramme»! – Etwas hehrer hätte ich mir deren Anblick schon vorgestellt ...

Sensationell ist *Eomaia* aber allemal, und zwar nicht nur ihres enormen Alters wegen, sondern auch, weil es sich bei ihr nach der bisherigen Interpretation des außerordentlich kompletten Skeletts um einen kleinen Zweigkletterer handelte. Hatte man sich doch bisher vorgestellt, dass es die ersten Primaten waren, welche den Lebensraum des Gezweigs für die Säugetiere eroberten. Vielleicht aber hat bereits *Eomaia* einen der ersten Versuche unternommen, einen Lebensraum in der Welt der Zweige und kleinen Äste zu besetzen. Dass ihr eigener Zweig des Stammbaumes ausgestorben ist, bietet möglicherweise einen Hinweis: Vielleicht erlangten erst die Urprimaten eine genügende Perfektion in dieser Fortbewegung, um sich im dünnen Gezweig zu behaupten. *Eomaia* hatte einigermaßen ausgeglichene Proportionen. Vom evolutiven Ausgangsbereich zu Beginn der echten, plazentalen Säugetiere vor rund 120 Millionen Jahren machen wir nun aber einen Sprung zu den ersten Primaten vor etwa 65 Millionen Jahren und beschäftigen uns mit deren Grundbautyp und Proportionen.

Frontlenker mit Heckantrieb

Der am besten geeignete Typus für die Kombination ursprünglicher Merkmale und Fähigkeiten vom Beginn der Primatenzeit an ist wahrscheinlich mittelmäßig groß, also etwa von der Größe einer Ratte. Möglicherweise war er ein semiterrestrischer, das heißt halb auf dem Boden und halb in den Bäumen lebender Halbaffe, der auf keine besondere Nahrung spezialisiert, also ein Mischesser, war. Zum einen konnte dieser «Überall-zu-Hause»-Primat auf veränderte Umweltbedingungen relativ problemlos reagieren. Waren bestimmte Früchte knapp, machte es ihm weniger aus, auf eine Mischnahrung beispielsweise verschiedener Insekten und Blätter auszuweichen, als wenn er ein spezialisierter Früchteesser gewesen wäre. Der Obstspezialist würde unter dem Früchtemangel jedenfalls eher leiden. Auf diese Weise legen die ökologischen Generalisten mit größerer Wahrscheinlichkeit die Basis für eine künftige Evolution, als es die Spezialisten zu tun vermögen. Dies hat seit damals bereits eine weit reichende Konsequenz, nämlich für die Evolution der Ernährung des Menschen.

Der Hauptgrund für die recht freie Kombination der Nahrungszusammensetzung und von Fortbewegungsfunktionen des Menschen ist, dass wir Menschen die in beiden Bereichen notwendigen Fähigkeiten im Verlauf der Evolution im Sinne ökologischer Optionen wahrscheinlich nicht neu – von Spezialisten – erworben haben. Wahrscheinlicher ist die Erklärung, dass die ehemaligen Viel-Könner sich wenig verändert haben und eher in vielen Teilen ihrer Gene geblieben sind, wie sie vorher waren. Dies ist eine einfachere Ableitung. Sie ist wahrscheinlicher als eine komplizierte, weil das Zusammenspiel von Erbänderungen und Selektionen bei einfachen Herleitungen eher funktioniert als bei komplizierten. Wie viel umständlicher wäre nämlich eine Evolution erst zu Spezialisten in der einen oder anderen Weise, deren Nachkommen erst anschließend die Vorzüge der geringeren ökologischen Einengung völlig neu entdeckt hätten. Eine direkte Abstammung wäre also auch aus Sicht der Genetik leichter zu erklären als ein evolutiver Weg, der zunächst von einem recht unspezialisierten Zustand weg- und später dann zum ursprünglichen Status zurückführt.

Greifhände und Greiffüße entstanden so früh in der Evolution der Primaten und haben sich funktionell so gut bewährt, dass die konservativsten Vertreter der heutigen Lemuren bis heute hinsichtlich einer ganzen Reihe von anatomischen Merkmalen der Hände und Füße wahrscheinlich einen recht ähnlichen Zustand bewahrt haben wie vor rund 55 Millionen Jahren. Anders verhält es sich bei den Beinen. Die eben angesprochenen, sehr ursprünglichen kleinen Halbaffen – wissenschaftlich werden sie als Strepsirhini bezeichnet – besitzen eine so genannte Dominanz der Hintergliedmaßen, deren Länge und relativ starke Muskeln ihnen recht weite Sprünge gestatten. Die kleinste Gattung unter ihnen wurde mit dem wissenschaftlichen Namen *Microcebus* versehen, was salopp eingedeutscht etwa «Miniaturaffe» heißt. Eine der Arten dieser Gattung ist mit Sicherheit gleichzeitig eine der kleinsten Primatenspezies, die jemals gelebt hat. Sie wiegt mit etwa dreißig Gramm Lebendgewicht genau die Hälfte eines Frühstückseies der Handelsklasse ‹M›. Diese Winzlinge haben nicht nur kräftige und für ihre Körpergröße lange Hinterbeine, sondern außerdem ganz unverhältnismäßig lange Knochen der Fußwurzeln. Letztere wiederum dienen gewissermaßen als Springstelzen. Damit können diese recht urtümlichen, kleinen Primaten nicht nur schnell und behände im Gezweig laufen, sondern vor allem auch gut und erstaunlich weit springen. Diese Hinterextremitätendominanz bedarf nun jedoch noch einer näheren stammesgeschichtlichen Klärung, wobei wir uns fragen müssen, was aus diesen Verhältnissen in der Evolution zum Menschen wird.

Natürlich besitzt der Mensch lange Beine. Besonders wenn man uns mit einem Schimpansen vergleicht, dessen Rumpf fast die gleiche Länge besitzt wie bei Menschen, fallen im Stand die kurzen O-Beine unseres Verwandten auf. Unsere Körperhöhe verdanken wir zu einem entscheidenden Anteil den für die höheren Primaten ungewöhnlich langen Beinen. Im Zusammenhang mit unseren Körperproportionen wird aber immer wieder auf die langen Arme der Menschenaffen hingewiesen. Ich habe mir gedacht, dies sollten wir unter dem Gesichtspunkt der Evolution und der Anpassung einmal auf den Prüfstand stellen. Es lohnt sich also ein näherer Blick.

Alle typischen, auf dem Boden lebenden vierfüßigen Säugetiere – außer den Primaten! – tragen mehr Körpergewicht mit ihren Vorderfüßen als mit den Hinterbeinen, während Primaten mit einem größeren Teil ihres Gewichtes ihre hinteren Gliedmaßen belasten.[137, 155] Hunde, Pferde oder Kamele beispielsweise, sie alle können als kopflastige «Frontlenker» bezeichnet werden.[113] Denn ganz gleich ob Flusspferd, Elefant oder Lama, um ein paar weitere Beispiele zu nennen, sie alle leisten sich einen schweren Hals und Kopf. Dieser Gewichtsanteil auf den Vorderhufen oder Vorderfüßen kann durch einen langen, schweren Hals bedingt sein, wie beim Kamel oder bei der Giraffe, oder durch einen mittelmäßig langen, aber muskulösen Hals, so beispielsweise bei Hunden oder Bären, oder durch einen mächtigen Kopf mit einem schweren, ganz vorn getragenen Rüssel wie beim Elefanten. Oder aber die Lastverteilung liegt einfach an dem fast unmäßig groß erscheinenden, schweren Maul wie beim Flusspferd oder aber, um die ausgewählten Beispiele abzuschließen, an der Kombination von mittellangem Hals, nicht sehr großem Kopf, aber schwerem Geweih, wie es bei einigen Hirschen der Fall ist. Kurz gesagt, sie alle sind vorne schwerer. Größenordnungsmäßig lasten auf den Vorderbeinen der hinsichtlich der Fortbewegung unspezialisierten Vierfüßer rund sechzig Prozent der Körperlast, während es bei den Primaten im Allgemeinen fast sechzig Prozent auf den Hinterextremitäten sind.[104, 134, 152]

Andererseits sind Primaten gewissermaßen hecklastig und mit Frontlenkung ausgestattet.[113] Dies kann man nicht nur an den Lemuren Madagaskars sehen, also an phylogenetisch konservativen Formen, die unseren lemurenähnlichen Vorfahren von vor rund fünfzig Millionen Jahren heute noch ziemlich ähnlich sehen. Es ist ebenfalls recht leicht bei den Neuweltaffen festzustellen, wie dem Totenkopfäffchen *Saimiri*, und ebenfalls bei den meisten Schmalnasenaffen in Afrika und Asien. Belegen kann man diesen etwas saloppen Vergleich sehr leicht mit dem Antriebssystem eines Autos. Denn bei gehenden vierfüßigen Primaten übertragen die Hinterfüße deutlich größere Beschleunigungskräfte auf den Boden als die Hände.[112, 137] Obwohl die Beschleunigungskräfte der Vorder- und der Hintergliedmaßen bei rennenden Rhesusaffen etwa gleich groß sind, hält der bekannte japanische Anatom und Primatologe Tasuku Kimura fest: «Der zuvor berichtete lokomotorische Unterschied ... der Kräfteverhältnisse zwischen Vorder- und Hinterextremität beim Gang trifft bei hohen Fortbewegungsgeschwindigkeiten im Prinzip ebenfalls zu.»[112]

Gute Beispiele für den ökologisch wie hinsichtlich der Evolution sehr erfolgreichen Typ des unspezialisierten morphologischen und ökologischen Generalisten stellen die «opportunistischen Allesfresser» dar, wie die Grüne Meerkatze *Cercopithecus aethiops* bezeichnet wurde,[138, 151] oder auch die DeBrazzameerkatze.[140] Besonders innerhalb der Gattung der Makaken gibt es gleich eine ganze Reihe opportunistischer sowohl baum- als auch bodenlebender Arten, die eine breite Palette vornehmlich pflanzlicher, aber auch tierischer Kost zu sich nehmen. Sie gehen oder galoppieren flink und geschickt, und sie klettern wie der geölte Blitz durch die Bäume. Außerdem können sie sogar schwimmen und sammeln Nahrung im Wasser; und zwar pflücken sie dort nicht nur Pflanzen, sondern sie sammeln und erbeuten auch Wassertiere.

Die Zähne des aufrechten Affen

Die unspezialisierte Lebensweise und Nahrung der Makaken wird auch in der Gestalt ihrer Zähne deutlich. Diese ökologischen Vieles-Könner und – fast – Allesfresser besitzen Zähne ohne irgendwelche speziellen Anpassungen zum Häckseln oder Zermahlen harten Pflanzenmaterials, wie man es bei bestimmten Vegetariern unter den Primaten findet. Ebenso sucht man erfolglos nach messerscharfen Schneidekanten zum Zerteilen von Haut und Sehnen einer muskulösen, fleischigen Beute, wie sie bei jagenden Tieren vorkommen. Auch die Menschen besitzen, ähnlich den Makaken, ein Gebiss, das perfekt an eine Mischnahrung angepasst ist und dem die eben ausgeführten Spezialisationen ebenfalls fehlen. Bei den uns nah verwandten Menschenaffen jedoch finden wir ganz charakteristische morphologische Anpassungen an deren vegetarisches Dasein. Die Kronen der Mahlzähne des Orang-Utan weisen Schmelzfalten auf, die unzweifelhaft belegen, dass dieser Menschenaffe viel faserige Blätter und Früchte geduldig und effektiv zerkaut. Wie anders im Gegensatz hierzu sehen die Backenzähne des Gorillas aus! Die Zahnkronen sind mächtige Gebirge mit spitzen Ecken, die zwar gerne Blätter und Früchte zermalmen, aber ebenso mit dem Holz von Zweigen, Ästen und sogar splitternd harten Bambushalmen fertig werden.

Aber unsere nächsten Verwandten, nämlich die zwei – oder nach einer anderen Auffassung auch drei[119] – Arten der heute lebenden Schimpansen, besitzen ebenfalls kein für vegetarische Ernährung spezialisiertes Gebiss. Ihren Kauflächen fehlen die Schmelzkanten zum Zerschaben der Pflanzenfasern, wie sie von Mäusen oder Bibern bis hin zu Elefanten für derartig angepasste Tiere charakteristisch sind. Andererseits ragen die Höcker der Zahnkronen nicht wie bei Raubtieren als scharfe Schneidekanten hoch auf, sondern bilden eher gerundete Kauhöcker. Auch ähnelt der Magen der Schimpansen und auch ihr gesamter Darmtrakt sehr jenem des Menschen.

Bei den reinen Pflanzenfressern in unserer nächsten Primatenverwandtschaft ist dies anders. Während der Magen bei den Gorillas und dem Orang-Utan zwar ebenfalls einfach und ungekammert ist, treten bei ihnen andere Spezialisationen zu Tage. Der Orang-Utan verfügt über einen ungewöhnlich langen Dünndarm, ähnlich wie er bei Blätter fressenden Huftieren zu finden ist. Aber auch sein Dickdarmanteil weist eine

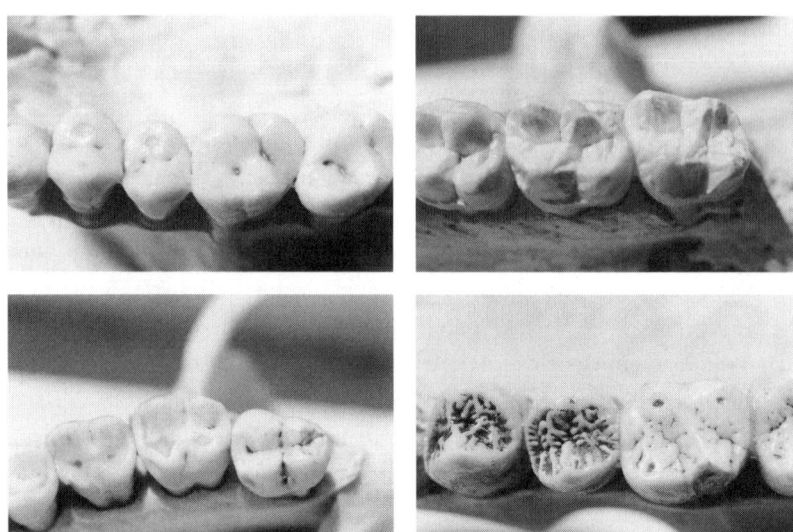

In der linken Spalte sind Backenzähne von ökologischen Opportunisten abgebildet. Die Fotos zeigen Mahlzähne des Menschen (oben links) und eines Makaken (unten links). Die Grundgestalt dieser Zähne und ihre sanften Kuppen stimmen beim Menschen und dem mit uns fern verwandten Makaken – beide sind Primaten – recht gut überein. In der rechten Spalte findet man Mahlzähne von uns nah verwandten Menschenaffen. Die Zähne von Gorillas (oben rechts) sind scharf und massiv; sie eignen sich zum Zermalmen auch harter Holzsubstanz. Beim Orang-Utan (unten rechts) ist auf der Zahnkrone eine Reibefläche entstanden, deren Schmelzstrukturen andeutungsweise, obwohl nicht in klaren Zeilen angeordnet, bereits an jene von Elefanten oder Nagetieren erinnert. Die Nahrungsspezialisation bildet sich deutlich in der Gestalt der Zahnkronen ab. Mensch und Schimpanse haben offenbar in der Evolution eine recht unspezialisiert gebliebene Anatomie der Zahnkronen seit vielen Millionen Jahren weit gehend beibehalten, während andere Menschenaffen modernere, spezialisiertere Gebisse erworben haben.

bemerkenswerte Länge auf. Der Gorilla andererseits hat einen riesigen Blinddarm, und auch der übrige Teil des Dickdarms ist stark vergrößert und erweitert.[121] Die Vegetarier brauchen nicht nur einen langen Darmtrakt, um ihre Nahrung aufzuschließen, sie könnten diesen Aufschluss sogar trotz des langen Darmrohres nur sehr eingeschränkt bewerkstelligen, wenn ihnen nicht eine Armee unzähliger, hilfreicher Mikroorganismen dienstbar wäre. Die Darmflora besteht zu einem nicht unerheblichen Teil aus Mikroorganismen, die im Gegensatz zu ihrem Wirt das Enzym Cellulase synthetisieren können. Unter ihnen befinden sich beispielsweise Wimpertierchen, also Einzeller aus der Verwandtschaft des wahrscheinlich allbekannten Pantoffeltierchens, die – und dies ist sicher kein Zufall – auch den Kühen und anderen Wiederkäuern bei der Spaltung der Cellulose behilflich sind.

Derartig mit fremden Enzymen unterstützt, vermögen die beiden Menschenaffen, die sonst praktisch unverdauliche, aber recht energiereiche Cellulose zu spalten und damit deren Energie zu gewinnen. Wie lohnend diese Nahrung energetisch ist, kann man leicht daran erkennen, wie viel Hitze, also thermische Energie, brennendes Holz aus seiner Cellulose freisetzen kann. Natürlich «beabsichtigen» die Mikroorganismen nicht, dem Orang-Utan oder Gorilla zu helfen; vielmehr soll die Cellulose zu ihrer Ernährung beziehungsweise ihrem eigenen Energiegewinn dienen. Das klappt auch derart gut, dass sich die Mikroorganismen ausgezeichnet durch Zellteilungen vermehren. Die allermeisten von ihnen gehen anschließend noch im Darm des Menschenaffen zugrunde und – werden verdaut. Man gewöhnt sich wahrscheinlich nicht leicht an die Idee, aber es ist eine Tatsache, dass die vegetarischen Verwandten des Menschen sich außer von ihrer Blätter- oder Holznahrung zu einem gewissen Prozentsatz von Mikroorganismen ernähren! Es fällt nicht leicht zu akzeptieren, dass es Menschenaffen gibt, die zu einem erheblichen Teil von einzelligen Wimpertierchen und sogar von Bakterien leben. Dabei handelt es sich um Kulturen dieser Kleinstlebewesen, welche die Affen in ihrem eigenen Körper selbst heranziehen.

Eine solche uns etwas absonderlich erscheinende Lebensweise ist zwar nicht völlig singulär, aber es gibt keinen Hinweis, etwa anhand der Zahnstrukturen bei fossilen Vorfahren, dass es solche spezialisierte vegetarische Ernährung in der direkten Linie der Ahnenschaft von Gorilla, Schimpanse, Orang-Utan und Mensch bereits früher einmal gegeben hätte. Die an Zellulose reiche Nahrung führt bei Gorillas zu einer weiteren Absonderlichkeit. Recht regelmäßig nehmen sie ihren eigenen Kot in nicht sehr großen Mengen als Beimengung der Nahrung wieder auf. Zum einen verdauen sie einen bei der ersten Darmpassage noch nicht genutzten Teil der Nahrung ein zweites Mal, und zum Zweiten rezyklieren sie auch Keime ihrer eigenen Darmflora. Es handelt sich also zwar um ein ähnliches, aber viel weiter verfeinertes System, als es beim Wiederkäuen der Fall ist. Interessanterweise erinnert diese etwas gewöhnungsbedürftige Art der Gorillas, zu speisen und wiederzuspeisen, ein wenig an Hasen. Diese nämlich stecken, trotz eines ähnlich spezialisierten, großen Darmtraktes, wegen der sich hartnäckig gegen die Freigabe ihrer Energie wehrenden Cellulose in fast demselben Dilemma. Hasen scheiden aber, gewissermaßen etwas vornehmer, zwei verschiedene Sorten von Kotbällchen aus, jene, die eben verzichtbarer Verdauungsrest sind, und die anderen, welche sich lohnen, ein zweites Mal als Nahrung gefressen zu werden.

Auch dem stammesgeschichtlich und in Fragen der funktionellen Anatomie weniger bewanderten Leser mag sofort klar sein, dass derart spezialisierte Zähne zusammen mit einem derartig komplizierten Darmaufbau und außerdem hiermit gekoppelten Verhaltensweisen kaum dem gemeinsamen Vorfahren nahe stehen dürften. Letzterer wies sicher noch ein recht unspezialisiertes Gebiss auf und wird deshalb mit viel größerer Wahrscheinlichkeit auch einen weniger spezialisierten Magen und Darm besessen haben. Der bekannte Anthropologe Maciej Henneberg hat mit seinem Team eine Kennzahl für die Spezialisation beziehungsweise Differenzierung des Darms erarbeitet und dem menschlichen Darmtrakt aufgrund ihrer Vergleiche Anpassungen an Mischnahrung zugeschrieben. Das Verhältnis der Körperlänge zur Länge des Darmrohrs beträgt bei Menschen etwa 1:6. Dieses Verhältnis ist nicht unähnlich jenem von Katzen, bei denen es 1:4 beträgt, es ist gleich jenem von Hunden und liegt auch nahe jenem von Pavianen, wo Henneberg und seine Mitarbeiter ein Verhältnis von 1:8 fanden. In ganz anderen Bereichen lagen die Koeffizienten bei den ausgesprochenen Vegetariern. Bei Pferden beträgt das entsprechende Verhältnis 1:12 und bei Rindern sogar 1:20.[100]

Neugierig geworden, schaute ich in einem dicken, vielbändigen Standardwerk der Primatenanatomie nach und fand, dass dieses Verhältnis bei Rhesusaffen (*Macaca mulatta*) 1:4,4 beträgt.[101] Interessanterweise liegt dieser Wert nun aber ganz nah bei jenem von Katzen und nicht weit von dem Wert bei Hunden und Menschen. Bei Makaken aber hatten wir zuvor nicht nur einen unspezialisierten Darm, sondern auch ein Gebiss für Mischnahrung gefunden. Deshalb ist es für den menschlichen Darmtrakt die einfachste und die direkteste evolutive Ableitung, insbesondere wenn man die funktionelle Gestalt der Zähne mit berücksichtigt, uns Menschen in der Evolution von einem Primaten mit gemischter Nahrung und ohne vegetarische Spezialisationen abzuleiten.

Weder heute lebende Primaten noch irgendwelche Fossilfunde geben den geringsten Hinweis auf eine Wiederanpassung an Mischnahrung im Verlauf unserer Ahnen im Anschluss an eine vegetarische Periode. Wenn dieser Ablauf der Evolution gemäß dem Vorschlag von Henneberg und seinem Team – mit den wenigsten evolutiven «Umwegen» und mit der geringsten Anzahl an Mutationen des Erbgutes[126] – als der wahrscheinlichste akzeptiert wird, dann ist folgender Schluss zwingend: Die von Pflanzen lebenden großen Menschenaffen Orang-Utan und Gorilla haben ihre vegetarischen Anpassungen später erworben, auf ihrem evolutiven Eigenweg. Sie sind in dieser Hinsicht evolutiv moderner als der bezüglich seines Nahrungsverhaltens und der Anatomie der Zähne und seines Darmtraktes nach als konservativ einzustufende Mensch.

Kürzlich wurde vorgeschlagen, dass einige ‹moderne› Äste des Affenstammbaumes sich mehr an die offenen Landschaften anpassten. Wie man anhand der Schmelzdicke von deren Zähnen gewissermaßen abliest, wurde Gras allmählich zunehmend Teil ihrer Nahrung. Die Menschenaffen jedoch behielten nach diesen Befunden ihre traditionelle Nahrung bei, mussten aber im Laufe der Zeit immer größere Strecken auf ihrer Nahrungssuche zurücklegen, was zu ihrer Aufrichtung und zum zweifüßigen Gang beigetragen habe.[131] Diese Befunde betrachten die Nahrung und die Zahnanatomie aus ganz anderer Warte, passen aber recht gut mit den hier angestellten Überlegungen zusammen.

Wenn man nun folgende drei Vergleiche anstellt, kann man einen wichtigen Schluss ziehen. Aufgrund der Unterschiede zwischen den Schimpansen und den ihnen sehr nahe stehenden Gorillas einerseits sowie andererseits wegen der Unterschiede zwischen Schimpansen und dem Orang-Utan und drittens wegen der jeweils sehr verschiedenen anatomischen Lösungen ähnlicher Probleme im Vergleich der beiden Vegetarier, des Gorillas und des Orang-Utans, haben sich die vegetarischen Spezialisationen dieser beiden letztgenannten Gattungen in der Evolution zweimal getrennt voneinander entwickelt. Auf dem Evolutionsweg zum Orang-Utan geschah dies auch zirka zehn Millionen Jahre früher, als die vegetarischen Anpassungen der Gorillas nach deren Trennung von der zu den Schimpansen führenden Linie noch einmal erfolgten. Solche isoliert auftretenden Bildungen heißen *Autapomorphien*; sie sind für die Abkömmlinge dieses Zweiges der Evolution typisch, bei anderen Tiergruppen aber mit genau diesen Merkmalen nicht zu finden.

Die alten Pongiden sind ‹out›

Wegen ihrer engen verwandtschaftlichen Beziehungen haben wir die Gorillas und die Schimpansen in der Familie der Panidae, also der Schimpansenartigen, vereinigt. Die Gattung des Orang-Utan, *Pongo*, hat rund zehn Millionen Jahre früher ihren eigenen Weg der Evolution eingeschlagen, der ihn in vielerlei Hinsicht von den beiden anderen Gattungen weit entfernt hat. Daher sollte die Familie der Pongiden aus Mangel weiterer Verwandtschaft ihm alleine vorbehalten bleiben. Die tiefe Kluft innerhalb der bisherigen Pongiden, wie man sie als Sammelbegriff für alle großen Menschenaffen bisher verstand, war schon seit langem allen einschlägig befassten Primatologen klar.[96, 128, 129, 144] Seit gut zehn Jahren wird nun aber auch zunehmend die Konsequenz daraus gezogen, die beiden Familien Panidae und Pongidae neu zu etablieren, wobei die Paniden die uns am nächsten verwandten Menschenaffen sind.[93, 126]

Vornehmlich aufgrund molekulargenetischer Ergebnisse werden die Menschenaffen heute oft gemeinsam mit den Menschen in der Familie der Hominiden zusammengefasst. Im Gegensatz hierzu bin ich jedoch der Auffassung, dass insbesondere die Evolution des Gehirns es dem Zweig von *Homo sapiens* eröffnet hat, völlig neue biologische Qualitäten zu erobern. Hierfür sind die Beobachtungen am Gehirn selbst natürlich als ein wesentlicher Gesichtspunkt mit ausschlaggebend. Die Entwicklung der Großhirnrinde, also des Neocortex unseres menschlichen Gehirns, deklassiert alle anderen höheren Primaten völlig. Wird nämlich die Größe des Neocortex der Affen, bezogen auf die jeweilige Körpergröße, in Prozent der durchschnittlichen Neocortexgröße der Halbaffen angegeben, so bedecken die Affen eine Spannbreite von 138 bis maximal 392. Der Mensch aber liegt bei diesem Index mit einem Wert von 810 völlig außerhalb jedes für alle Tierprimaten einschließlich der Menschenaffen zu denkenden Koordinatensystems.[86, 148, 149] Mit seinem Gehirn sprengt er sogar innerhalb der Primaten alle Skalen. Ebenso entscheidend finde ich aber die biologischen Qualitäten, die diese enorme Hirnentwicklung mit sich brachte, nämlich eine technologische Loslösung von allen anderen Geschöpfen, eine ökologische Machtfülle und Verantwortung, die ihresgleichen natürlich völlig vergeblich sucht. Daher möchte ich die Familie der Hominiden für die vier ausgestorbenen und für die eine rezente Gattung vorbehalten, also für *Sahelanthropus, Orrorin, Ardipithecus, Australopithecus* und *Homo.* So handhaben es auch weiterhin mit gutem Grund die meisten Paläanthropologen, in dem sie beispielsweise von einem «frühen Hominiden» schreiben, wenn sie einen Vertreter dieser Gattungen meinen und nicht irgendeinen Menschenaffen.[83]

Unter den rezenten, also den heute lebenden Paniden ist *Pan paniscus,* der Zwergschimpanse oder auch Bonobo, oft als unser nächster Verwandter angeführt worden.[85, 145] Die Artbildung innerhalb der Schimpansen, also innerhalb der Gattung *Pan,* erfolgte natürlich später als die Trennung von den Hominiden einerseits und zu den rezenten Schimpansen andererseits. Denn die Arten einer Gattung können sich ja erst nach dieser Aufspaltung allmählich durch Evolution ihrerseits aufzweigen. Wenn also die Bonobos oder Zwergschimpansen Merkmale mit den Menschen gemeinsam haben, die dem Gemeinen Schimpansen (*Pan troglodytes*) fehlen, so ist es weitaus am wahrscheinlichsten, dass der Gemeine Schimpanse diese speziellen Merkmale auf seinem kurzen eigenen Weg der Evolution getrennt von Hominiden und getrennt von den Zwergschimpansen selbst später erworben hat. Die Ähnlichkeiten der uns am nächsten stehenden Zwergschimpansen würden jenen also nicht als besonders modern oder gar höher entwickelt auszeichnen. Die gemeinsamen Züge, die *Pan paniscus* und *Homo sapiens* als einander wohl nächstverwandte Tiere kennzeichnen, sind also die stammesgeschichtlich ursprünglicheren, primitiveren Merkmale. In diesem Zusammenhang ist interessant, dass die Zwergschimpansen ein Gebiet im südlichen Teil des Kongo-Beckens bewohnen, in dessen «Kernbereich selbst in trockensten Zeiten die geschrumpften Restgewässer von schmalen Waldstreifen begleitet waren».[114] Vielleicht könnten also die Beziehungen des Menschen zu Wald und Wasser schon recht alte, stammesgeschichtliche Ursachen haben, die wir mit den Zwergschimpansen teilen.

Ich möchte hier noch einmal betonen, dass die menschenähnlicheren Züge nicht automatisch die moderneren, «höher» evolvierten sein müssen. Im Gegensatz hierzu stellen die modernen, kürzlich erworbenen Züge, welche den Gemeinen Schimpansen etwas mehr von uns absetzen,

also Eigenentwicklungen in jener Linie dar, so genannte Autapomorphien, die Pan troglodytes in den letzten zirka sieben bis sechs Millionen
Jahren neu erworben hat und die daher auch – ich muss es um der Klar-
heit Willen noch einmal sagen – keine andere Tierart mit ihm teilt.[131]

Für ein Fazit zu diesem Abschnitt müssen wir nun noch einmal zur
Ernährung zurückkommen. Beide Schimpansenarten, von denen hier
die Rede ist (die Existenz einer dritten Art wird diskutiert[119]), nehmen
vornehmlich pflanzliche Nahrung zu sich, jedoch mit gewissen Anteilen
tierischer Kost. Andererseits wurde berichtet, dass Zwergschimpansen
im Gegensatz zu Pan troglodytes keine Furcht vor Wasser haben.[156] Vor
allem aber fangen sie, wie Beobachtungen in freier Wildbahn belegen
konnten, auch Fische und Krabben und essen Wasserschnecken oder
ähnliches Getier aus dem Flachwasserbereich.[84] Diese spezifische tierische Kost könnte also vielleicht eine ursprünglichere, den Zwergschimpansen und uns Menschen gemeinsame Nahrung darstellen. Außerdem
könnte es sich lohnen, aus der fehlenden Wasserscheu der Zwergschimpansen oder Bonobos Hinweise zu entnehmen und auf Widersprüchlichkeiten zu sonstigen Fragen unserer Evolution hin zu untersuchen.

Menschenaffenknochen im Schweineschrank

Ein unspezialisierter Gestaltstyp oder Morphotyp, wie ihn heute die Gattung Macaca vertritt, wurde in der entscheidenden Periode des Miozän
vor knapp zwanzig Millionen Jahren sehr gut von einem frühen men-
schenaffenartigen Wesen repräsentiert, nämlich von der Gattung Proconsul.[157] Diese Gattung befindet sich auf dem Stammbaum etwa dort, wo
die Ahnen der rezenten Menschenaffen ihren Ursprung haben. Der Genpool dieser Gattung vereinigt auf geradezu klassische Weise Merkmale
des Baumlebens mit terrestrischer Lebensweise. Der bekannte Anatom
und Primatologe Holger Preuschoft hat zusammen mit seiner Tochter
Signe anhand der Gestalt von Knochen der Gliedmaßen und besonders
in der Stärke der Biegung von Fingerknochen einen «starken Hinweis
auf Anpassungen an das Baumleben» gesehen.[135] Das Skelett von Proconsul ist durch mehrere Funde inzwischen recht gut bekannt; es wies keine
der Spezialisationen für eine bestimmte Haltung oder Fortbewegung auf,
die wir von den heute lebenden Menschenaffen kennen.[102, 109] Zweifellos
waren die Füße dieses frühen Menschenaffen, wie jene vieler anderer Af-

fen auch, gleichermaßen bestens zum Greifen geeignet wie zum vierfüßigen Laufen auf dem Boden. Aber über die Rekonstruktion der Lebensweise von Vertretern der Gattung *Proconsul* gab es durchaus nicht immer gleiche Meinungen.

Die noch wenigen fossilen Fundstücke von *Proconsul*, die man zu jener Zeit kannte, waren schon Ende der fünfziger Jahre als Überbleibsel ganz früher Menschenaffen erkannt worden.[120] Aber der gesamte Fund einer Grabungssaison auf der Rusinga-Insel im Victoriasee – im Fachjargon nennt man dies eine Grabungskampagne – bestand lediglich aus einigen versteinerten Knochenfragmenten der Vorder- und Hintergliedmaßen und wenigen fossilen Bruchstücken des Schädels, die unzweifelhaft Zähne von Menschenaffen im Kiefer trugen. Während einer solchen ‹Kampagne› fallen aber außer den vielleicht interessanten Funden aus unserer eigenen potenziellen Ahnenschaft auch viele andere fossile Stücke an. Natürlich ist es eines der Ziele einer Grabung, die Fauna und Flora der jeweiligen Periode möglichst genau zu bestimmen. Denn deren Zusammensetzung könnte auch Rückschlüsse auf klimatische oder ökologische Gegebenheiten zulassen. Außerdem könnte man vielleicht auch auf andere interessante, noch gar nicht bekannte ausgestorbene Tierarten stoßen.

Überdies ist im Verlauf solcher Kampagnen gar nicht genügend Zeit für eine sorgfältige Bestimmung aller Einzelfunde. Daher sammelt man die anderen Knochen oft zur gelegentlichen späteren Bestimmung der Arten. So gelangten in der Grabungssaison, in der auch die inzwischen berühmten *Proconsul*-Funde gemacht wurden, eine ganze Reihe von eilig als Schweineknochen identifizierten Fossilfunden in das Kenya National Museum in Nairobi. Dort wurden sie in Plastiktüten verpackt und mit der Aufschrift «*Suidae, indet.*» («Schweineartige, unbestimmt») versehen. So lagerten sie unbehelligt rund zwei Jahrzehnte lang in Schränken des Magazins dieses Museums.

Gut zwanzig Jahre später also nahmen die britischen Forscher Alan Walker und Martin Pickford eine Revision der Funde von der Rusinga-Insel vor. Unter den mutmaßlichen, zuvor nur grob klassifizierten «Schweineknochen» fanden Walker und seine Mitarbeiter aber welche, die gar nicht von Schweinen stammen konnten. Sie stellten sich bei näherer anatomischer Prüfung zu ihrem Erstaunen als Menschenaffenknochen heraus und wurden als zur Gattung *Proconsul* gehörig bestimmt.[157] Dieser Schubladenfund ergänzte die früheren Knochenstücke zu einem ansehnlichen, verblüffend vollständigen Skelett und lieferte daher einige ganz bedeutsame Mosaiksteine für die Rekonstruktion dieser frühesten Menschenaffen.

Von der Gattung *Proconsul* gab es vor etwa 22 bis vor 17 Millionen Jahren mehrere Arten, deren Lebensweisen etwas unterschiedlich interpretiert werden. Danach eignet sich diese Gattung – auf deren verschiedene Arten gehen wir gleich ein – vornehmlich wegen ihrer vielen unspezialisierten Merkmale hervorragend als Ausgangspunkt für eine gemeinsame Evolutionslinie zu den Menschenaffen und damit auch zum Menschen selbst. Walker und Pickford rekonstruierten *Proconsul* aufgrund der neuen «Ausgrabungen in der Schublade» wie einen vierfüßig dastehenden Japanischen Rotgesichtsmakaken oder einen Berberaffen, also ähnlich wie zwei heute lebende Makakenarten, die wenig spezialisiert sind, in Bäumen und am Boden leben und eine wenig begrenzte, lange Speisenkarte kennen.[157, 158] Der amerikanische Anatom und Paläontologe John Fleagle schreibt über die Art von Rusinga, die er etwas anders benennt, «das Skelett deutet darauf hin, dass *Proconsul heseloni* sich vierfüßig fortbewegte, wahrscheinlich baumlebend war, aber ohne die Fähigkeit der heutigen Menschenaffen zu hangelnder Lebensweise».[96, 139] Er übernimmt die Abbildung von Walker und Pickford und verändert deren Rekonstruktion nur in einem kleinen, aber entscheidenden Detail, indem er das Individuum in seinem Buch nicht auf ebener Erde, sondern auf einem sehr dicken, horizontalen Ast entlanggehen lässt. Nach der funktionellen Analyse einer ganzen Anzahl anatomischer Merkmale jener Fossilien, insbesondere der Knochen von Gliedmaßen, fügt John Fleagle als abschließendes Fazit hinzu: «Sie besitzen einen eher primitiven Fortbewegungsapparat mit einem Skelett, das ihrem Verhalten in gewisser Hinsicht mehr Spielraum lässt.»[139]

Eine weitere Art dieser Gattung, *Proconsul nyanzae*, wird als eine eher terrestrisch lebende Art interpretiert.[96] Erst vor kurzem hat die amerikanische Forscherin Carol Ward in ihren umfangreichen Untersuchungen die Fortbewegung von *Proconsul* wie folgt abschließend beurteilt: Er «… war ein vornehmlich vierfüßiges Tier … Trotz seiner Anpassungen an dauernd vierfüßige Körperhaltung sind morphologische Merkmale eines Kletterers sehr wohl vorhanden … Die unspezialisierte Gestalt des Menschenaffenskelettes von *Afropithecus* und *Proconsul*, die sich anatomisch und bezüglich der Fortbewegung als die eines Menschenaffen darstellt, scheint für die meisten miozänen frühen Menschenaffen typisch gewesen zu sein.»[159]

Nun erscheint es aber als ein eher merkwürdiges Zusammentreffen, dass alle drei heute bekannten Arten von *Proconsul* keinen Schwanz besitzen, genau wie der heute lebende, semiterrestrische Berberaffe *Macaca sylvanus* und wie der ebenfalls rezente und semiterrestrische Japanische Rotgesichtsmakak *Macaca fuscata*. Im Gegensatz dazu und mit zwei Ausnahmen, nämlich jener der hangelnden Gibbons und der eher faultierartig kletternden Orang-Utans, die sich vierhändig hängend unter dem sie tragenden Geäst fortbewegen, haben alle anderen einigermaßen gut an das Baumleben angepassten Primaten lange Schwänze. Zwar mögen die terrestrischen Affen, wie zum Beispiel der Husarenaffen *Erythropithecus*, gut und gern lange Schwänze besitzen, aber ein Stummelschwänzchen oder gar noch dessen Fehlen verrät, eingedenk der beiden etwas aberranten Ausnahmen, ausschließlich semiterrestrische oder mehr oder weniger strikt terrestrische Lebensweise wie beispielsweise bei Rotgesichtsmakaken oder dem Mandrill.

Bei meiner Suche nach wichtiger Literatur zur Anatomie der verschiedenen Vertreter der Gattung *Proconsul* fand ich – in Ergänzung der obigen Interpretationen – auch die Arbeit eines französischen Autors, der die Wirbelsäulen von fossil gefundenen Primaten einer äußerst gewissenhaften Untersuchung unterzog.[98] In seinem wichtigen Beitrag stellte er fest, dass die Wirbelsäule der fossilen Primaten, wie beispielsweise jene von *Proconsul nyanzae*, eine klare Aussage über deren Haltung und Fortbewegung zuließe. Die funktionelle Anatomie der Wirbel weist darauf hin, dass eine solche Wirbelsäule für ein «lokomotorisches Repertoire wie bei den kleinen Affen» geschaffen sei, also «wie für Kapuzineraffen und Meerkatzen». Was deren Fortbewegung betrifft, so handelt es sich hier mindestens um Viel-Könner, also um alles andere als lokomotorische Spezialisten. Was den Lebensraum dieser frühen Menschenaffengattung anbetraf und wie ihn die verschiedenen Arten unserer frühesten menschenäffischen Vorfahren nutzten, kann man also trotz sehr verschiedener Forschungsergebnisse festhalten, nämlich dass sie hinsichtlich ihrer Haltung und Fortbewegung nicht spezialisiert waren und damit, zumindest in dieser Hinsicht, einen hervorragend geeigneten Ahnen für die rezenten Menschenaffen wie auch für den Menschen selbst abgeben.

Aber auch bei den anderen miozänen – also aus derselben Epoche stammenden – Gattungen gibt es «… für *Victoriapithecus* und *Kenyapithecus* gleichermaßen … einige Hinweise für semiterrestrische Lebensweise … *Kenyapithecus* zeigt zahlreiche Merkmale … die er mit heute lebenden Menschenaffen teilt … Diese Merkmale beziehen sich zum Teil auf … Bewegungen, die vor allem die Vordergliedmaßen fordern, wie zum Beispiel die Fähigkeit zu Klimmzügen … ebenso wie die Beteiligung der Hinterbeine und Füße beim vertikalen Klettern. Es ist spannend, dass *Kenyapithecus* auch einige kennzeichnende Merkmale seines Körperskeletts mit *Gorilla* und *Pan* teilt».[117] Wenn man alle hier zusammengetragenen Interpretationen dieser frühen Vorfahren von Menschenaffen und Menschen zusammen betrachtet, so erlaubte der Genpool der Gattung *Proconsul* seinen Vertretern mit ihren jeweiligen Körperbautypen eine große Palette von verschiedenen Fortbewegungsmustern. Daher besaßen diese möglichen oder wahrscheinlichen Vorfahren der Menschenaffen und von uns selbst zweifellos das Potenzial sowohl für geschickte und sichere Fortbewegung in den Bäumen als auch in ähnlichem Maße für terrestrische Körperhaltung und Fortbewegungsarten. Die Beherrschung von all diesen ausgezeichnet koordinierten Körperbewegungen eröffneten alle Optionen, die später einmal möglicherweise ausgesprochen nützlich wurden und das Erscheinen des zweifüßigen evolutiven «Spezialisten» *Homo* erst ermöglichten.

Die «altmodische» Hand des Menschen

Wenn man die Hände von Menschen mit jenen der großen Menschenaffen in ihren Proportionen und ohne auf alle Details zu schauen vergleicht, so wirken jene von Orang-Utan, Schimpansen und Gorillas auf Anhieb recht verschieden von unseren Händen.[107, 110] Sie sind größer, viel länger, haben lang gestreckte Handteller, gebogene Finger, einen kurzen und vor allem gegen das Grundgelenk der übrigen Finger zurückgesetzten Daumen und eine ganze Reihe weiterer, abweichender Merkmale mehr. Ein weiterer Vergleich mit den Händen anderer Primaten und ihrer Proportionen macht sofort deutlich, dass die Hände des Menschen in vie-

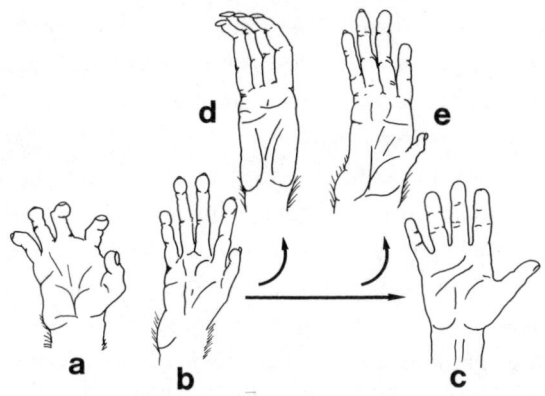

Die Hände des Halbaffen Galago (a) und des südamerikanischen Nachtaffen (b) sind trotz vieler evolutiver Eigenerwerbungen in ihren Grundproportionen der Hand des Menschen (c) ähnlicher als viele andere moderne, spezialisierte Primatenhände. Die Hände des Klammeraffen (d) und des Hulmans (e) zum Beispiel weisen eine ganze Reihe offensichtlicher evolutiver Neuerungen auf. Im Gegensatz dazu ist die Hand des Menschen recht ursprünglich geblieben. Gerade weil sie im Prinzip auf einem ‹alten Modell› basiert, ist sie so vielseitig. Ihr enormes Können verdankt die Menschenhand in erster Linie der Evolution des menschlichen Gehirns, das diese unspezialisierte Hand steuert.

lerlei Hinsicht jenen weniger spezialisierter Tierprimaten mit unspezialisierten Händen eher ähneln. Bei den Händen eines Berberaffen oder eines Japanischen Rotgesichtsmakaken sind die Handteller nicht so lang im Vergleich zur Breite wie bei den Menschenaffen. Ihre Finger sind nicht so stark zu einer Hakenhand gekrümmt; die Länge und Breite der Handteller in Relation zu jener des Daumens und der übrigen Finger kommen menschlichen Proportionen viel näher. Auch die Gestalt der Hand des sehr konservativen südamerikanischen Nachtaffen *Aotus*, die vielleicht jener der Hand eines frühen, ursprünglichen Affen recht nahe kommt, ist einer menschlichen Hand ähnlicher, als diese der eines Schimpansen. In einem weiter gehenden Vergleich stellt man fest, dass die Hand vom Nachtaffen *Aotus* jener des Mausmaki, also der eines kleinen, ursprünglichen madegassischen Halbaffen, mehr ähnelt als der anderer, mehr spezialisierter heute lebender Primaten. Auch im Zoo sind die Besucher immer wieder überrascht, wie stark die Hände der wenig spezialisierten Rhesusaffen oder Japanmakaken menschlichen Händen ähneln.

Die ganz anderen Proportionen der Hände heute existierender Paniden, also der Schimpansen und Gorillas, haben nicht allzu viel gemeinsam. Viel mehr Ähnlichkeiten besitzen sie ihrer stammesgeschichtlich bestimmten nahen Verwandtschaft entsprechend in manchen feinen Einzelheiten ihrer Anatomie, so in der Anordnung und Entwicklung ihrer Handwurzelknochen. Wenn man aber auf die Länge des Handtellers im Vergleich zu dessen Breite schaut oder auf die Gestalt der Finger, der Fingerspitzen, auf die Verkürzung der Sehnen der Beugemuskulatur und auf die Position und die geringere Länge des Daumens, wenn man das alles betrachtet, glaubt man kaum an eine derart große verwandtschaftliche Nähe, wie sie genetisch bewiesen ist. Alle diese anatomischen Besonderheiten der Hände der Paniden haben auf der anderen Seite auch wenig gemein mit jenen eines möglichen Vorfahren der Menschenaffen, wie ihn *Proconsul* beispielhaft darstellt. Dieser Umstand legt jedoch nahe, dass die Hand von *Homo sapiens* heute noch in vielen Grundstrukturen über die alte, konservative und immer noch unspezialisierte funktionelle Anatomie verfügt, wie *Proconsul* oder die ihm nahe stehenden direkten Vorfahren des Menschen sie bereits vor rund zwanzig Millionen Jahren besaßen. Deshalb müssen die hiervon abweichenden Proportionen der Hände von Gorillas und Schimpansen, wie vorhin anders hergeleitet wurde, modern sein.

Obwohl eine ganze Anzahl von Tierprimaten bei verschiedensten Funktionen im Freiland und auch im Experiment wahrhaft erstaunliches Geschick und verblüffende Leistungen zeigen,[89] schneiden die Menschen bei vielen schnellen und präzisen Manipulationsaufgaben einfach besser ab.[90, 115] Dies liegt daran, dass unserer biologisch alten, recht primitiven Hand ein äußerst leistungsstarkes Gehirn mit entsprechender Nervenversorgung hinzugefügt wurde.

Es ist also die neuromuskuläre Ausstattung, die unsere für nichts spezialisierte Hand so kreativ macht, obwohl oder gerade weil es immer noch eine alte unspezialisierte Hand eines ökologischen Generalisten ist. «Die Vorteile, mit Händen und Armen erkunden und sammeln zu können», schreibt Jonathan Kingdon, «sind natürlich für einen alles fressenden Opportunisten viel größer als für einen eher ‹konventionellen› Pflanzenfresser.»[114] Und in der Tat: Hände spezialisierter Primaten, wie jene des madegassischen Fingertieres, das mit seinem überlangen, dünnen Mittelfinger Holz bewohnende Käferlarven aus deren Wohngängen angelt, wie ein Specht dasselbe mit seiner langen, dünnen Zunge tut, oder die Hände des unglaublich schnell sprintenden Husarenaffen können nie ernsthaft als die genetische Basis zur Evolution der menschlichen Hand in Betracht gezogen werden.

Zu einem ganz anderen Ergebnis kommt eine solche Modellüberlegung, wenn man die Hand eines ökologischen Generalisten zum Vergleich heranzieht, beispielsweise jene des Javaneraffen *Macaca fascicularis*; dieses Modell käme von seiner gesamten funktionellen Anatomie her viel eher in Betracht.

In diesem Zusammenhang ist der Gesichtspunkt interessant, dass die mit uns näher verwandten Menschenaffen so genannte Knöchelgänger sind. Während sie mit den Hintergliedmaßen auf den Fußsohlen laufen, wie es Menschen oder Bären tun, stützen sie sich vorne auf eine im Tierreich sonst nicht vorkommende Weise ab. Das Gewicht des Vorderkörpers lastet bei ihnen auf den Fingerrücken. Wenn ein erwachsener Mensch sich auf diese Weise abstützt, beispielsweise im Park beim Spiel mit einem Kleinkind, so wird er hierzu die Faust ballen und das Gewicht mit dem untersten der drei Fingersegmente tragen. Schimpansen und Gorillas strecken jedoch bei ihrer normalen vierfüßigen Fortbewegung die Fingergrundgelenke und gehen auf den mittleren Segmenten der vier aus dem Handteller entspringenden Finger, so dass die Daumenspitze in der Luft hängt und den Boden nicht berührt. Beim Orang-Utan ist die Art des Abstützens etwas anders; oft stützt er sich auch auf die ellenseitigen Handkanten und besonders auf die Ballen, auf dem auch die Menschenhand auf einem Tisch ruht. Auch bei ihm sind die Finger eingeschlagen. Wenn abstützende Kräfte auf ihnen lasten, so wirken sie auch hier auf die Fingerrücken.

Der Grund für das Gehen auf den Fingerrücken hat eine eigenartige Bewandtnis. Die Sehnen der Beugemuskulatur für die Finger reichen von ihrem Ansatz an den Knochen der Fingerspitzen zurück über die Beugeseiten der Finger und laufen dann durch die Sehnenscheiden im Handteller und durch den Tunnel in der Handwurzel, den so genannten Karpaltunnel, auf die Beugeseite des Unterarms. Dort aber entspringen sie nicht, sondern sie ziehen über das Ellenbogengelenk hinweg an die beiden seitlichen Vorsprünge des Oberarmknochens, die man – am besten bei gebeugtem Ellenbogengelenk – deutlich seitlich oberhalb des Ellenbogenvorsprungs fühlen kann. Ihre Ursprünge an diesen beiden Vorsprüngen, den so genannten Epikondylen, haben nun eine für hangelnde Menschenaffen lebenswichtige Konsequenz.

Streckt ein Mensch den Arm im Ellenbogengelenk, dem Handgelenk und die Hand bis zu den Fingerspitzen, so sind die Beugersehnen von ihrem Ursprung an den Epikondylen über die Muskeln bis zu den Ansätzen der Sehnen an den Endgliedern der Finger voll gespannt. Bei den Menschenaffen sind diese Sehnen kürzer. Bei Beugung im Ellenbogengelenk erlauben sie durchaus die volle Streckung der Finger, nicht aber, wenn auch das Ellenbogengelenk voll gestreckt wird. Dann werden die Sehnen dort zusätzlich gestreckt, und die Gesamtlänge der Beugemuskeln und -sehnen reicht nicht mehr für eine Streckung der Finger aus, die nun also passiv gebeugt werden. So kann beispielsweise ein Gibbon bei voll gestrecktem Arm die Finger nicht aufbiegen. Wenn er mit seiner Hand an einem Ast hängt und sein Gewicht den Arm streckt, krümmen sich durch den Zug an den Sehen zwangsläufig die Finger.[133] Ohne einen einzigen Muskel anzustrengen, kann der Gibbon so stundenlang hängen, wenn er will. Während einen Menschen nach wenigen Minuten die Kraft in den Fingern verließe und er abstürzen würde, könnte der Gibbon sich notfalls gefahrlos am Ast hängend eine Ohnmacht erlauben; der gestreckte Arm würde über die passive Fingerbeugung einen Absturz verhindern. Hängend benötigt er so wenig Kraftaufwand wie ein Regenschirm, den man über eine Stange hängt!

Heute schlägt kein Anthropologe mehr ernsthaft vor, die Ahnen des Menschen seien ausgeprägte Knöchelgänger gewesen, wie etwa Schimpansen es sind. Das wäre auch nicht vereinbar mit unserer in ihren gesamten Grundstrukturen so einfachen, unspezialisierten Hand. Trotzdem werden immer wieder Hinweise für mögliche Anpassungen an einen – wenn auch nicht sehr ausgeprägten – Knöchelgang beim Menschen gefunden, die sich beispielsweise auf die Anatomie der Fingergelenke oder auf die Gestalt der Handwurzelknochen beziehen,[110] aber auch auf die funktionelle Anatomie der Hände dieser Menschenaffen.[154] Ob die gemeinsamen Vorfahren der Menschen einerseits und der Gorillas und Schimpansen andererseits vor der Aufspaltung in beide Linien sich schon gelegentlich auf ihre Fingerrücken gestützt haben, ist jedoch letztlich nicht entschieden und vielleicht auch nicht von ganz zentraler Bedeutung. In der Evolution der Menschenaffen sind zuerst die leichten

Formen abgezweigt, also die elegant und scheinbar schwerelos hangelnden Gibbons und Siamangs. Auch die später von unserer Ahnenlinie abgezweigten Orang-Utans haben kurze Beugersehnen erworben. Bei ihnen scheint dies ein zweites Mal, vielleicht fünf oder acht Millionen Jahre später, getrennt von den Gibbons geschehen zu sein. Es erfolgte auch aufgrund einer anderen funktionellen Auslese, nämlich weniger zum Hangeln als zum langsamen, vierhändigen Greifklettern. Möglicherweise sind leichtere Vorfahren der rezenten Orang-Utans früher einmal häufiger gehangelt, als jene es heute tun. Aber es gibt zur Zeit keine klaren Hinweise darauf, dass die Gibbons und die Orang-Utans ihre diesbezüglichen Ähnlichkeiten gemeinsam erworben hätten.

Der Knöchelgang der ehemaligen Pongiden, also der Orang-Utans, der Schimpansen und der Gorillas, scheint ebenso wenig als Verwandtschaftsmerkmal für jene dienen zu können. Während der Orang-Utan diese Anpassungen zum hängenden Klettern im Kronendach des hohen Urwaldes im Verlauf von Jahrmillionen erwarb, haben die Paniden, also die Gorillas und Schimpansen, solche Hakenhände viel später und vielleicht eher zum besseren Klettern an senkrechten Baumstämmen erworben. Jedenfalls war es wohl in beiden Fällen ein eigener Erwerb in der Evolution, aus dem auch die oben geschilderten Unterschiede herrühren. Bei den Paniden also dienten die kürzeren Beugersehnen, deren Energieersparnis eben dargelegt wurde, möglicherweise zur leichteren Überwindung der senkrechten Strecke zwischen dem Boden, auf dem sie teilweise leben und Nahrung suchen, und den Ästen, in denen sie zumindest lange Zeit in unserer gemeinsamen Ahnenschaft nächtliche Zuflucht und Sicherheit fanden. Völlig unterschiedliche Gründe und ökologische Ausgangssituationen führten also wahrscheinlich zu jeweils spezialisierten Händen mit unverwechselbaren, eigenen funktionellen Anpassungen der Vorfahren von Gorillas und Schimpansen, während die Ahnen der Menschen vorher zu ihrem evolutiven Eigenweg abgezweigt waren.

Der Mensch hat lange Beine und kurze Arme – stimmt gar nicht!

Die Länge der Vorderarme und Hände unserer frühen Vorfahren vor dem Erreichen des Status eines Menschenaffen waren eher unauffällig; die ökologischen Generalisten, wie sie die Gattung *Proconsul* repräsentiert, hatten nur eine geringe Hinterextremitätendominanz. Es ist nun fast genau achtzig Jahre her, dass in der damals noch mehr als heute hypothetischen Evolution zum Menschen eine Übergangsform postuliert wurde, bei dem unsere Ahnen in der frühen Phase der Menschenaffen das Stadium eines Primaten durchlebt hätten, dessen einer Zweig ein hangelnder Menschenaffe geworden sei, während der andere später die Linie zum Menschen hervorgebracht habe. Da dieses Durchgangsstadium schon deutliche Anpassungen an das Hängen und Hangeln gehabt haben soll und da die hangelnde Fortbewegung terminologisch als Brachiation bezeichnet wird, nennt man diese Theorie die «Präbrachiatorenhypothese». Hinter dem komplizierten Wort, das noch den Zeitgeist der damaligen Wissenschaft spiegelt, manchmal mit griechisch-lateinischen Wortungetümen zu kokettieren, verbirgt sich also das Stadium eines Menschenaffen, der sich vor der kompletten Anpassung an das Hangeln befand.

Diese Ansicht fand bis vor gut dreißig Jahren viele Anhänger, die aber allmählich immer mehr schwanden. Sowohl Funde wie die von *Proconsul* als auch jene der frühesten Hominiden wurden für die Erarbeitung und Formulierung gegenteiliger Ansichten benutzt. Dabei ist die Funddokumentation unserer fossilen Vorfahren im Zeitraum von weit über zehn Millionen Jahren, der auf das Vorfahrenstadium der «Präbrachiatorenhypothese» zutrifft, geringer als dürftig zu nennen. Es stellt sich also die Frage, ob nicht auch die Verwerfung dieser stammesgeschichtlichen Hypothese ein Produkt des Zeitgeistes war und weniger eine saubere Interpretation, die auf einer guten Serie aussagekräftiger Fossilien beruhte.

Tatsache aber ist, dass alle heute lebenden Menschenaffen einschließlich ihrer wenigen vorhandenen fossil belegten Vorfahren längere Arme als Beine haben, angefangen von den pongiden Orang-Utans und ihren Verwandten bis zu den paniden Schimpansen. Beim Schimpansen sind die Arme rund sieben Prozent länger als die Beine, beim Orang-Utan beträgt die «Überlänge» der Vordergliedmaßen sogar 45 Prozent.[121] Weil auch diese rezenten Menschenaffen von den allgemeinen Vierfüßern abstammen, muss es also auf dem evolutiven Weg mindestens eine gewisse Periode lang Selektionskräfte gegeben haben, welche die Ausbildung längerer Vordergliedmaßen begünstigte. Bevor wir die Verlängerung der

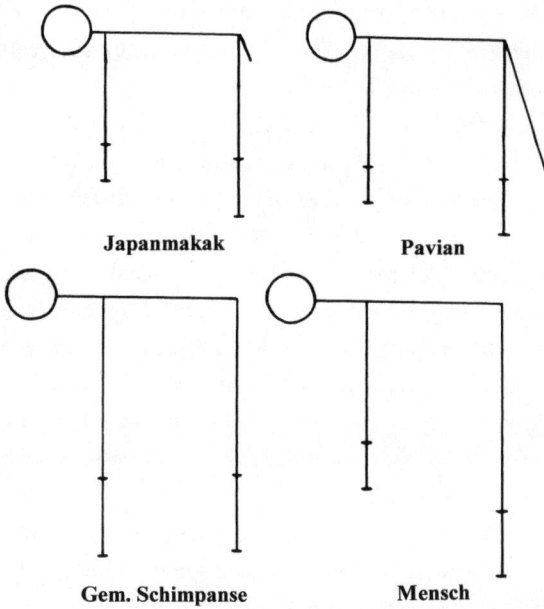

Japanmakak   Pavian

Gem. Schimpanse   Mensch

Körperproportionen von vier Primatenarten bei gleicher Körperlänge. Beim terrestrischen, vierfüßig gehenden und laufenden Pavian sind die Hinterbeine ähnlich lang wie
beim halb auf dem Boden, halb baumlebenden, unspezialisierten Makaken. Am längsten
sind die Hinterbeine beim Menschen, gefolgt vom Schimpansen. Im Vergleich zu Makaken und Pavianen besitzt der Mensch längere Vordergliedmaßen, die jedoch beim
Schimpansen noch länger ausfallen. Die relativ langen Arme des Menschen könnten
einen Hinweis auf die semiterrestrische Lebensweise unserer Vorfahren darstellen (nach
Kimura, verändert).

Arme in der evolutiven Zusammenschau mit der aufrechten Haltung betrachten, sei hier die Periode betrachtet, welche die Ahnen der Menschen
mit jenen der heutigen Paniden teilten. In jener Phase waren unsere eigenen Vorläufer höchstwahrscheinlich ebenfalls diesem Selektionsdruck
unterworfen. Tatsächlich hatten die Australopithecinen, also die frühesten menschenartigen oder auch hominiden Vertreter auf dieser Erde, relativ längere Arme, als es beim heutigen Menschen der Fall ist.[118, 141]
Aber wie auch bei der Evolution der zum Klettern geeigneten gebogenen
Finger, die eher zwangsläufig nur im Knöchelgang eingesetzt werden,
muss man davon ausgehen, dass auch die Verlängerung der Vordergliedmaßen in der Evolution unserer nahen Verwandten mehr als nur einmal
geschah.[146, 153]

Andererseits stimmt es problemlos mit einer Abstammung des Menschen von einem Generalisten überein, wenn eine ganze Anzahl von Maßen und Proportionen der Vorderextremität zwischen jenen von Hundsaffen wie zum Beispiel Makaken und jenen der Menschenaffen liegen. Jedenfalls ist die Länge der Arme und Hände der Menschen zusammengenommen im Vergleich zur Länge der Rumpfwirbelsäule – nicht kurz! Eine Vergleichszahl mag hier helfen, eine Vorstellung für diese Proportion zu entwickeln. Der hier gemeinte wissenschaftliche Index gibt die relative Länge der Vordergliedmaßen im Verhältnis zu jener des Rumpfes an. Bei dieser Vergleichszahl liegen die menschlichen Proportionen mit 148 zwischen den semiterrestrischen Hundsaffen, also Meerkatzen, Makaken und Pavianen, mit einem Index von rund 113 und jenen der Paniden mit dem Gorilla von 170 und dem des Schimpansen mit einem Wert von 172.[82, 111]

Der Schimpansenforscher Adriaan Kortlandt hat mit Hilfe selbst gebauter, die Arme verlängernder Prothesen gezeigt, dass lange Arme, entsprechend einem hohen Armindex, das senkrechte Klettern an Baumstämmen in aufrechter Haltung erheblich erleichtern. Ein Tier mit kurzen Armen muss kräftig mit den Händen zupacken, wenn es nicht den senkrechten Stamm hinabrutschen will. Unter den Halbaffen stehen beispielsweise die nachtaktiven Pottos immer wieder vor diesem Problem. Tatsächlich sind sie in der Lage, sich mit geradezu eisernem Zugriff festzuhalten. Der Schwerpunkt eines Pottos liegt bei dieser Fortbewegungsweise recht nah an der Oberfläche des Stammes. Ein Schimpanse hält sich oben mit seinen langen Armen fest, stemmt sich jedoch mit seinen Beinen etwas vom Stamm ab. Wenn er die Beine wegziehen würde, fiele er wie ein seitlich angehobenes Pendel mit dem Bauch gegen den Baumstamm, wobei die Drehachse der Bewegung oben zwischen beiden den Stamm greifenden Händen liegen würde. Die Kraft des fallenden Pendels ermöglicht es dem Schimpansen, mit größerer «Bodenhaftung» auf der Borke des Baumes zu gehen. Elektriker machen sich dies bei der Arbeit an Telegrafenstangen zunutze. Sie besitzen lange Haken, die ihre Arme verlängern. Daher können sie sich zurücklehnen, was die Haftkraft ihrer Füße erhöht und damit auch die Möglichkeit, Kraft von den Füßen auf den Untergrund zu übertragen.

Auf der anderen Seite sind lange Beine nicht sehr günstig zum Erklettern senkrechter Baumstämme. Schon vor dreißig Jahren wurde gezeigt, dass die Beanspruchung der Gelenke beim Klettern mit längeren Beinen höher ist, und außerdem könnte das Knie bei solchen Bewegungen häufiger im Wege sein.[108, 136] Die relativ langen Arme des Menschen könnten also eine Anpassung an eine Lebensweise darstellen, bei der unsere Vorfahren schnell und problemlos vom Boden über die kritische, weil schwer zu überwindende Strecke der senkrechten Baumstämme hinaus in das sichere Geäst wechselten. Dies ließe sich jedoch nur durch die Evolution begründen, wenn dieser Wechsel zwischen den «Schichten» des Lebensraumes genügend häufig geschah und wenn ein schnelles Erklettern einen Selektionsfaktor darstellen würde, beispielsweise auf der Flucht vor einem Bodenfeind.

Vergleicht man die Länge der Vorder- und der Hintergliedmaßen, so stellt der Orang-Utan innerhalb unserer Verwandtschaft den Rekord auf, indem die Arme durchschnittlich um rund 45 Prozent länger sind als die Beine.[121] Dies liegt aber nicht nur an besonders langen Armen, sondern zu einem großen Anteil auch an einer Verkürzung der Beine. Eine solche Verkürzung gab es in der Stammesgeschichte der Primaten schon einmal, und zwar bei dem inzwischen ausgestorbenen Lemuren mit Namen *Palaeopropithecus.* Auch ihm wurde aufgrund seiner Körperproportionen von Anatomen und Primatologen eine langsame, hängende, faultierartige Fortbewegung zugeschrieben.[98, 153]

Als weiterer Hinweis auf ihren frühen eigenen Weg in der Evolution der Menschenaffen und für ihre etwas abseitige Position auf unserem Stammbaum mag der eben geführte Vergleich der Vorderarmlänge mit jener des Rumpfes dienen. Mit einem Index von 200 sind die Arme des Orang-Utan nämlich etwa doppelt so lang wie der Rumpf. Auch diese Proportion fällt beim Orang-Utan anders aus als bei den Panidae, den Gorillas und den Schimpansen. Dies bestätigt wiederum die Abtrennung des Orang-Utan in einer eigenen Familie, jener der Pongiden, eine systematische Eigenständigkeit, die sowohl die anatomischen, paläanthropologischen als auch die molekularbiologischen Gesichtspunkte und wissenschaftlichen Meinungen vereint.[129, 130] «Die molekularen Muster, wonach sich die afrikanischen Menschenaffen von den Menschen nur geringfügig, die asiatischen Menschenaffen aber erheblich unterscheiden, spiegeln die Tatsache wider, dass der gemeinsame Ahne von Hominiden sowie Schimpansen und Gorillas vor nur halb so langer Zeit lebte wie der letzte gemeinsame Ahn aller großen Menschenaffen.»[132]

All dies deutet darauf hin, dass es unterschiedliche funktionelle Ansprüche und Selektionsdrücke für die Ausgestaltung der Vorderextremität gab, die bei den kleinen, eleganten Gibbonartigen zu extrem langen Hangelarmen führten, mit einem Index der Vordergliedmaßen von 243. Im Vergleich mit den Menschenaffen hat der Mensch mit einem Wert von 148 zwar kürzere Arme im Verhältnis zur Länge der Wirbelsäule, aber er besitzt proportional deutlich längere Arme als die semiterrestrischen Hundsaffen, deren Index nur 113 misst. Auch dieser Umstand würde wieder mit einer Ableitung der menschlichen Linie von einem eher unspezialisierten Vorfahren zusammenpassen. In diesem Zusammenhang mag bedeutsam sein, dass die urmenschlichen Australopithecinen proportional längere Arme besaßen.[141]

Vorhin hatten wir uns mit den funktionellen Optimierungsprozessen in der Evolution befasst. Die im Laufe der Evolution optimierten Anpassungen der Hominiden an einen aufrechten Gang mit einer Pendelfunktion der Arme haben jedenfalls zu einer Länge der Arme geführt, die zwischen den semiterrestrischen Vierfüßern und den diesbezüglich auch in sich recht verschiedenen Menschenaffen liegt.[160] Allerdings muss ich jedoch auch darauf hinweisen, dass ein Größenunterschied bei irgendeinem Merkmal oder zwischen bestimmten Proportionen zweier systematischer Vergleichsgruppen nicht dazu dienen kann, deren genetischen Verwandtschaftsgrad auch nur annähernd genau zu bestimmen. So können zwei Arten oder zwei Gattungen ziemlich unterschiedlich aussehen, obwohl sie sehr nah miteinander verwandt sind. Dies gilt zum Beispiel für die Schimpansen und den Menschen. Ihre sehr verschiedenen Proportionen spiegeln lediglich die jeweiligen Optimierungen für unterschiedliche Fortbewegungsweisen, die bei geringer genetischer Distanz jeweils auf starken Selektionsdrücken beruhen.

Dabei ist eines klar, nämlich dass Veränderungen der Proportionen in der Evolution der paniden Menschenaffen und der Hominiden ihre Richtungen selten oder nie änderten. Wie bereits in anderem Zusammenhang erwähnt, sind «Wiederanschaffungen» eines bestimmten Merkmals nach dessen vorherigem Verlust in der Evolution so gut wie nicht möglich; man kann den «Film der Evolution» nicht einfach rückwärts laufen lassen. Ganz analog bedeutet diese Geradlinigkeit, dass beispielsweise die Arme nicht viel länger, dann wieder kürzer und schließlich erneut länger geworden wären. Daher müsste es wohl erlaubt sein, die selbstverständlich funktionell bestimmten Proportionen der Gliedmaßen zu vergleichen, nicht als Beweis, aber durchaus als eines der vielen Indizien innerhalb der Beweiskette der in diesem Buch aus vielen Einzelargumenten allmählich wachsenden Theorie.

Exemplarisch für solche Indizien möchte ich mich hier auf die Hand- und Fingerknochen von *Australopithecus afarensis* beziehen. Dieser frühe Hominide gehört entweder zu unserer unmittelbaren Ahnenschaft oder auf einen nahen Seitenzweig. Seine Fingerknochen wurden als noch voll einsatzfähig für die Fortbewegung in den Bäumen interpretiert.[141] Umgekehrt kann aus heutiger Sicht auf keinen Fall ausgeschlossen werden, dass diese anatomischen Merkmale in jener Phase der Evolution ein anatomisches Überbleibsel als Anpassung an ein teilweises Leben in den Bäumen betrafen. Hier scheint nicht einmal die Entscheidung notwendig zu sein, ob *Australopithecus afarensis* noch jeden Tag auf die Bäume kletterte oder nicht. Während die etwas größere Armlänge, die im späten Miozän für ein besseres Teilzeitleben auf den Bäumen erworben wurde, in keinem Widerspruch zur Ahnenschaft des Menschen steht, ist eine ausreichend unspezialisierte Anatomie der Hand für alle unsere Ahnen definitiv unerlässlich. Sobald eine solche vormals primitive, unspezialisierte anatomische Grundstruktur zu Gunsten einer für das Baumleben spezialisierteren, zum Teil auch hangelnden Hand aufgegeben wurde, war eben später eine Rückentwicklung in der Evolution einfach unmöglich.

Mindestens genauso interessant sind aber die Maße und Proportionen der Hintergliedmaßen, weil ja der Mensch das einzige wirklich aufrecht gehende Säugetier ist. Dies drückt sich auch in der entsprechenden Kennzahl für die Hintergliedmaßen im Vergleich zur Rumpflänge aus, wie wir sie eben für den Armindex kennen gelernt haben. Beim Menschen beträgt diese Zahl im Mittel 169, was bedeutet, dass die Beine 169 Prozent der Rumpflänge messen. In Proportion zu ihrer jeweiligen Wirbelsäule besitzen alle Menschenaffen kürzere Beine. So beträgt dieser Index beim Gorilla 124 und beim Gemeinen Schimpansen 128.[82] Es ist interessant, dass die Menschenaffen trotz ihrer im Knöchelgang so tiefen

Hüften und zur Schulter aufsteigenden Wirbelsäule in Wahrheit proportional gar keine kurzen Beine besitzen. Ihre Hinterextremitäten sind nämlich proportional deutlich länger als jene der zu einem guten Teil auf dem Boden lebenden Hundsaffen wie beispielsweise den Grünen Meerkatzen oder dem Mantelpavian mit einem Index von etwa 100. Es scheint, dass alle die Menschenaffen, wahrscheinlich genau wie unsere eigenen Vorfahren, in der Evolution einen proportional etwas kürzeren Rumpf erworben haben und relativ etwas längere Beine zum Gehen als auch verhältnismäßig etwas längere Arme, die sie zum Klettern gut brauchen konnten.

Bei den Schimpansen sind die Beine übrigens auch genügend lang geblieben, um deren lustig anzusehenden ‹Seitengalopp› zu erlauben, bei dem, genau wie bei Dackeln, nicht beide Füße außen an den Händen vorbeigeführt werden. Bei ihnen greift ein Fuß auf der Daumenseite, also innen, nach vorne, während der andere an der Ellenseite, also außen, den Fuß nach vorne führt. Dieser schief anzusehende Galopp der Schimpansen dürfte nach unterschiedlichen Berichten grob ungefähr so schnell sein, wie auch ein Mensch sprinten kann. Daher ist die relativ geringere Länge ihrer Beine nicht unbedingt ein Handicap, das ihn am schnellen Sprint hindert, beispielsweise zum Kampf oder zur Flucht. Andererseits sind kurze Beine natürlich recht unvorteilhaft für alle Formen des gewohnheitsmäßig aufrechten, zweifüßigen Gangs,[160] besonders aber zum Wandern über lange Strecken und zum Dauerlauf.

Kapitel 6
Eine Wirbelsäule alten Baujahrs

Wie viele Muskeln tragen einen Koffer?

Alle unsere tagtäglichen Bewegungen werden weit gehend automatisch gesteuert und koordiniert. Tragen wir einen Koffer, so ziehen wir ihn natürlich mit den Fingern nach oben. Aber wir müssen das Gewicht des Gepäckstücks mit unseren Füßen, also als Druck, auf den Boden übertragen. Bei dieser einfachen Funktion wechseln Zug und Druck in einem ausgeklügelten System häufig miteinander ab. Um viele der hier behandelten Fragen leichter zu verstehen, lohnt sich einmal ein Blick in einfache, aber ganz fundamentale biomechanische Überlegungen.

Wann immer wir über Bewegungen und deren Abfolgen nachdenken müssen, laufen die Bewegungen zunächst langsam und fehlerhaft ab, und sie müssen oftmals mühsam erlernt werden. Dies gilt vom Zuknöpfen des Hemdes bis hin zum Tennisspielen oder Autofahren. Ganze Berufsstände von Tanzlehrern, Skilehrern, Fahrlehrern und so weiter bringen uns in erster Linie koordinierte Bewegungsabläufe bei. Die früh im Leben erlernten Schritte gehen dagegen wie von selbst. Dabei verlangen diese ersten einfachen Schritte eine erstaunlich komplizierte Steuerung durch Nerven und Muskeln.

Wenn ein Affe oder ein Mensch geht, gleichgültig ob vier- oder zweifüßig, sind viele Muskeln des Körpers beteiligt. Hiervon auszunehmen sind fast nur ein paar Muskeln im Ohr, ein paar für den Schluckakt und die Stimmbildung sowie einige für die Mimik. Von den die Augen bewegenden Muskeln zur Orientierung während des Ganges bis hinab zu den kurzen Zehenbeugern auf der Fußsohle sind größenordnungsmäßig zweihundert einzelne Muskeln an einem normalen Gang zwangsläufig bei jedem Schritt beteiligt. Medizin- oder Biologiestudenten müssen diese Muskeln und ihre Anatomie mühevoll auswendig lernen, während jedermann sie alle sinnvoll koordiniert einsetzt, ohne von ihrer Existenz überhaupt zu wissen. Hierfür sind erstaunliche Koordinationen nötig, zum Beispiel welche Muskeln sich beteiligen sollen, wann ihr exakter Aktivitätseinsatz erfolgt, wie lange sie sich kontrahieren und dann wieder entspannen, und mit welchem Kraftaufwand sie an der

Aktion teilnehmen sollen. Dies erfordert äußerst komplizierte Leistungen von der Großhirnrinde, dem Mittel- und dem Kleinhirn sowie von einigen Rückenmarksreflexen, deren Zusammenspiel schwierig genug ist.

Mit der Hirnrinde unseres Endhirns steuern wir den bewussten Teil des Gehens. Hinzu kommen Regelungen des Kleinhirns, die insbesondere «ausrechnen», welche Beteiligung eines bestimmten Muskels an einer geplanten Bewegung mit welcher Intensität wann und wie lange nötig ist, damit die Gesamtheit der Bewegung klappt. Ferner soll bei der Beugung eines Gelenkes der entgegenwirkende Streckermuskel nicht mit seiner normalen Ruhespannung gegen den Zug des Beugers wirken. Dies würde unnötig Kraft kosten. Außerdem wird der Strecker daran gehindert, einem Reflex folgend gegen einen plötzlichen Zug sich selbst ruckartig anzuspannen. Diese so genannte *Antagonistenhemmung* erfolgt wieder in einem anderen Bereich des Zentralnervensystems, nämlich als eine von vielen weiteren Funktionen im Mittelhirn. Wie viele solche komplexen Berechnungen für wie viele einzelne Muskeln dabei blitzschnell nötig sind, wird in den nächsten Absätzen sicher wenigstens zum Teil deutlich. Doch wollen wir uns in aller Kürze mit den Muskeln und dem Übertragungsweg der Kraft im Körper befassen, der für eine einfache Handlung nötig ist. Als Beispiel habe ich also das Tragen einer Aktenmappe oder eines Köfferchens gewählt.

Die Aktenmappe hängt mit ihrem Griff an den Handinnenseiten der vier tragenden Finger. Ihr Gewicht lastet auf den Fingern und gleichzeitig auch auf der Fußsohle, denn wenn wir auf einer Waage stehen, wird ihr Gewicht zusätzlich mitgewogen. Es stellen sich also die beiden Fragen, welche Muskeln die Mappe tragen und auf welchem Wege der Kraftleitung das Gewicht von den Fingern zur Fußsohle und auf den Untergrund gelangt. Natürlich ziehen die Sehnen der die Finger beugenden Muskeln an den Endgliedern der Finger, aber auch die anderen das Handgelenk beugenden Muskeln stehen unter erhöhtem Tonus. Der Sehnenzug presst sowohl die Fingergelenke als auch jene der Mittelhand und des Handgelenkes zusammen, denn die Muskeln entspringen überwiegend am Unterarm sowie am Unterende des Oberarmknochens und ziehen von dorther mit ihren Hauptkomponenten in Richtung der Knochenlängsachsen. Während die Muskeln ihren Zug auf die Sehnen übertragen, entwickeln Letztere durch ihren Zug Druckbelastung in den Gelenken zwischen den Knochen und in den Knochen selbst.

Die das Handgelenk bei dieser Tätigkeit weit gehend stabilisierende Muskulatur überspringt das Ellenbogengelenk, denn sie hat ihren Ursprung am Oberarmknochen. Der Musculus biceps brachii, landläufig kurz als Bizeps bezeichnet, beugt beim Tragen leicht das Ellenbogengelenk, zieht also am Unterarm, an dem das Gewicht hängt, und reicht selbst zum Oberarmknochen und zum Schulterblatt hinauf. Bei jedem Schritt, den wir mit der schweren Mappe gehen, stabilisieren hier eine ganze Reihe von Schultermuskeln und sorgen für notwendige kleine Ausgleichsbewegungen. Es muss vor allem verhindert werden, dass die Schulter vom Gewicht hinabgezogen wird. Dies geschieht durch den absteigenden Teil des Trapezmuskels, der im oberen Halsbereich, in seiner tragenden Funktion aber vor allem am Hinterhaupt entspringt und, wie soeben angedeutet, hinabreicht zur Schulter, die er hochzieht und festhält. Dieser Muskelwulst, den man sich beispielsweise nach längeren Autofahrten so gern massieren lässt, hängt demzufolge das Gewicht der Aktenmappe vor allem am Hinterhaupt, also an unserem Schädel, auf. Wenn man einen schweren Koffer trägt, entwickelt dessen Gewicht dort einen enormen Zug. Dass das Tragen eines kleinen Koffers wahre ‹Kopfarbeit› ist, macht sich kaum jemand klar.

Der beispielsweise in der rechten Hand getragene Koffer würde über diesen Muskelzug nun ein Abkippen des Kopfes und des Halses auf die rechte Seite bewirken. Dem wird durch viele Muskeln auf der linken Seite der Halswirbelsäule entgegengewirkt. Aber die Steigerung des Tonus der linken Hals- und Schultermuskulatur wird auch dadurch erkennbar, dass bei schwereren, in der Hand getragenen Lasten der freie Arm durch diese allgemein erhöhte Muskelspannung im Hals- und Schulterbereich vom Körper abgespreizt wird. Überhaupt: Wer eine Last rechts trägt, muss sich nach links lehnen, um nicht umzufallen. Da bei nach links geneigter Wirbelsäule und Becken das rechte Bein «zu kurz» wird, lastet das Gesamtgewicht dann auch mehr auf dem linken als auf dem rechten Fuß. Aber die Kraftübertragung vom Halsbereich auf den Fuß ist noch gar nicht erfolgt. Um dorthin zu gelangen, war zuerst der weit gehend durch Zugkräfte bestimmte Anteil hinauf zum Schädel notwendig.

Nun aber wirken die vielen vornehmlich in Richtung der Wirbelsäule ziehenden, stabilisierenden Muskeln des Rückens. Sonst würde dieser gelenkige Stab sich verbiegen, und wir würden umkippen. Sie setzen die Wirbelsäule mit ihrem Zug unter enormen Druck, der vom Kopf her mit zunehmender Körpermasse nach unten hin zunimmt. Dieser Druck wird von der Wirbelsäule über den Beckenring im Hüftgelenk auf das Bein übertragen. Die Druckbelastungen im Hüftgelenk führen mit zunehmendem Alter häufig zu deutlichen Verschleißerscheinungen. Nun würde die Last zu einem Einknicken der Gliedmaßen führen. Damit dies nicht geschieht, ziehen besonders die streckenden Muskeln im Hüftgelenk, vor allem also die Gesäßmuskeln, sowie im Kniegelenk die Streckmuskeln auf der Vorderseite des Oberschenkels. Sie sorgen dafür, dass wir mit der Aktenmappe nicht hinstürzen. Aber auch die übrigen Hüft-, Kniegelenks- und Sprunggelenksmuskeln helfen mit, den Körper mit der Mappe auf dem Fuß zu balancieren. Schließlich sind noch die Zehenbeuger mit von der Partie, die zum Teil recht kräftig, dabei aber gleichzeitig fein dosiert die Zehen im Schuh auf die Unterlage pressen.

Nach dem durch Zugkräfte dominierten Funktionsbereich von den Fingern aufwärts zum Schädel herrschen also bis zur Kraftübertragung auf den Boden Druckkräfte vor, auch wenn die Muskeln natürlich nur ziehen können. Im Körper jedoch werden nach dem durch Knochen aufzunehmenden Druck letztlich alle hier erwähnten Belastungen wieder in Zugform moduliert und als Zug aufgefangen. Zwei Beispiele sollen hier angeführt werden. In der Wirbelsäule drücken die Wirbelkörper auf die weich-elastischen Zwischenwirbel- oder auch Bandscheiben. Diese tragen ihren deutschen Namen, weil sie von einem zähen, ringförmigen Band manschettiert sind. Der Druck quetscht die Bandscheibenmasse auseinander, so dass diese zwischen den Wirbeln ringsum hervorquellen würde. Auf diese Weise spannt der Druck den Ring, dessen Fasern unter starken Zug geraten und die Bandscheiben festhalten.

Das zweite Beispiel betrifft die Fußsohle. In ihrem Gewebe summieren sich beim Stand die Gewichte der Körpermasse und jener der Aktenmappe. Die Fußsohle wirkt also in der Hauptsache als Druckpolster. In ihren kleinräumig, durch feine, aber derbe Septen getrennten Fettgewebsportionen befinden sich Zellen, die das so genannte Baufett bilden. Die einzelnen Zellen werden von einem Netz zugfester und elastischer Fibrillen netzartig umgeben. Zwängt man einen Ball in ein ihm dicht anliegendes Netz und bläst den Ball dann weiter auf, so wird dieser erst bei deutlich höherem Druck platzen als ohne ein solches Netz. Durch ihre Zugfestigkeit sichern die Gitternetze feinster Fasern das Gewebe. Auch hier ist also Reißfestigkeit, nicht Druckresistenz, die letzte Instanz.

Nach obiger Schilderung wird man sich fragen, welche Muskeln denn beim Tragen der Aktenmappe *nicht* beteiligt werden. Diese Frage ist durchaus berechtigt, denn im ganzen Körper werden durch ein solches exzentrisches Gewicht viele verschiedene Muskelleistungen gefordert. Nur die linken Finger und Unterarmmuskeln werden beim Tragen auf der rechten Seite praktisch nicht beansprucht – was andererseits nicht zu der fälschlichen Vermutung verleiten darf, deren Muskeltonus wäre unverändert schlaff. Die oben erwähnten Berechnungen des Kleinhirns beispielsweise müssen also die auf wenige Millisekunden genauen Abstimmungen von größenordnungsmäßig über zweihundert Muskeln mit ihrem jeweiligen Einsatz, der Stärke und Dauer ihres Beitrages gewährleisten, um nur einige der vielen übrigen Leistungen zu erwähnen.

In unserem Zusammenhang ist dieser einfache und doch erstaunliche Ausflug in die Anatomie von großer Bedeutung. Wenn ein Schimpanse beispielsweise ein Nahrungsstück beim vierfüßigen Knöchelgang in der Hand hält, wird er kaum andere Muskeln bewegen als ohne die Frucht. Kleine Kinder werden am Bauch, mit einer Hand oder auf dem Rücken getragen. Sobald sie ein nennenswertes Gewicht erreicht haben, tollen sie lieber selbst umher. Wenn aber ein aufrechter Hominide in der frühen Evolutionsphase unserer Entstehung plötzlich auch nur eine kleine bis mittlere Last trägt, beispielsweise einen Säugling von nur sechs Kilogramm Masse, muss er plötzlich eine riesige Anzahl von Muskeln so grundlegend anders und auch stärker belasten und überdies mit einer höchst aufwendigen Koordination. Eine solche Umstellung ist gewaltig. Auch aus diesem Grund müssen die Auslöser für den Erwerb des aufrechten Gangs einschneidend gewesen sein. Sie müssen für diejenigen Individuen, die nicht auf zwei Beinen standen und gingen, von großem Nachteil gewesen sein. In der Evolution bestehen solche Nachteile grundsätzlich und immer letztlich in der Anzahl erwachsener Nachkommen in der nachfolgenden Generation.

Das Hohlkreuz der Tanzaffen

In fast allen anatomischen Abhandlungen und Untersuchungen, die dieses Thema behandeln, wird der Hohlrücken in der Lendenregion, das umgangssprachliche «Hohlkreuz», als eines der anatomischen Merkmale des Menschen für seine aufrechte Haltung und seinen aufrechten Gang angeführt. In einem ausgezeichneten Lehrbuch der Anatomie, das ich oft zur Hand nehme, steht der Satz: «Die Wirbelsäule besitzt eine Eigengestalt, deren doppelt S-förmige Krümmung durch das Gewicht der Rumpfmasse und den Tonus der Muskeln verstärkt wird»,[173] oder: «So ist die Eigengestalt der menschlichen Wirbelsäule ein doppeltes S, das um die Schwerpunktlinie hin- und herschwingt.»[174] Im Gegensatz dazu sei die Wirbelsäule der Affen, insbesondere die unserer nächsten knöchelgehenden Verwandten, wie beispielsweise Zwergschimpansen oder Gorillas, bogenförmig gekrümmt. Im Gegensatz zu dieser allgemein verbreiteten und als Tatsache geschilderten Annahme will ich hier zeigen, dass unsere Wirbelsäule überhaupt keine doppelt S-förmige Eigengestalt aufweist und dass dies deshalb auch nicht eine der durch unser Erbgut bestimmten anatomischen Grundstrukturen unserer aufrechten Haltung sein kann. Diese Form der Wirbelsäule hat ihre heutige Gestalt nicht durch Mutationen von Genen und natürliche Selektion in der Evolution erworben, wie es mit unserer gesamten übrigen Anatomie geschehen ist, von der Achillessehne bis zum Zwölffingerdarm. Die menschentypische so genannte *Kurvatur des Rückgrates* hat eine völlig andere Ursache.

Bei der Betrachtung der Armlänge war bereits aufgefallen, dass der Mensch im Vergleich zur Wirbelsäule längere Arme besitzt als die vierfüßig am Boden lebenden Makaken oder Paviane. Da die sich öfter an senkrechten Stämmen auf und ab bewegenden Schimpansen auch längere Arme besitzen, könnte deren Länge für schnelles und sicheres senkrechtes Klettern an senkrechten Baumstämmen sprechen und auf gleiche Weise in unserer Vorfahrenschaft erworben worden sein.

Beim Klettern an senkrechten Stämmen nehmen Schimpansen eine gegenüber dem Boden aufrechte Haltung ein. Diese Aufrichtung geht aber nicht mit einem Hohlrücken einher, wie er bei uns vorhanden ist. Zu einem entscheidenden Teil liegt dies mit daran, dass Schimpansen den Baumstamm an den Armen hängend nicht hinaufklettern, sondern hinaufgehen. Die Beine werden also vor dem Bauch auf den Baumstamm gesetzt; die Hüftgelenke werden bei dieser Gangart nicht gestreckt. Der Hohlrücken in der Lendenregion ist zunächst, und dies wird in Lehrbüchern meist richtig geschildert, eine passive Folge der Streckung im Hüftgelenk, wie sie beim aufrechten bipeden Stand vorliegt. Menschliche Säuglinge haben in entspannter Haltung eine bogenartig gekrümmte Brust- und Lendenwirbelsäule. Dies erinnert zunächst grob an Verhältnisse beispielsweise bei Schimpansen, und niemand wird daran zweifeln, dass die Gestalt unserer Wirbelsäule uns genetisch mitgegeben wurde.

Wenn ein einjähriges Kind sitzt, die Hüftgelenke also gebeugt hält, hat sich daran nichts geändert; die Wirbelsäule ist weiterhin leicht bogenförmig gekrümmt. Sobald es aber aufsteht, weil es in diesem Alter etwa zu gehen lernt, erwirbt es das für den aufrechten Menschen typische Hohlkreuz.[166] Wenn der Oberschenkelknochen oder *Femur* nach unten geklappt wird, wie es bei aufrechter Haltung notwendig ist, zieht die vordere Wand der Kapsel des Hüftgelenkes am gesamten Becken und kippt es nach vorne. Dieses Band in der Gelenkkapsel zieht vom Darmbein zum Femur. Es ist das stärkste Band des ganzen menschlichen Körpers. Nun stellt sich die Frage, wie die Gestalt der Wirbelsäule eines Affen beschaffen wäre, wenn er sich ebenso bewegen würde. Diese Überlegung führte zu folgender Untersuchung.

In Japan gibt es Straßenmusikanten, die einen kleinen Makaken mit sich führen und ihn gegen Geld zu Musik tanzen lassen. Diese Musikanten sind eine kulturelle Institution. Ihre Affen sind Freunde ihres Halters, beide wachen und schlafen zusammen. Von klein auf werden die Affen dazu erzogen, für die späteren Tanzaufführungen auf zwei Beinen zu laufen. Später dürfen sie nur noch biped stehen und gehen, und sie werden bestraft, wenn sie dies vergessen und wieder auf allen Vieren ertappt werden. Ein deutsch-japanisches Forscherteam hat nun diese Tanzaffen stehend und aufrecht sitzend geröntgt. Und das Erstaunen war groß: Die Japanischen Rotgesichtsmakaken haben eine doppelt S-förmig gekrümmte Wirbelsäule wie ein Mensch. Im Sitzen flacht sie sich ähnlich weit ab, wie dies bei einem sitzenden Menschen geschieht.[161, 171] Hierdurch angeregt, wurde ich aufmerksam und fand, dass auch bei aufrecht stehenden Gorillas ein Hohlrücken beobachtet werden kann.[168]

Vor längerer Zeit besuchte ich einmal ein Behindertenheim, in dem auch bettlägerige Menschen lebten, deren Handikap sie daran hinderte, jemals stehen und gehen zu lernen. Das angeborene Handicap betraf zumeist das Nervensystem, während das Skelett von Rumpf, Armen und Beinen durchaus normal und wie bei einem Gesunden gestaltet zu sein schien. Schon damals war mir aufgefallen, dass jene Menschen keine Einwärtskrümmung des Rückgrates in der Lendenregion aufwiesen. Aber es fiel mir wie Schuppen von den Augen, als ich eines Tages in einer Bildreportage ein Foto von einem schlafenden Astronauten sah. Bei abgesenkter Ruhespannung der Muskeln nahmen seine Gelenke Mittelstellungen ein, so wie wir auch auf der Seite liegend mit leicht angewinkelten Beinen schlafen. Die entspannte Wirbelsäule in der Schwerelosigkeit des Raumes nahm ihre Eigengestalt an – ohne eine doppelte S-Krümmung und lediglich leicht gebogen, ganz genauso, wie es bei einem Schimpansen oder Gorilla zu beobachten ist.

Aus den eben geschilderten Beobachtungen kann man zweifelsfrei schließen, dass die Gestalt unserer Wirbelsäule mit ihrer typischen Krümmung im Lendenbereich keine genetisch bedingte anatomische Anpassung an aufrechte Haltung und bipeden Gang ist. Trotzdem gibt es natürlich Gene für den aufrechten Gang. Offenbar existiert jedoch kein Erbgut für eine doppelt S-förmige Wirbelsäule, denn diese Doppelkrümmung erscheint passiv als Folge der Schwerkraft und der Muskelverspannungen, welche die Wirbelsäule ähnlich stabilisieren, wie die Takelage den Mast eines Segelbootes verspannt. Der Hohlrücken entsteht bei aufrecht stehenden Makaken ebenso passiv, wie er in völlig gleicher Weise beim Menschen gebildet wird.[167]

Dies hat eine interessante, weit reichende Konsequenz für das Alltagsleben unzähliger Menschen. Eine Struktur, für die keine Gene vorhanden sind, kann auch nicht durch die Evolution optimiert werden. Denn wenn eine Minderfunktion erblich bedingt dazu führen könnte, dass ein Individuum weniger Nachkommen hätte, würden jene mit den besseren Genen relativ mehr Nachkommen erzeugen, bis eine Optimierung der Wirbelsäule erreicht wäre. Aber ein hoher Prozentsatz in allen Bevölkerungen der Welt leidet unter Rückenschmerzen. Manche müssen sich sogar schon in jüngeren Jahren schonen. In fortgeschrittenem Alter bewirken diese Druckkräfte bei vielen Menschen innere Verletzungen an den

Wirbeln bis hin zum Einbrechen ganzer Wirbelkörper. Auch die eben gerade behandelten Zwischenwirbelscheiben oder Bandscheiben halten besonders im Lendenbereich den Druckbelastungen durch das auf ihnen lastende Gewicht nicht immer stand. Wenn der sie wie eine Manschette umgreifende Faserring aus äußerst reißfesten Kollagenfasern doch einmal überbeansprucht wird, quillt der ausgequetschte Gallertkern hervor; der Betroffene hat einen so genannten Bandscheibenvorfall erlitten. Auch in dieser Hinsicht sind wir anatomisch noch nicht an die Schwerkraftsbelastung durch die aufrechte Haltung angepasst.

Obwohl dies so viele Menschen betrifft, ist noch keine genetisch-anatomische Anpassung unserer Wirbelsäule erfolgt. Einfach gesagt, kann die Evolution nicht durch Auslese etwas verbessern, weil nichts da ist, was selektiert werden könnte. Auch im Mittelalter beispielsweise litten die Menschen besonders häufig an Erkrankungen der Wirbelsäule, die vornehmlich durch erhöhte Belastungen bedingt waren. An mittelalterlichen Skeletten fanden wir, dass die degenerativen Erkrankungen der Wirbelsäule häufiger vorkamen als alle anderen Krankheiten, die sich an den Knochen heute noch feststellen lassen.[162]

Schlangen schlängeln, Delfine und Menschen galoppieren

Die Biegsamkeit der Wirbelsäule zu einem Hohlrücken im Lendenbereich, wie es bei den Primaten einschließlich dem Menschen möglich ist, ist keineswegs selbstverständlich. Die Evolution der hierfür notwendigen Gelenke an den Wirbelkörpern hat eine Geschichte, die mittlerweile über vierhundert Millionen Jahre andauert. Ohne diese Entwicklung wäre die Evolution der menschlichen Aufrichtung unmöglich gewesen oder hätte zumindest völlig anders ablaufen müssen.

Fische besitzen eine senkrecht gestellte Schwanzflosse. Für ihren Vorwärtsantrieb führen sie seitwärts auslenkende Bewegungen mit der Wirbelsäule aus. Dies ist so seit Entstehung der ersten Fische und hat sich bei ihnen bis heute so erhalten. Als sich dann die ersten Wirbeltiere vor über vierhundert Millionen Jahren ans trockene Land wagten, machten sie weiterhin diese Bewegungen mit ihrem Rückgrat, fast als hätten sie weiterhin ihren Schwanz als Antrieb. Sie hatten zwar von der Evolution bereits Gliedmaßen verliehen bekommen, doch rutschten diese Landtiere unbeholfen und langsam auf dem Bauch. Sie klappten ihre Vorder-

und Hinterbeine an der Körperseite im Rhythmus der schlängelnden Bewegung hin und her und halfen so ein wenig, den Körper voranzuschieben. Diese Langsamkeit konnten sie sich leisten, denn sie waren ja die Pioniere am Ufer, und es gab daher natürlich keine Raubtiere, die ihnen hätten gefährlich werden können. Gegen solche Urtiere an Land mit Schneckentempo ist ein heutiger Salamander fast schon ein Windhund. Aber auch wenn dies etwas übertrieben sein sollte, macht es doch klar, dass auch die Lurche ihre, wenn auch bescheidene Weiterentwicklung durchgemacht haben.

Jedenfalls benutzten und benutzen viele Kriechtiere noch heute diese seitlichen Ausschläge der Wirbelsäule zu ihrer Fortbewegung, so beispielsweise die Krokodile beim langsamen Gang an Land, besonders aber wenn sie schwimmen. Denn dann läuft die seitliche Auslenkung als Welle bis zur Schwanzspitze durch das gesamte Achsenskelett. Schlangen nutzen für ihre spezialisierte Fortbewegung ohne jegliche Gliedmaßen zum Teil die alten, ursprünglichen Gene, welche die Gelenke zwischen den Wirbeln für die seitlichen, eben die schlängelnden Bewegungen realisieren. Der Bau ihrer Wirbel ist trotz einer ganzen Reihe von evolutiven Neuerungen in dieser Hinsicht primitiv geblieben, ebenso wie die Art der Bewegungskoordination. Hierfür brauchte sich seit dem Wasserleben der Fische im Erbgut nur wenig zu verändern. Auch Krokodile folgen, wie eben angedeutet, hinsichtlich der Bewegungen der Wirbelsäule und ihrer Gliedmaßen diesem Muster. Wenn sie jedoch vor einer Gefahr ins Wasser fliehen, stemmen sich sogar die schweren afrikanischen Krokodile beträchtlich vom Boden ab und rennen. Hierbei können sie die Vorder- und Hinterbeine weit an den Körper heranführen und in Laufrichtung bewegen. Sie heben und senken die krallenbewehrten Füße dann mehr, als dass sie sie seitlich vor- und zurückschwenken.

Hoch vom Boden abgestemmt gehen auch die riesigen Komodo-Warane von der kleinen indonesischen Sunda-Insel. Wenn sie gemütlich gehen, schwanken sie mit dem Körper auf die Seite des jeweiligen Standfußes. Sie können jedoch beachtliche Geschwindigkeiten erreichen und schwanken dann natürlich längst nicht so viel.[170] Wenige schnell laufende Eidechsen bilden insofern eine Ausnahme, als sie spezialisierte funktionelle Lösungen für die Art und Weise ihrer Fortbewegung evolviert haben. So rennen einige schnell auf zwei Beinen ins nächste Ver-

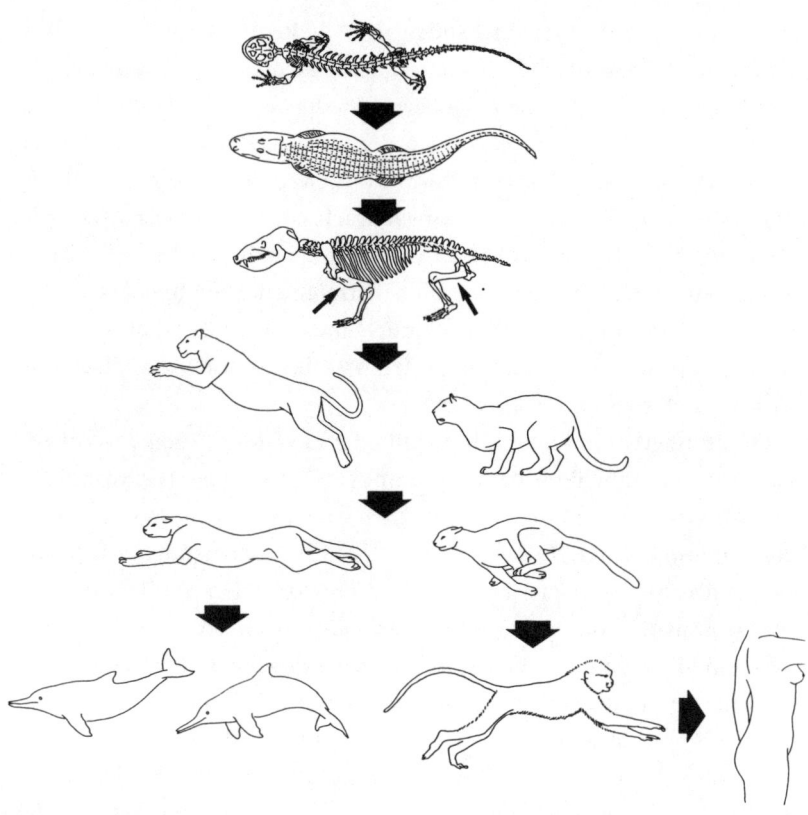

Bei der Fortbewegung eines Salamanders an Land bewegt sich die Wirbelsäule des Amphibs mit seitlichen Biegungen ähnlich wie jene eines Fisches. Auch bei vielen Reptilien hat die Wirbelsäule diese seitlich auslenkenden Gelenke beibehalten, wie hier beim schwimmenden Krokodil. Beim vor rund 230 Millionen Jahren im Zeitalter des Perm lebenden Cynodontier *Diademodon*† , der zu den Ursäugetieren gerechnet wird, stemmten die Beine den Körper hoch; sie pendelten in der Fortbewegungsrichtung unter dem Körper, was recht große Geschwindigkeiten gestattet. Aus verschiedenen Gründen war es günstig, die Biegsamkeit der Wirbelsäule zu erweitern: Die Evolution schuf im Laufe der Zeit Gelenke, die ein Hohlkreuz und einen Rundrücken erlaubten, so, wie es bei der Löwin und dem Geparden zu erkennen ist. Die Vorfahren der heutigen Wale waren räuberisch lebende, landbewohnende Urhuftiere. Wale und Delfine besitzen eine horizontal gestaltete Fluke, weil ihre Wirbelsäule gewissermaßen im Wasser ohne Beine weitergaloppiert. Auch die äffischen Vorfahren des Menschen konnten zweifellos galoppieren. Der Hohlrücken des aufrecht stehenden Menschen nimmt diese Position ständig ein; wie man an aufrecht gehenden, trainierten Makaken sehen kann, ist der Hohlrücken im Stand eine passive Folge der Belastung in aufrechter Position. Vereinfachend kann man sagen, der Mensch kann nur deshalb gut aufrecht stehen und gehen, weil seine Vorfahren vierfüßig galoppieren konnten.

steck. Aber im Allgemeinen standen schnelle Reptilien im Erdmittelalter – und stammesgeschichtlich später auch Säugetiere – auf längeren Beinen höher über dem Boden. Sie bewegten die Gliedmaßen eher in Fortbewegungsrichtung unter ihrem Körper, als sie seitlich an ihm vorbeizuschwenken. Bei schneller vierfüßiger Fortbewegung wie einem schnellen Trab oder dem Galopp ist aber hinsichtlich der im Körper auftretenden Kräfte wichtig, dass starke Seitwärtsbewegungen der Wirbelsäule, wie sie beim Schlängeln auftreten, bei solchen Tieren eher ungünstig sein dürften. Die Bewegungen werden nämlich umso weniger ökonomisch, je weniger «rund» sie sind, je mehr Teilmassen nun unter dem laufenden Körper auch seitlich schwingen.[165]

Dies hinderte ein fliehendes Reptil oder ein frühes Säugetier mit einiger Wahrscheinlichkeit daran, die notwendige Spitzengeschwindigkeit für eine erfolgreiche Flucht zu erreichen. Hier ergab sich also ein neuartiger Funktionsdruck. Er selektierte gelegentlich aber immer wieder einmal Individuen mit zu stark seitlich schwingenden Wirbelsäulen aus und begünstigte die Entstehung von Gelenken zwischen den einzelnen Wirbeln, die Biegungen in Körperrichtung (also die Bildung eines Rundrückens und eines Hohlrückens) etwas mehr erlaubten als zuvor. Diese in der Evolution neu «erfundenen» Gelenke erlaubten nun den beutegreifenden Tieren, aus geduckter Haltung mit rundem, vorgespanntem Rücken einen kräftigen Beutesprung auszuführen. Auch gestattet es dem galoppierenden Tier, bei maximaler Rundbiegung mit den Hinterfüßen weit an den Vorderfüßen vorbeizugreifen und längere Galoppschritte auszuführen. Gleiches gilt für das Hohlkreuz im Galopp, denn hierbei können sich die Hinterbeine weit strecken, und die Vorderfüße können nun ihrerseits weit gestreckt vorgreifen.

Um wissenschaftlich korrekt zu sein, muss ergänzt werden, dass die Bildung eines Rundrückens mit den hierfür geeigneten Gelenken auch mit dem Wärmehaushalt der Tiere etwas zu tun haben könnte. Jene Theorie besagt, ein solches Sich-Einkringeln zur Energieersparnis während des Schlafes sei ein wesentlicher Grund für den stammesgeschichtlichen Erwerb einer solchen Körperhaltung. Dies mag alles sein, aber es behindert meiner Ansicht nach überhaupt nicht den oben erläuterten Gedankengang hinsichtlich des Rundrückens beim Galopp. Es soll hier nur klargestellt werden, dass nicht der Erwerb der für den Beutesprung notwendigen Funktionen das wirklich erste auslösende Moment gewesen zu sein braucht.

Diese konstruktiv grundlegenden Veränderungen im Bauplan jedes einzelnen Wirbels dauerten natürlich viele Millionen Jahre. Selbstredend wurde der Galopp als Fortbewegungsart später erworben als der vierfüßige Gang. Bei bestimmten Krokodilarten werden selten und nur ganz kurze Galoppschritte beobachtet; Zeitlupenaufnahmen offenbaren in solchen Situationen, dass, zumindest bei einer Krokodilart, ein ganz geringfügiger, kaum angedeuteter Rundrücken zu sehen ist, aber überhaupt kein Hohlrücken.[172] Wenn diese Bewegungsform bei sich schnell bewegenden Krokodilen in einigen Merkmalen zu beobachten ist, so stellt sich die Frage, ob diese recht urtümliche Reptiliengruppe sie bei einigen ihrer Vertreter getrennt von der zu den Säugetieren führenden Linie noch ein zweites Mal erworben hat oder ob es ein frühes, gewissermaßen stammesgeschichtlich konserviertes Übergangsstadium zu galoppierender Fortbewegung darstellt.

Vor gut 200 Millionen Jahren, im Erdzeitalter der Trias, lebte eine den Ursäugetieren nahe stehende Gruppe, die *Cynodontia*. Beim Betrachten eines Dias, das die Rekonstruktion des fossilen Skelettes eines solchen Cynodontiers zeigte, fiel mir zunächst auf, wie hoch vom Boden abgehoben diese Tiere bereits gingen. Offenbar schwenkten die Cynodontia die Gliedmaßen beim Gehen in Körperrichtung vor und zurück und nicht seitwärts am Körper vorbei.[175] Dann bemerkte ich bei dem Skelett, dass dieser frühe, bodenlebende, hinsichtlich seiner Fortbewegung wohl recht unspezialisierte Vierfüßer im Vergleich zum Oberschenkelknochen einen viel massiveren Oberarmknochen besaß. «Also auch damals schon!», dachte ich. Dies mag sicher als ein starker Beleg dafür gelten, dass die Dominanz der Vordergliedmaßen und die auf ihnen lastenden höheren Kräfte bei bodenlebenden Säugetieren mindestens so alt sind oder sogar älter als die Stammesgeschichte der Säugetiere selbst.

Gut zwanzig weitere solche Cynodontier sind genügend gut fossil dokumentiert, um die Gliedmaßen verlässlich zu rekonstruieren. Es gibt aber keine einzige Ausnahme: Die Dominanz der Vorderextremitäten war also auch schon bei diesen allerersten Ursäugetieren oder ihren direkten Vorfahren mindestens die Regel und ist offenbar eines ihrer feststehenden Kennzeichen.

Für eine schnellere Fortbewegung an Land gab es eine ganze Reihe von Gründen. Die erfolgreiche Flucht vor einem Fressfeind ist nur einer von vielen Selektionswerten. Sogar die im Wasser so schnell dahinschießenden und wendig spielenden Ohrenrobben (Seelöwen und Seebären) haben sich die Fähigkeit bewahrt, an Land zu galoppieren. Vorne stützen sie sich dabei auf die flossenartigen Hände, genauer gesagt auf den Bereich ihrer Fingerflossen. Hinten ruhen sie auf dem ganzen Fuß, wobei aber die Hauptlast von den Fersen getragen wird. Dazu folgende Episode von einer Reise in die Antarktis.

Vor einer kleinen, Südgeorgien vorgelagerten Insel hatten wir geankert, um dort Sturmvögel und Wanderalbatrosse zu beobachten. Einer der mit uns reisenden Ornithologen war heute der Bootsführer und wies uns ein: «Wir halten zwar zehn Meter Mindestabstand von den Robben, aber seid trotzdem auf der Hut. Wenn die Bullen der Seebären meinen, sie müssten ihren Harem gegen einen Eindringling verteidigen, können sie erstaunlich schnell galoppieren.» Mir hatte ein russischer Forscher erzählt, dass einem unvorsichtigen Kollegen beide Unterarmknochen in der Mitte durchgebissen worden waren. Der Ornithologe drückte mir ein Notruder unseres Schlauchbootes in die Hand: «Hier, damit du ihn schubsen kannst», sagte er grinsend, «und wenn einer vor dir steht, weiche nie rückwärts gehend aus. Du fällst dann nämlich rückwärts über eine Seebärenkuh; du liegst am Boden und hast es ab sofort mit zwei dir unfreundlich gesinnten Seebären zu tun», meinte er, und sein Grinsen wurde vergnüglich breiter. Ein wenig ungläubig nahm ich das Ruder.

Wir waren erst zwei Minuten zuvor angelandet, und ich hatte noch gar nicht die völlige Orientierung über die Positionen der einzelnen Robben, als ich hinter mir den Strandkies aufspritzen hörte. Im tiefen Geröll konnte ich in Gummistiefeln nicht so ohne weiteres durchstarten. So blieb mir nichts übrig, als dem Seebärenbullen das Ruder an meiner statt anzubieten. Ein Stups damit gab mir etwas Zeitgewinn, und eine schnell ergriffene Handvoll kleiner Kieselsteine gegen seine Brust geworfen, irritierte ihn effektvoll genug, so dass ich mich zurückziehen konnte. Gottlob beachtete ich dabei noch den Rat, nie rückwärts zu gehen, denn tatsächlich lag wenige Meter weiter eine Kuh mit einem vielleicht zwei Tage alten Kälbchen ...

Seebären sind also wirklich in der Lage, recht flott zu galoppieren. Ob

Wale dies ebenfalls können? Die Frage erscheint absurd. Nun, die heutigen Wale sind Nachfahren von vor rund fünfzig Millionen Jahren an Land lebenden, fleischfressenden Huftieren. Diese längst ausgestorbenen Beutegreifer vermochten zum Zweck des Nahrungserwerbs schnell zu galoppieren und krümmten hierfür ihre Wirbelsäule im Bewegungsrhythmus abwechselnd konvex oder konkav in Körperrichtung durch. Genau diesen Wechsel von Hohlkreuz und Rundrücken führen aber Delfine und alle anderen Wale heute noch aus. Diese Bewegung ist der Grund, warum diese Tiergruppe bei der Eroberung des freien Wassers der Meere und großer Flüsse eine horizontale Fluke anstatt eines senkrecht gestellten Antriebsorgans neu evolviert haben: Im Wasser galoppiert die sich auf und ab bewegende Wirbelsäule gewissermaßen heute noch, wenn auch ohne die vormals vorhandenen Gliedmaßen.

Hätten die heutigen Fachleute auf dem Gebiet der Evolutionsforschung zur Zeit der unmittelbaren Vorläufer der Urwale gelebt, so hätten sie aus damaliger Sicht nie und nimmer gewagt, diese Evolution jener amphibisch lebenden Huftiere vorherzusagen. Wäre es nicht unsinnig erschienen, die Verkleinerung ihrer einwandfrei funktionierenden Hinterbeine bis zu deren völligem Verschwinden vorherzusagen? Mehr noch, es wäre wahrscheinlich lächerlich erschienen anzunehmen, sie würden erst die Hinterbeine verschwinden lassen, um dann in der Evolution einen kleinen Hautlappen am Schwanzende zu entwickeln, der zu einer metergroßen, bindegewebig versteiften Flosse heranwachsen und ihr hauptsächliches Fortbewegungsorgan werden sollte. Natürlich wäre niemand der Idee verfallen, die Fluke sei evolviert worden, weil die Wirbelsäule wegen der Anatomie ihrer Gelenke auch im Wasser lediglich für galoppierende Bewegungen gebaut war.

Der hier entwickelte Gedankengang bezieht sich aber prinzipiell auch auf die Evolution des Menschen. Der Mensch besitzt eine Wirbelsäule, die Hohl- und Rundrücken ermöglicht. Er hat sie in der Evolution von Affen vererbt bekommen, die galoppieren konnten, wie es die heutigen generellen Vierfüßer unter den Affen «affenartig schnell» vormachen können. Wir Menschen benutzen diese Beuge- und Streckgelenke der Wirbelsäule bei praktisch allen zweifüßig ausgeführten Verhaltensweisen. In der Evolution wurde also der für den aufrechten Stand und Gang unabdingbare Hohlrücken aber, wie wir nun wissen, primär für den Galopp und nicht für eine aufrechte Körperhaltung entwickelt. Es war gewissermaßen eine evolutive Option, eine Vorbedingung, ohne die unsere Aufrichtung zu bipeden Wesen nicht möglich gewesen wäre. Wir konnten also nur aufrechte Menschen werden, weil wir eine Wirbelsäule mit Gelenken für den Galopp besitzen. Der aufrechte Stand mit dem für uns typischen Hohlkreuz ist gewissermaßen eine «eingefrorene» Streckung im Galopp.

Das Wandern ist des Fußes Lust

Betrachtet man die Fußsohlen eines Gorillas, eines Schimpansen und eines Menschen nebeneinander, so erkennt man, dass der Fuß des Schimpansen eine recht kleine Sohlenfläche besitzt. Beim Gorilla und beim Menschen fallen die «Naturschuhe» eine Nummer größer aus. Für den Unterschied zwischen Schimpansen und Gorilla ist deren Gewicht verantwortlich; ein kräftiger Prachtkerl von Gorilla beispielsweise braucht für seine über 180 Kilogramm Körpermasse (beim Grauers Gorilla im Osten des Kongos bringen die Silberrücken auch ohne weiteres 200 Kilogramm auf die Waage) eben eine entsprechend größere Unterlage. Außerdem stützen sich diese Menschenaffen auch auf den Knöcheln der Finger ab. Diese Fläche muß man hinzuzählen. Trotzdem fällt die Standfläche des menschlichen Fußes im Vergleich erstaunlich groß aus.

Nun tendieren jene Tiere, die auf weichem Untergrund leben, dazu, in Anpassung an den Sumpf oder Schnee größere Füße zu evolvieren, um nicht einzusinken. Dies hat schon für die ausgestorbenen so genannten Pantopoden vor fünfzig Millionen Jahren gegolten, elefantengroße Urhuftiere, die an ein Leben in Sümpfen angepasst waren. Und es gilt noch heute, beispielsweise für Luchse, die für das Gehen und Laufen im Tiefschnee größere Tatzen besitzen als andere Katzen. Viele weitere Beispiele könnte man anführen, um zu zeigen, dass Tiere auf weichem Grund im Laufe der Evolution jeweils mit größerem Schuhwerk ausgestattet werden.

Größere Füße als nötig hat aber sicher kein Säugetier. Denn beim Gehen muss jedes Gramm des aufgesetzten, also stehenden Fußes auf eine den Körper überholende Geschwindigkeit beschleunigt und dann zum Aufsetzen wieder abgebremst werden. Ein höheres Gewicht des Fußes kostet unnötig Energie. Schlimmer aber ist, dass sich jedes überflüssige Gramm meßbar vermindernd auf die erreichbare Spitzengeschwindigkeit auswirkt. Jedes Tier mit etwas schwereren Füßen fällt also einem Raubfeind leichter zum Opfer als ein leichtfüßiges Individuum. Es gehört zum Sprinttraining, die hierfür nötigen Muskeln durch Gewichte an den Fußfesseln zu stärken. Sie brauchen nicht schwer zu sein, um sich geradezu quälend hinderlich bemerkbar zu machen. Na ja, Leistungssport hat ja nebenbei auch andere Ziele, als ausschließlich Spaß zu bereiten.

Der Mensch jedenfalls lebt auf ähnlich großem Fuß wie der Gorilla. Da er jedoch mit sechzig bis siebzig Kilogramm nur größenordnungsmäßig ein Drittel eines Silberrückens wiegt, hat er, wie oben bereits geschätzt, proportional ungleich größere Füße. Eigentlich könnte dies gar nicht sein, denn wir haben eben überlegt, daß jedes überflüssige Gramm als funktioneller Nachteil seiner Besitzer in der Evolution abgestraft wird. Da das Faktum aber unbestreitbar ist und alle Selektionswerte immer Kompromisse eingehen müssen (mit langen Beinen kann man schneller laufen, sich die langen Beine aber auch leichter brechen usw.), muß mindestens ein konkurrierender positiver Selektionswert auf unseren großen Pantinen gelegen haben.

Wie die Fußspuren von *Australopithecus afarensis* in der Vulkanasche von Laetoli zeigen, besaßen schon jene, noch nicht optimal an den aufrechten Gang angepassten Urmenschen bereits recht modern anmutende Sohlenflächen ihrer Füße. Diese Spuren stellen den ältesten richtigen Beweis dar, dass ‹Lucy› und ihre Verwandten wirklich aufrecht gingen. Nur die Wölbung des Fußskelettes war noch erheblich geringer ausgeprägt. Dieser weit fortgeschrittene Aufbau, die Gestalt und Größe der Sohlenfläche belegen, daß die wesentlichen Funktionsmerkmale hierfür bereits früher entstanden waren. Da für die Ausbildung einer derartigen Anatomie des Fußes in paläontologischen Maßstäben nur recht wenig Zeit seit der Trennung von den Schimpansen vergangen gewesen sein kann, muß es scharf einschneidende Selektionsfaktoren gegeben haben, die jenen ihre relativ großen Sohlenflächen beimaß. Mir fällt für jene afrikanischen Landschaften nur der Sumpf beziehungsweise das Flachwasser als Lebensraum ein, in dem solche großen Fußflächen vorteilhaft gewesen sein können. Alle anderen Lösungen kommen mir allzu unrealistisch vor. Zu den Spuren von Laetoli wurde die Meinung vertreten, sie wären nicht in trockene Vulkanasche, sondern in Schlamm, also in sumpfige Asche, getreten worden;[163] vielleicht kann man auch dies als einen Hinweis werten.

Sowohl in der Savanne als auch beim Sport sind Füße eigentlich für schnelles Laufen fast überflüssig. Optimierungsrechnungen der Sportforschungen besagen, dass der nach seinem Körperbau optimale Sprinter möglichst winzige Füße haben sollte. Die erste Schuhgröße für Einjährige zum Laufen-Lernen würde für den optimierten Sprinter von 1,90 Meter Körperhöhe völlig ausreichen.[169] Wenn wir also trotzdem größere Füße haben, so müßte hierfür mindestens ein zweiter Selektionswert maßgebend sein. Neben dem Waten im Flachwasser darf ein solcher, etwas groß geratener Fuß in der Savanne beim Wandern nicht hinderlich sein.

Denn die frühen Hominiden sind Wanderer geworden, und wir Menschen sind es bis heute geblieben. Beim langsamen Gehen treffen aber völlig andere funktionelle Bedürfnisse zu als bei der schnellen Flucht vor einem Raubtier: Beim Wandern hat's auch der Fuß nicht eilig! Das Vorschwingen des Spielbeines und des unbelasteten Fußes erfolgt zu einem ganz maßgeblichen Anteil mit außerordentlich geringer Muskelbeteiligung, weil das hinten lediglich leicht abgehobene Bein ohne Muskelkraft als Pendel nach vorne schwingen kann. Hierfür also stört es überhaupt nicht, wenn das Fußskelett eine proportional etwas zu große Sohlenfläche bedingt. Auch in dieser Hinsicht sind wir Generalisten geblieben. Was die Konstruktion unseres Fußes betrifft, finde ich, kann optimiertes Waten mit optimiertem Wandern durchaus einhergehen.

Jedenfalls ist unser Fuß anatomisch ausgezeichnet als Stand- und als Wanderfuß konzipiert. Zum Stehen hat er außer seiner wohlbemessenen Standfläche eine hervorragend abgefederte Bogenkonstruktion. Er ist nicht sehr leicht, aber darauf kommt es bei langsamer Fortbewegung nicht an, denn hierbei kann der Fuß mit dem Bein einfach pendeln, was äußerst Energie sparend abläuft. Watende Nahrungssuche im Wasser verlangt übrigens geradezu viel und langes Stehen, und man kann bei dieser Art der Nahrungsbeschaffung nur sehr langsam vorgehen.

Als Wanderfuß wurde dieses Gehwerkzeug an Land wahrscheinlich in vielen Generationen allmählich optimiert. Hierbei, so möchte ich hypothetisch vorschlagen, wurde die aus dem seichten Flachwasser mitgebrachte große Sohlenfläche erhalten. Die Längs- und Querwölbungen der Fußkonstruktion kamen hinzu und wurden im Verlauf des Evolutionsprozesses immer mehr den funktionellen Bedürfnissen angepasst.[168] Kein Wunder, dass die Gedankenwelt hinsichtlich der Evolution des menschlichen Fußes im wahrsten Wortsinne noch ein wenig hinkt oder lahmt. Selbst in führenden Lehrbüchern der Anatomie wird die Statik des Fußes noch falsch und mit einem fundamentalen Denkfehler bezeichnet.[164, 176, 177, 178]

Im Gegensatz zur weit verbreiteten Bezeichnung stellt der menschliche Fuß nämlich keine Gewölbekonstruktion dar. Die Längswölbung des Fußes – die man gut erkennt, wenn man mit nassen Füßen über einen Steinboden geht – beginnt hinten am Fersenbein. Das Sprungbein, welches oben mit dem Schienbein, unten mit weiteren Knochen der Fußwurzel gelenkig verbunden ist, befindet sich bereits an der Kuppe der Wölbung. Mit dem Kahnbein, dem medialen Keilbein und dem ersten Mittelfußknochen spannt sie sich weiter und erreicht den Boden wieder am Großzehenballen, also am Grundgelenk des ersten Zehs. Würde es sich um ein Gewölbe handeln, wären verspannende Systeme nicht notwendig, denn ein Gewölbe trägt sich selbst. Das gelegentlich sogar explizit als Schlussstein bezeichnete Sprungbein[178] stabilisiert aber durch den Gewichtsdruck der Körperlast nicht die Konstruktion, wie dies in einem Gewölbe der Fall wäre.

Vielmehr wird die Längswölbung des Fußes durch ein ausgeklügeltes System unterschiedlich langer Bänder gehalten, welche sie in mehreren Etagen im Innern der Wölbung auf komplizierte Weise verspannen. Wäre die Fußwölbung ein Gewölbe, könnte es auch nicht durch das Körpergewicht bei bestimmten Schwächen tragender Bänder einsinken; stabilisierende Einlagen gegen einen Senkfuß wären unnötig. Es handelt sich also um eine Bogenkonstruktion mit einem ausgeklügelten System an Verspannungen dieses Bogens durch Bänder in mehreren Etagen. Ähnliche Ausführungen könnten hier zur Querwölbung des menschlichen Fußes angeschlossen werden. Ich möchte uns dies jedoch ersparen. Unsere von allen anderen Primaten völlig verschiedene Fußkonstruktion kann in der Evolution nur durch enorme Selektionsfaktoren entstanden sein. Zu groß sind die Unterschiede, auch zu den nächsten verwandten Menschenaffen.

Kapitel 7
Unsere Ahnen stiegen nie von den Bäumen herab

Primaten im Geäst und auf dem Boden – schon immer?

Als unsere Ahnen noch Affen waren, lebten sie auf den Bäumen, und irgendwann haben sie sich entschlossen herunterzukommen. Dies ist jedenfalls die herrschende Vorstellung der allermeisten Autoren fast aller Lehrbücher. Ich glaube diese fest gefügte Lehrmeinung nicht, und ich will Sie auf eine interessante gedankliche Wanderung mitnehmen, Ihnen Fakten zeigen und Sie dann selbst urteilen lassen.

Ein kluger Anatom, Matt Cartmill, hat in einem Lehrbuch mit vielen Argumenten belegt, dass die nach vorn gerichteten Augen der Tierprimaten und des Menschen – entgegen einer weiteren Lehrmeinung – nicht mit der Notwendigkeit zusammenhingen, im hohen Geäst der Bäume besser räumlich sehen zu müssen. Dem gleichen funktionellen Zwang sind nämlich auch Eichhörnchen unterworfen. Aber in deren Evolution gab es offenbar keinen Selektionsdruck, der eine Verlagerung der Position der Augen näher an den Nasenrücken bewirkt hätte.

Im Gegenteil: Wer gut räumlich sehen will, braucht einen möglichst breiten Augenabstand. Augen, die aber im Verlauf vieler Generationen von der Schädelseite nach vorne «versetzt» werden, geraten dabei näher aneinander, was einer guten Stereoskopie entgegenwirkt. Cartmill führt für seine Sichtweise leicht nachvollziehbare Gründe an. Dabei vergleicht er das Gesicht eines nächtlich jagenden Primaten, eines *Schlankloris*, mit dem einer Hauskatze und zeigt, dass die stirnseitige Position der Primatenaugen in der Evolution ursprünglich möglicherweise für nächtliche Jagd auf nahe Beute erworben wurde.[181] Er weist auch auf weitere Merkmale bei heute lebenden Primaten hin und findet, die plausibelste Erklärung hierfür sei, «dass ihr letzter gemeinsamer Vorfahr ein kleines, großäugiges, nachtaktives Geschöpf war, das auf der Suche nach Insekten durch die Bäume und Büsche stromerte, wie es einige kleine Primaten heute noch tun». Ich denke, dass er damit Recht hat. Was mir hier jedoch fehlt, ist, dass es möglicherweise neben den Baumbewohnern immer schon auch bodenlebende Vorprimaten und später Primaten gegeben hat und dass daher die terrestrische

Lebensweise des Menschen keine evolutive Neuerwerbung zu sein braucht.

Vor rund fünfundsechzig Millionen Jahren, als unsere Ahnen noch zur Ordnung der Insektenfresser gezählt worden wären, lebten die meisten von ihnen tatsächlich am Boden, und zwar als vierfüßige, den Spitzmäusen ähnliche Tiere. Die Primaten eroberten Bäume und Gezweig – mindestens als zusätzlichen Lebensraum! –, um darin als kletternde, springende und auf Zweigen laufende, flinke Arten zu leben. Auch heute noch gibt es unter den Lemuren Madagaskars verschiedene Arten von Mausmakis und Wieselmakis, welche diesem Urtypus sogar jetzt noch erstaunlich nahe stehen. Man kann auch sagen, der Genpool dieser Unterfamilie ist der konservativste unter den Primaten, denn ihre Vertreter ähneln den Urprimaten in vielen Merkmalen noch am meisten. Die Angehörigen dieser Unterfamilie werden auch nach der Neuerwerbung ihrer an diese Lebensweise neu angepassten Hände als *Cheirogaleinae* bezeichnet, was ‹die mit den Fingern Kletternden› bedeutet.

Ein gutes Modell für die allerersten unmittelbaren Vorläufer der Primaten unter den heutigen Säugetieren stellen jedoch die Spitzhörnchen dar. Ihr Name deutet bereits an, dass sie für den Laien nicht nur auf den ersten Blick wie spitzgesichtige Eichhörnchen oder Streifenhörnchen aussehen. In Malaysia und Indonesien machen die Einheimischen von jeher auch keinen Unterschied zwischen den Spitzhörnchen, die den Primaten in allernächster Verwandtschaft nahe stehen, und den Hörnchen, bei denen es sich um Nagetiere handelt; solche Vertreter beider Tierordnungen, der Spitzhörnchen einerseits und der Nagetiere andererseits, werden von ihnen als ‹*tupai*› bezeichnet. Es scheint mir jedoch bedeutsam, dass es unter den Tupaias oder Spitzhörnchen rein baumlebende Vertreter gibt, aber auch halb auf dem Boden lebende und ganz terrestrische Arten.

Die einzige ausschließlich baumlebende, also arboreale Art ist das Federschwanzspitzhörnchen, das 35 bis 45 Gramm wiegt. Mit einem Gewicht von dreißig bis sechzig Gramm rangiert das «weitgehend arboreale Zwergspitzhörnchen» an zweiter Stelle und ist im Durchschnitt nur wenig schwerer.[190] Es gibt eine ganze Reihe von Spitzhörnchenarten mittlerer Größe, wie das als halb bodenlebend oder semiterrestrisch beschriebene Gemeine Spitzhörnchen,[190] das mit 160 bis 180 Gramm schon bedeutend mehr wiegt. Die beiden schwersten heute lebende

Körpergewicht und Lebensraum

Ungefähre Durchschnittsgewichte von 69 Arten der Spitzhörnchen und Primaten, zusammen mit Angaben ihres bevorzugten Aufenthaltsortes in Bäumen oder am Boden. Die Linien zeigen, dass innerhalb jeder systematischen Gruppe die jeweils leichteren Arten eher im Gezweig und die schwereren eher bodenlebend sind (weitere Erläuterungen im Text). Die Angabe des Körpergewichts ist ein Durchschnitt aus einer oder mehreren Quellen. Jede Gattung oder Art enthält drei X als Angabe ihres bevorzugten Habitates; so bedeutet XXX in der Spalte terrestrisch nicht, dass diese Tiere nie einen Baum erklettern, sondern dass diese Gattung oder Art definitiv als vornehmlich terrestrisch beschrieben worden ist. Die Angaben wurden nach vielen Autoren und eigenen Beobachtungen zusammengestellt. Die Gewichtsangaben für den Menschen stellen eine grob annähernde Schätzung eines weltweiten Durchschnitts dar, dessen Fehlerbreite für das anstehende Problem unerheblich ist. Die systematische Einteilung der Paviane beruht auf neuesten Ergebnissen.

	Gewicht [kg] ♂♂	♀♀	baumlebend	semiterrestrisch	terrestrisch
Spitzhörnchen					
Federschwanztupaia	0,040		XXX		
Zwergtupaia	0,050		XX	X	
Tupaia	0,177		XX	X	
Tana	0,210			X	XX
Everett-Spitzhörnchen	0,355			X	XX
Halbaffen (Strepsirhini)					
Zwergmausmaki	0,03	0,03	XXX		
Mausmaki	0,090	0,10	XXX		
Senegalgalago	0,210	0,190	XXX		
Schlanklori	0,260		XXX		
Plumplori	1,20	1,20	XXX		
Potto	1,30		XXX		
Riesengalago	1,50	1,25	XXX		
Katta	2,70	2,65		XX	X
Vari	3,45	3,50	XXX		
Larvensifaka	3,60	3,50	XX	X	
Affen (Haplorhini)					
Sunda-Koboldmaki	0,130	0,115	XXX		
Javaneraffe	6,5	4,7	X	XX	
Indischer Hutaffe	8,1	4,2	X	XX	
Wanderu, Bartaffe	8,5	5,1	XX	X	
Rhesusaffe	10,0	9,1		XX	X
Bärenmakak	10,0	8,5		XXX	
Schweinsaffe	11,0	9,6		XXX	
Bergrhesus	13,0	7,5		XXX	
Magot, Berberaffe	15,0	10,7		X	XX
Rotgesichtsmakak	15,0	12,0		X	XX
Tibetan. Bärenmakak	16,0	13,0			XXX
Mantelmangabe	7,3	5,7	XXX		
Dschelada	20,0	11,5			XXX
Mantelpavian	21,0	12,0			XXX
Steppenpavian	24,0	12,0		X	XX
Grüner Pavian	28,0	14,5			XXX

	Gewicht [kg] ♂♂	♀♀	baumlebend	semiterrestrisch	terrestrisch
Zwergmeerkatze	1,25	0,80	XXX		
Rotbauchmeerkatze	2,9	2,4	XXX		
Schmidt-Weißnase	3,8	3,0	XXX		
Blaumaulmeerkatze	4,1	2,9	XXX		
Kongoweißnase	4,2	3,3	XXX		
Campbell-Meerkatze	4,3	2,2	XX	X	
Kronenmeerkatze	4,5	3,2	XX	X	
Grüne Meerkatze	4,55	3,3	X	XX	
Dianameerkatze	5,0	5,4	XXX		
Hamlynmeerkatze	5,5	3,7	XXX		
Sumpfmeerkatze	6,0	3,7	X	XX	
Weißnasenmeerkatze	6,4	4,1	XXX		
Diademmeerkatze	7,4	4,2	XXX		
DeBrazzameerkatze	7,4	4,5	X	X	X
Halsbandmangabe	10,5	–		X	XX
Husarenaffe	12,5	6,5			XXX
Drill	20,0	10,0		X	XX
Mandrill	25,0	11,0		X	XX
Roter Langur	5,9	5,8	XXX		
Maronenlangur	6,2	5,7	XXX		
Haubenlangur	6,8	5,7	XXX		
Weißbartlangur	9,0	–	XX	X	
Brillenlangur	7,3	6,6	XX	X	
Nilgirilangur	12,8	10,9	XX	X	
Hulman	18,5	11,2		X	XX
Kleideraffe	10,8	8,2	XXX		
Tonkinstumpfnase	14,0	8,5	XXX		
Braune Stumpfnase	15,0	9,2	X	XX	
Nasenaffe	21,0	10,0	XXX		
Goldstumpfnase	>30	9,0		X	XX
Weißhandgibbon	7,2	6,5	XXX		
Siamang	13,8	10,9	XXX		
Zwergschimpanse	39	31	X	X	X
Schimpanse	50	40		XX	X
Orang-Utan	70	37	XXX		
Westlicher Gorilla	170	70		X	XX
Grauers Gorilla	180	80		X	XX
Mensch	60	50			XXX

Arten sind zum einen das Erdspitzhörnchen mit durchschnittlich etwa zweihundert Gramm, das auch bei den Malayen ‹*tupai tana*›, das ‹Bodenhörnchen›, heißt sowie eine Art auf den Philippinen mit 350 Gramm, die ebenfalls am Boden lebt.

Unter den heute lebenden Halbaffen gibt es nur eine Art, die semiterrestrisch ist, also gut und behände klettert und ebenso geschickt am Boden geht und flink vierfüßig läuft. Es ist der Katzenmaki oder Katta, der keineswegs der schwerste Lemur ist. Immerhin gehört er aber zur oberen Gewichtsklasse. Eine zweite Gattung größerer Lemuren, die Sifakas, kommen gelegentlich hinunter auf den Boden; in den Bäumen handelt es sich um spezialisierte, zweifüßige Springer. Aber ziemlich regelmäßig überqueren sie dabei offene Stellen in der Vegetation, die es zu überwinden gilt. Hierbei wird auch jeder noch so kleine Baumschössling dazu benutzt, ihn anzuspringen, um eine senkrecht angeklammerte Position einzunehmen. Außerdem springen die Sifakas dabei in einer Art asymmetrischer, drolliger Schlusssprünge. Mit weit ausgebreiteten Armen, eine Schulter nach vorn, sind sie ansonsten anzuschauen wie beim seitlichen Sackhüpfen ohne Sack. Ihre Schritte sind auch nicht größer, als ein Sack im Seitwärtshüpfen gestatten würde. Beim Abspringen verbiegen sie ihren ganzen Körper geradezu grotesk, so dass man um ihre Unversehrtheit fürchten könnte. Für diese Art des Vorankommens gibt es unter den ausgestorbenen Lemuren keinen passenden Vorläufer und unter den heute lebenden keinen mit auch nur entfernt vergleichbarer Fortbewegungsweise. Obwohl beide zu den größeren Lemuren gehören, könnte jedoch nur der Typ des Kattas oder Katzenmakis als ein annehmbares Modell für einen den Ahnen der heutigen Lemuren ähnlichen, nicht zu sehr spezialisierten, vierfüßigen Halbaffen dienen.

Schaut man in die Savanne oder ins Geäst der Urwaldbäume, so wird man auch bei den dort lebenden Affen jeweils eine klare Gewichtsverteilung finden. Unter den Altweltaffen Afrikas und Asiens sind die teilweise bodenlebenden, ökologisch wenig spezialisierten Vertreter ebenfalls auch meist unter den schwereren Arten zu finden. Obwohl es gravierende Unterschiede zwischen den einzelnen Spezies der Gattung der Makaken gibt, sind alle auf die eine oder andere Weise wenigstens semiterrestrisch. Aber drei dieser Arten müssen mehr noch als die anderen als erdverhaftet eingestuft werden, nämlich die Japanischen Rotgesichtsmakaken (*Macaca fuscata*), die Tibet-Makaken (*Macaca thibetana*) und die Berberaffen (*Macaca sylvanus*), obwohl auch sie natürlich zeitweise durchaus in den Bäumen zu finden sind, besonders während der Nacht. Hierbei handelt es sich um die einzigen Makakenarten, bei denen die voll ausgewachsenen Männchen deutlich über zehn Kilogramm auf die Waage bringen. Die Männchen der anderen Arten rangieren durchschnittlich meist zwischen gut sechs Kilogramm, wie zum Beispiel bei den Javaneraffen (*Macaca fascicularis*), und bis über acht Kilogramm, wie beim Schweinsaffen (*Macaca nemestrina*), die einen höheren Anteil ihrer Tagesaktivität auf Bäumen verbringen.

Ähnliches gilt für die Mangaben, eine afrikanische Affengattung. Die im Vergleich zu den anderen Angehörigen der Gattung stärker an ein Leben am Boden angepassten Arten, wie zum Beispiel die Haubenmangabe, gehören wieder zu den etwas schwereren Arten. Die leichteren Vertreter leben fast ausschließlich hoch oben in den Wipfeln der Urwaldbäume. Auch bei den Meerkatzen werden fast alle Arten als weit gehend *arborikol*, also baumlebend, klassifiziert. Die semiterrestrische Grüne Meerkatze ist jedoch die einzige Ausnahme zu der hier aufgestellten Regel, weil sie nur eine mittlere Rangposition nach ihrer Größe innerhalb der Gattung der Meerkatzen einnimmt. Bei der einzigen Meerkatze, für die ein erheblicher terrestrischer Aktivitätsanteil angegeben wird (*Cercopithecus neglectus*), erreichen die Männchen mit sieben bis acht Kilogramm jedoch das höchste Durchschnittsgewicht aller Meerkatzen.

Für die in Asien zwischen Indien und Vietnam sowie in Indonesien bis südlich des Äquators vorkommenden Languren gilt in etwa das Gleiche. Woraus resultiert aber diese Gewichtsverteilung, denn es gibt ja leichte bodenlebende und große arborikole Primatenarten und umgekehrt? Einerseits können sich Affen durch Erklettern der Baumkronen vor vielen bodenlebenden Beutegreifern schützen. Andererseits wies Julia Nikolei erst kürzlich darauf hin, dass das Leben in den Bäumen aber auch nicht zu vernachlässigende Nachteile haben kann und Gefahren mit sich bringt: «Nicht zuletzt ist Fortbewegung in den Baumkronen gefährlich, da die Gefahr besteht abzustürzen.»[194] Mit Bezug auf ihr Untersuchungsgebiet in Nepal schreibt sie: «Stürze der Affen aus Baumkronen sind in Ramnagar keine Seltenheit und haben oft gebrochene und verstauchte Gliedmaßen, seltener auch den Tod zur Folge ...»[197] Insgesamt sind

Stürze aus Bäumen sowohl bei Languren unter zwei Jahren als auch bei älteren Heranwachsenden nicht selten. Sie stellen bei «Männchen und Weibchen über zwei Jahren sowie adulten Weibchen mit 25 Prozent beziehungsweise 20 Prozent der Todesfälle die zweithäufigste Todesursache dar ... Gelegentlich sind Jagereien unter Artgenossen, bei denen die Tiere in vollem Galopp oder im Sprung das Substrat verfehlen oder abrutschen, die Ursache für derartige Abstürze. Es kommt aber auch vor, dass Äste unter dem Gewicht still sitzender Affen unversehens abbrechen.»[194]

Unser Ahne, der semiterrestrische Primat, lebte sicherer, weil er die jeweiligen Selektionsnachteile respektive Gefahren am Boden und im Geäst besser aufteilen konnte. Ausschließlich in den Bäumen zu leben, führt offenbar zu einem beträchtlichen Ausfall besonders an jüngeren Individuen, den die Population nicht ohne weiteres verkraften kann. Ein Fünftel bis ein Viertel aller Todesfälle – wie es das eben erwähnte Beispiel bei Grauen Languren oder Hulmanen angibt – ist nämlich für keine Primatenart unerheblich. Einen derartigen Ausfall kann sie nicht problemlos durch mehr nachgeborene Jungtiere kompensieren. Am Boden leben jedoch mehr Freßfeinde als in den Bäumen, so dass es plausiblerweise von Vorteil sein kann, zwar alle am Boden vorhandenen Nahrungsressourcen zu nutzen, jedoch gleichzeitig auch die Nahrung und die Rückzugssicherheit der Bäume. Wahrscheinlich ist nur durch diese kombinierte Nutzung des Lebensraumes erklärbar, dass die Hulmane einen dermaßen großen Schwund von Individuen hinnehmen können, ohne deshalb an den Rand des Aussterbens zu geraten. Vor 25 bis 15 Millionen Jahren im Miozän war dies wahrscheinlich nicht grundlegend anders. Zumindest spricht derzeit nichts dafür, dass es anderes gewesen sein sollte. Also bietet diese Überlegung ein weiteres Argument für semiterrestrische Vorfahren, in stimmiger Ergänzung zu den oben bereits aus der Fossildokumentation gezogenen Schlüssen.

Ganz nah mit den Languren verwandt sind die vornehmlich in China und Vietnam beheimateten, malerisch schönen Kleideraffen. Trotz ihrer verwandtschaftlichen Nähe zueinander habe ich sie in der beigefügten Grafik getrennt behandelt, um zu zeigen, dass die hier aufgestellte Regel auch bei kleinen tiersystematischen Einheiten gilt. Wenn man die Languren und die Kleideraffen gemeinsam behandeln würde, so würde jedoch dasselbe Ergebnis erzielt.

Unter den verschieden ausgeprägt bodenlebenden Pavianen erreichen besonders die Männchen derjenigen Arten das höchste Körpergewicht, deren Nahrungsspektrum am wenigsten spezialisiert ist und sowohl pflanzliche als auch tierische Kost einschließt. Sie sind schwerer als alle anderen auf den Bäumen lebenden Hundsaffen, wie beispielsweise Makaken und Languren.

Die leichtesten aller Menschenaffen sind die ausschließlich baumbewohnenden Gibbons.[198, 199] Im Durchschnitt sind die Schimpansenmänner zwar etwas leichter als die Männer der Orang-Utans, bei den Frauen aber erreichen die semiterrestrischen Schimpansen ein höheres Gewicht. Der schwerste große Menschenaffe, der Gorilla, verbringt auch den größten Zeitanteil aller Menschenaffen auf dem Boden.[200]

Zunächst stellen wir also fest, dass es über die Spitzhörnchen und alle Primaten zusammengenommen leichte und schwere Arten auf dem Boden gibt, aber ebenfalls leichte und schwere Spezies hoch in den Bäumen leben. Aber man kann innerhalb enger Verwandtschaften bei verschiedensten Primaten – meist innerhalb eines anderen Gewichtsbereiches – eine Abhängigkeit des Gewichtes von der jeweiligen ökologischen Nische auf dem Boden oder im hohen Geäst feststellen. Mit letzter und unausweichlicher Konsequenz zeigt uns dies Folgende: Jede in der Evolution neu entstandene Primatenfamilie hat nicht eine ausschließlich terrestrische oder arborikole Lebensweise von ihren Vorläufern geerbt. Sondern jede neue Familie oder jede Gattung (oder die Affen in jeder anderen dieser systematischen «Schubladen») hat im Prinzip zunächst alle drei Optionen als Erbe erworben, am Boden, semiterrestrisch und arborikol leben zu können. Unterschiedlich stark wurden dann die jeweiligen Nischen auch tatsächlich besetzt, was viele verschiedene Gründe hat, wie zum Beispiel Konkurrenzen durch andere bereits dort etablierte Arten und so fort.

Aber fast ausnahmslos ergibt sich ein klarer statistischer Zusammenhang zwischen den Durchschnittsgewichten der Individuen einer Art und ihrem jeweiligen Lebensraum; jedes Mal neu wurden die höheren Gewichte nach unten sortiert und die Leichtgewichte nach oben. Diese Tatsache aber festzuhalten, ist wichtig, dass alle im System der Primaten neu evolutiv entstehenden Gruppen in der Regel nicht spezialisiert waren, sondern dass die Bestimmungen von Lebensraum und Individualgewicht neu festgelegt werden konnten. Die Vorfahren aller jeweiligen Gruppen waren offenbar nicht für einen bestimmten Lebensraum genügend spezialisiert, um den Nachkömmlingen durch viele spezialisierte Gene einen bestimmten Lebensraum oder eine bestimmte Lebensweise oder Körpergröße bereits im Voraus zu bestimmen. Für die Entstehung unserer eigenen menschlichen Familie der Hominiden ist die Vorgabe eines sehr geringen Spezialisationsgrades unserer Ahnen von besonderer Bedeutung.

Vielleicht ist aber eine weitere Erkenntnis aus der eben besprochenen Zusammenstellung noch wichtiger. Es existieren unter den heute lebenden Primaten also semiterrestrische und sogar terrestrische Vertreter, und dies gilt sogar für die äußerst konservative, den Primaten nächstverwandte Tierordnung, nämlich für die Spitzhörnchen. Fossildokumente, also versteinerte Vorfahren aller dieser Gruppen, geben keinerlei Hinweise dafür, dass dies nicht schon immer so war. Daher ist anzunehmen, dass es seit oder sogar schon vor der Entstehung der Primaten bodenlebende oder zumindest semiterrestrische Vorfahren des Menschen gab. Für den Zeitraum um die Entstehung der Menschenaffen ist die Existenz semiterrestrischer Arten oder Gattungen fraglos gegeben.

Aus diesen Gründen stimme ich der Meinung eines angesehenen Fachkollegen nur teilweise zu, wenn er schreibt: «Die ursprünglichen Affen waren vermutlich in der Hauptsache noch baumlebend.» Aber ich stimme ihm gern und ganz zu, wenn er fortfährt: «... aber es gibt zunehmend Belege dafür, dass zumindest die Affen der Alten Welt allmählich vermehrt terrestrische Verhaltensweisen annahmen, was seine Spuren bei allen modernen Vertretern dieser Gruppe hinterlassen hat».[180, 191] Im Kontext mit dem eben hergeleiteten Zusammenhang von Gewicht und Lebensweise ist auch seine Feststellung interessant, die «Evolution der frühesten Menschenaffen ... war wahrscheinlich von einer weiteren Zunahme des Körpergewichts über zehn Kilogramm hinaus begleitet». Höchstwahrscheinlich hat es solche semiterrestrischen oder terrestrischen, relativ schweren Primatenarten immer schon seit dem Auftauchen der ersten Formen in der Periode des so genannten *Paläozäns* gegeben, einer Ära vor über sechzig Millionen Jahren.

Kein Primatologe oder Paläontologe hat jemals ernsthaft vorgeschlagen, dass der zweifüßig aufrechte Gang des Menschen sich von einer gleichartigen Fortbewegung eines frühen Tierprimaten ableiten könne, die es vielleicht vor zwanzig, dreißig oder sogar vierzig Millionen Jahren schon gegeben habe. Praktisch alle Fachleute sind sich darin einig, dass sich der aufrecht bipede Gang des Menschen in der Evolution von einer ursprünglicheren, quadrupeden Fortbewegungsweise ableitet. Daher ist es das Einfachste anzunehmen, dass wir von einem semiterrestrischen Vorläufer abstammen. Auch durch eine weitere Untersuchung, die von völlig anderen theoretischen Überlegungen ausgeht, nämlich von Berechnungen des Energiehaushaltes unserer Vorfahren, wird diese Meinung unterstützt: «... die Hominiden können durchaus eine lange Vorgeschichte terrestrischer Aktivitäten vor der Evolution der Zweifüßigkeit gehabt haben».[185] Auch gibt es keinen zwingenden Grund für die Annahme, dass diese semiterrestrischen Vierfüßer ganz und gar baumlebende, nichtterrestrische Vorfahren gehabt hätten.

Ganz im Gegenteil ist wieder die einfachste und direkteste evolutive Herleitung vorzuschlagen, dass unsere noch äffischen Vorfahren nie von den Bäumen herabstiegen. Sie blieben einfach, wo sie immer schon gelebt hatten – auf dem Boden. Als sie sich gewissermaßen anschickten, in der Evolution allmählich Menschenartige, also Hominiden, zu werden, gaben sie Schritt für Schritt einen bedeutsamen Prozentsatz ihres Zeitbudgets von Aktivitäten in den Ästen und Baumkronen auf, wo sie sonst oft umhergeklettert waren. Nur gelegentlich, wenn es einen lohnenden Obstbaum beispielsweise voller verlockender Mangos oder Avocados gab, kletterten sie noch auf einen solchen Baum – so wie ich es als terrestrischer Mensch immer noch gerne tue, wenn die Kirschen reifen und appetitanregend rot herableuchten. Wahrscheinlich haben jene Vorfahren damals die Baumkronen regelmäßig nur noch nachts aufgesucht, um vor Raubkatzen, Hyänen oder anderen Feinden am Boden sicher zu sein.

Ein hochtrabendes «Grundgesetz» lebt wieder auf

Vor über hundert Jahren formulierte Ernst Haeckel, der damalige Professor für Zoologie an der Universität Jena, eine Hypothese, die er recht hochtrabend das «Biogenetische Grundgesetz» nannte. Im Verlaufe dieses Kapitels, aber auch in weiteren Teilen des Buches wird sich immer deutlicher herauskristallisieren, dass es auch heutzutage weiterhin große Bedeutung für die Menschwerdung und für unsere Selbsterkenntnis in der Natur hat.

Haeckel war eine Berühmtheit seiner Zeit und ist auch international aus der Wissenschaftsgeschichte nicht wegzudenken. In Deutschland vertrat der renommierte Forscher in seiner streitbaren Art die Evolutionstheorie von Charles Darwin. Auch stach er als begnadeter Künstler hervor, der unvergleichlich schöne und präzise Bildwerke von Kleinstlebewesen oder auch von Quallen schuf. Seine Rolle in Deutschland hinsichtlich der damals sehr umstrittenen Theorie zur Evolution war vergleichbar jener von Thomas Henry Huxley in England, der dort ebenso vehement die Evolutionstheorie Darwins verteidigte. Gedanklich dem britischen Naturphilosophen Spencer nahe stehend, wandte Haeckel Darwins Evolutionstheorie, damals weit verbreitetem europäischem Zeitgeist verhaftet, leider auch in überheblicher Weise auf menschliche Gesellschaften an und stellte sich damit auch in den Dienst des Kolonialismus. Seine ideologische Schuld blieb jedoch zufällig durch den Umstand vergleichsweise gering, dass Deutschland nie eine wirklich erfolgreiche Kolonialmacht wurde.

Das eben angesprochene «Grundgesetz» lautet in seiner Kurzform: Die Entwicklung des Individuums wiederholt jene der Stammesgeschichte, oder, wie Haeckel es für die meisten von uns terminologisch verklausulierte: ‹Die Ontogenese rekapituliert die Phylogenese›. Beide Ausdrücke sind übrigens seine Wortprägungen und stellen heute unentbehrliche Fachbegriffe dar. Einige seiner vielen Wortschöpfungen sind sogar bis heute in den Alltagswortschatz eingeflossen, wie zum Beispiel das Wort ‹Ökologie›, die er als Wissenschaft genau definierte, während das Wort selbst im Alltagsgebrauch unserer Zeit leider eine schmachvolle Verwässerung bis zur Bedeutungslosigkeit ertragen muss. Der Begriff der *Ontogenese* ist zu einem etablierten Fachwort geworden und meint die gesamte Individualentwicklung von der befruchteten Eizelle bis hin zum Tod. Mit der Wiederholung stammesgeschichtlicher Phasen sind vor allem Beobachtungen an Embryonen, Feten und frühkindlichen Stadien angesprochen. In den vergangenen drei Jahrzehnten wurde Haeckels alter Theorie der Rekapitulation oft widersprochen. Aber gerade in den letzten Jahren hat sie völlig neue und unerwartete, aber spektakuläre Unterstützung erfahren, nämlich durch die geradezu explosionsartige Entwicklung der molekularen Genetik.

Von diesem Fach konnte Haeckel nicht einmal etwas ahnen und erst recht nicht von den nun auftauchenden stammesgeschichtlichen Gesichtspunkten.[179, 182, 183, 187, 189, 195] Während in der Vergangenheit immer zahlreichere Entwicklungsprozesse und Stadien gefunden wurden, die den fundamentalen Vorgang der Wiederholung überdecken und verschleiern, werden neuerdings auch viele ältere Gene entdeckt, die wir von unseren Ahnen über mehr als eine halbe Milliarde Jahre immer wieder vererbt bekamen. Oftmals wurden sie derart stabil vererbt und selektiert, dass sie trotz der oft unvermeidlichen Mutationen von damals bis heute mit fast unveränderter Erbinformation erhalten geblieben sind. Es ist heute oft beeindruckend zu erleben, wie jene unvorstellbar alten Gene ihre Information in lebende Gestalt umsetzen, als wären wir Menschen so etwas wie Lanzettfischchen, die noch gar keinen Kopf besitzen, oder sogar noch einfachere winzige Meerestiere.

Ganz offensichtlich sind die Hauptgene, welche die Entwicklung von Augen auslösen, ohne dabei irgendwelche anatomischen Strukturen zu bestimmen, älter als die evolutive Aufzweigung der gemeinsamen Vorfahrenlinien der heute lebenden Wirbeltiere, der Weichtiere und der Gliederfüßer. Das identische Gen existiert bei Tintenfischen, Fliegen und Menschen. Die Anlagen von Kiemen und einem Schwanz beim menschlichen Embryo sind zwei Beispiele, die Haeckel selbst schon bemerkte. Im Unterkiefer des menschlichen Embryos findet man einen Knorpel, der das Überbleibsel des ersten Kiemenbogens früher Fische ist. Sein oberer Teil reicht bis in das Mittelohr hinein und formt sich in der Embryonalentwicklung um zum ersten Mittelohrknochen, dem Hammer. Die erste Kiemenspalte bleibt weit gehend erhalten und wird lediglich durch eine dünne Membran, das Trommelfell, in einen äußeren und einen inneren Gehörgang getrennt, verbunden über eine Erweiterung desselben Gangs, die Paukenhöhle. Es sind die uralten Gene für Kiemenspalten und -bögen, die die Anlagen dieser Strukturen einleiten. Haeckels alte Theorie wird also heute in völlig neuen Zusammenhängen im Grunde voll bestätigt.

Aus dem zweiten Kiemenbogen beispielsweise entsteht der winzige Steigbügelknochen im Mittelohr, außerdem der so genannte Griffelfortsatz am Schädel sowie ein Band zum Zungenbein und ein Teil des Zungenbeins selbst. Die Kiemenbogenarterie des vierten Kiemenbogens entwickelt sich, nachdem sie mit der Herzanlage tief in den Brustkorb hinabgesunken ist, zum mächtigen Aortenbogen, der größten Schlagader des menschlichen Körpers. All dies zeigt, dass solche extrem alten Gene immer noch frühe Organbildungen einleiten und das Werden des Organismus für seine weitere Embryonalentwicklung entscheidend steuern. Natürlich treten später in der Stammesgeschichte erworbene Gene zur Ausbildung der heutigen anatomischen Strukturen hinzu. Die alten Gene wurden also lediglich modifiziert beziehungsweise ergänzt, um neue Funktionen zu erfüllen. Natürlich beziehen sich diese Rekapitulation und der Erhalt alter Erbinformation genauso auf Gene zur Steuerung physiologischer Leistungen, zu genetisch bestimmtem Verhalten – wie zum Beispiel zur Koordinierung von bestimmten Fortbewegungsweisen – oder auch auf regulierende Gene zur Kontrolle von Zeitabläufen der Genaktivität für Entwicklungsprozesse des Organismus.

Weiter oben hatten wir die Verkleinerung der Hinterbeine bei den Urwalen besprochen. Äußerlich fehlen sie den heutigen Walen ganz. Sie sind im Innern des Körpers ebenfalls bis auf wenige Reste des Beckens völlig verschwunden. Vielleicht gäbe es auch diese kleinen Reste der Hintergliedmaßen nicht mehr, wenn die Beckenknochen nicht – wie auch bei anderen Säugetieren einschließlich dem Menschen – im männlichen Geschlecht zur Anheftung des Penis dienen würden. Aber das Erbgut der Wale hat nicht «vergessen», dass ihre Vorfahren einmal Hinterextremitäten besaßen. Zumindest bei einigen Delfinarten werden die Hinterbeine embryonal angelegt. Sie wachsen als Stummel aus der unteren Bauchwand, bevor die heutige, beinlose Anatomie die Überhand gewinnt und realisiert wird. Auch hier findet also die biogenetische Grundregel Haeckels eine ihrer zahllosen Bestätigungen.

Aber auch beim Verhalten wird die *biogenetische Grundregel*, wie sie heute treffender bezeichnet wird, immer wieder bestätigt. Betrachtet man die Fortbewegungsweisen und natürlich auch das hierfür benutzte Medium, so offenbart sich das Problem von Bestätigungen und nötigen Widersprüchen sofort. Richtig ist nämlich die Beobachtung, dass beispielsweise ein menschlicher Embryo unser früheres Dasein als Wassertier dadurch rekapituliert, dass er als Embryo im (Frucht-)Wasser schwimmt. Im Verlauf der Stammesgeschichte emanzipierten sich die Tiere immer mehr vom Wasser, bis mit der evolutiven ‹Erfindung› des

Eies bei Reptilien und Vögeln in der Erdperiode des Perm nicht mehr im Wasser gelaicht zu werden brauchte, wie es bei landlebenden Amphibien noch geschehen muss. Der Keimling kommt aber ohne den «Teich» auch weiterhin nicht aus; er war genetisch zum Wasserleben bestimmt und kann sich nicht im Trockenen entwickeln. Aber das Ei war nun gewissermaßen zum privaten Swimmingpool des Embryos geworden. Bis hierher hat Haeckel Recht.

Der Embryo entwickelt aber keine larvalen Flossen mehr, wie Kaulquappen es tun, und er schwimmt in seinem Swimmingpool nicht munter umher. An diesem Beispiel erkennt man, dass Haeckel geradezu genial ein Grundprinzip erkannt hat, und dies sogar, obwohl er die molekularen, genetischen Grundlagen der konservativen, erhalten gebliebenen alten Gene gar nicht wissen konnte. Außerdem erkennt man an diesem Beispiel ebenfalls leicht, dass die Rekapitulation gleichsam konstruktive Grenzen hat: Die evolutive Neuerwerbung der Plazenta beispielsweise lässt eben eine frei schwimmende Fortbewegung in der Fruchtblase gar nicht zu. Vieles an der sachlich durchaus berechtigten Kritik an Haeckels Grundregel erscheint mir übermäßig pointiert, indem sie nämlich Kompromissfunktionen und die funktionelle Einfügung evolutiver Neuerwerbungen zu wenig einbezieht.

Aber auch bei der Fortbewegung kann man Haeckels Wiederholungstheorie in gewissem Grade anwenden. Nach dem Abschluss der neunmonatigen Phase des Lebens im ‹Wasser› des mütterlichen Uterus und nach einem relativ kurzen Stadium mit mehr oder weniger ungeschickten Bemühungen liegender Fortbewegung beginnen Menschen meist etwa um den siebten Lebensmonat, eine vierfüßige Haltung einzunehmen und auf allen Vieren zu krabbeln. Krabbelnde Babys sind in der Lage, ihre Köpfe erstaunlich weit in den Nacken zu heben, um nach vorn zu schauen. Bei dieser Fortbewegung benutzen sie natürlich nicht Hände und Füße, sondern Hände und Knie, denn die Beine sind für den nur recht selten vorkommenden so genannten *Bärengang* eigentlich schon zu lang. Der Hintern ragt schon hoch in die Luft, und ein solches Fortkommen ist auch für die Kleinen sehr anstrengend. In einer Anzahl von Teilbewegungen sind die Koordination und die einzelnen Bewegungsabläufe des Krabbelns stammesgeschichtliche Eigenerwerbungen; sie sind einzigartig und kennzeichnend für die Evolution der

Hominiden und vergleichbar mit der Einzigartigkeit des zweifüßigen Gehens.[196]

Die Tatsache, dass die Kleinkinder auf allen vier Gliedmaßen in nicht-aufrechter Haltung vorwärtskommen, und dies manchmal mit erstaun-licher Geschwindigkeit, lässt sich einigermaßen wahrscheinlich auf die Aktivität alter, erhalten gebliebener Koordinations- und Verhaltensgene zurückführen. Sicherlich wäre das Argument falsch, menschliche Babys würden nur krabbeln, weil ihr Gleichgewichtssinn noch zu unreif sei, um aufrecht zu gehen. Die Balance zu halten und die hierfür nötigen Sinne müssen natürlich erst einsatzbereit sein, wenn die Kinder auch in allen übrigen Belangen anatomisch reif sind und wenn sie dann auch auf-stehen und biped gehen wollen. Daraus folgt aber zwangsläufig, dass nach der offenbar genetisch bestimmten und von den meisten Kindern angewandten quadrupeden Phase der Wiederholung unserer Stammes-geschichte der Gleichgewichtssinn genügend Zeit zur Ausreifung hat, um das später aufstehende Kind dann auch bald einigermaßen sicher aufrecht zu halten.

Und von welchem Typ von Affen stammen wir nun ab?

Die weniger nah mit uns Menschen verwandten Menschenaffen, die Gib-bons und Orang-Utans, haben in ihrer Evolution möglicherweise eine Phase durchlebt, in der sie klettern mussten. Dies ist vielleicht in einer Weise geschehen, die eine aufrechte Körperhaltung zumindest zeitweise erforderte und die anatomische Anpassungen an eine aufrechte Haltung begünstigte. Solche angepassten funktionellen Merkmale waren mög-licherweise später für das schnelle, elegante Hangeln der Gibbons von Vorteil oder auch für das gewissermaßen vierhändige Greifklettern der Orang-Utans. In den zwanziger Jahren des letzten Jahrhunderts bereits wurde unter der Bezeichnung der schon erwähnten «Präbrachiatoren-hypothese» eine Evolutionstheorie formuliert, nach der Anpassungen an das Hangeln im Geäst anatomische Merkmale der Aufrichtung mit sich gebracht hätten.

Somit wären unsere Ahnen in der Evolution durch ein «halbwegs» hangelndes Stadium des Baumlebens gegangen. Einige der Aspekte die-ser Theorie haben auch heute noch ihre Verlockungen. Was aber als An-passungen an ein frühes hangelndes Dasein interpretiert wurde, stellt sich heute im Lichte neuerer Fossilfunde vornehmlich als Adaptation an senkrechtes Klettern heraus, das natürlich auch eine Aufrichtung des Körpers bedeutete.[193] Einerseits hat dieses Klettern an Baumstämmen vielleicht auch zur Optimierung von Funktionen des Hangelns beigetragen, und es kann auch mit als Ausgangspunkt der Evolution zu einem aufrecht zweibeinigen Gang gedient haben. Andererseits war das wiederholte Hinab- und Hinaufklettern höchstwahrscheinlich aber nicht der wichtigste funktionelle Faktor, um den Körper unserer Ahnen vermittels Selektion so entscheidend umzugestalten, wie dies für unsere zweibeinige Fortbewegung nötig war.

Darüber hinaus müsste das Klettern an senkrechten Stämmen eine zwingende Notwendigkeit im Leben unserer Vorfahren gewesen sein, um für eine natürliche Auslese genügend häufig vorzukommen. Dies jedoch war mit Sicherheit nur dann der Fall, wenn unsere Ahnen sehr regelmäßig die Schichten ihres Lebensraumes hätten wechseln müssen, also wenn sie ein Dasein auf dem Boden mit einem Leben in den Baumkronen oder mindestens im Geäst der unteren Etagen kombinierten. Ganz im Geäst lebende Affen hätten einfach oben bleiben können.

Daher scheint ein semiterrestrischer Primat, der die Schichten seines Lebensraumes regelmäßig wechselt, ein wesentlich geeigneteres Modell für die Evolution eines geschickten Kletterers an senkrechten Baumstämmen abzugeben. Auch bei den Mangaben, die den Boden etwas mehr als die übrigen Arten als Teillebensraum nutzen, und bei den Mandrills, also semiterrestrischen Waldpavianen, wurden in jüngster Vergangenheit anatomische Anpassungen an Funktionen des senkrechten Kletterns gefunden.[184] Wenn Affen dieser Arten am Boden nach Nahrung suchen, erklettern sie oft zwischendurch die Bäume, um auf großen Ästen in den unteren Etagen des Waldes das Futterstück zu fressen, wo die Sicht besser und wo es für das Tier selbst sicherer ist. Solche Beobachtungen legen nahe, dass eine ganze Reihe von Anpassungen an senkrechtes Anklammern und Klettern in unserer Biogeschichte alt sein mag oder auch in der Evolution der Affen mehrfach evolviert worden sein kann.

Die Wahrscheinlichkeit des Wechsels zwischen so unterschiedlichen Lebensbezirken wie dem Laubdach und dem baumbestandenen Grasland wird für einen ökologischen beziehungsweise für einen Nahrungsspezialisten eher gering sein. Nur der unspezialisierte Affe, der *Generalist*, kann sozusagen opportunistisch an verschiedenen Orten nach unterschiedlicher Nahrung suchen. Dies gilt besonders dann, wenn eine bestimmte Nahrungskategorie in einem der Lebensbereiche übergangsweise, beispielsweise jahreszeitlich, kaum oder nicht zur Verfügung stünde. Daher macht das Leben am Waldrand den stetigen Wechsel zwischen den Schichten des Lebensraumes für den Generalisten wahrscheinlicher, wenn nicht sogar unumgänglich. Das Gleiche gilt natürlich besonders für den Fall, dass unsere Ahnen zu jener Epoche auch die Ufer intensiv genutzt hätten. Von solchen Affen mit einer derart vielfältigen Lebensweise ist es wahrscheinlicher anzunehmen, dass sie in Galeriewäldern entlang der Flüsse oder Küsten zu finden sind als in Wäldern, die ausschließlich an Savannen grenzen.

Senkrechte Körperhaltung und Klettern an Baumstämmen geht einher mit der Abnahme von Druckkräften und der Zunahme von Zugbelastungen im Körper, vornehmlich natürlich in den Armen und Händen. Ähnliches gilt, wie bereits angedeutet, für das Hangeln und für das oftmals hängende Greifklettern. Daher könnte senkrechtes Klettern und Hangeln als eine geeignete Voraussetzung für vierhändiges Klettern angesehen werden, wie es beim Orang-Utan, aber auch bei den beiden in Südamerika lebenden Faultierarten vorkommt, möglicherweise darüber hinaus bei anderen heute ausgestorbenen Primatenarten.

Auch mit der funktionellen Interpretation der in Spanien fossil gefundenen Überreste des für unsere Stammesgeschichte überaus wichtigen Skelettes von *Dryopithecus laietanus* stimmt dies überein. Die Rekonstruktion der Körperhaltung und der Fortbewegung dieses vermutlich mit den Orang-Utans verwandten Menschenaffen, die 1996 in der Zeitschrift «Nature» veröffentlicht wurde, kann als einigermaßen gut gesichert gelten, weil besonders die Arm- und Handknochen einschließlich der Finger dieses zehn bis elf Millionen Jahre alten Menschenaffen außergewöhnlich komplett und gut erhalten sind.[193] Sie weisen auf einen hohen Anteil an Zugkräften hin sowie auf eine häufig eingenommene senkrechte Körperhaltung.

Wir Menschen besitzen also heute in Relation zum Rumpf noch recht lange Arme, weil unsere Ahnen eine ökologische Nische besetzten, in der eine aufrechte Körperhaltung begünstigt wurde. Mindestens während der Dauer einer bestimmten Phase erkletterten unsere Vorfahren Bäume, um Früchte und Obst zu ernten, wie wir das heute ebenso tun. Dies mag einer der Hauptgründe sein, warum wir mit den Australopithecinen das Merkmal längerer Arme teilen, als sie bei den Makaken oder Pavianen gemessen werden. Aus verschiedenen Gründen, unter anderem auch aufgrund ihrer langen Arme, ist die Lebensweise einer Art von Australopithecinen, nämlich der berühmte Fund ‹Lucy› der Art *Australopithecus afarensis*, als teilweise baumlebend interpretiert worden.[201]

Vielleicht könnte zur Lösung unseres Problem mit den langen Armen auch die Entwicklung des einschlägigen Verhaltens hilfreich sein. Nachdem Kinder laufen gelernt und darin einiges Geschick und auch Sicherheit erworben haben, kommt eine neue Verhaltensweise alsbald hinzu. Die meisten Menschenkinder klettern gern. Sie finden klettern einfach ganz toll! Auf der ganzen Welt gibt es sicher kaum einen Spielplatz ohne ein Klettergerüst oder zumindest ohne irgendeine Art von Klettergelegenheit. Wenn die Familien oder die Gemeinden es sich nicht leisten können, einen Spielplatz dementsprechend einzurichten, nutzen die Kinder die Angebote ihrer Umwelt, wie sie eben sind, und gehen trotzdem auf ihre Kletterabenteuer.

Aufrechte Haltung und bipede Fortbewegungen sind aber derart fundamental für Hominiden, dass sie sehr früh in unserer Entwicklung erscheinen. Deshalb glaube ich, dass es kein sehr großes theoretisches Hindernis ist, dass die Lust am Klettern relativ spät entwickelt wird, nachdem genügend motorische Geschicklichkeit erworben wurde. Nach all den oben dargelegten Haeckel'schen Rekapitulationen und unter Berücksichtigung der erstaunlich dauerhaften, alten Gene, die in den letzten Jahren entdeckt wurden, halte ich es für sinnvoll anzunehmen, dass die Motivation, ja die Freude am Klettern sich schlicht und einfach Bahn bricht. Es kann sich ohne weiteres um Verhaltensgene handeln, die den arborealen Teil unserer semiterrestrischen Vergangenheit widerspiegeln. In der Tat kann man beobachten, dass spielend kletternde Kinder für alle möglichen Arten ihrer «baumlebenden» Fortbewegung aufrechte Körperhaltungen einsetzen.

Wald oder Savanne? – Die Synthese zweier gegensätzlicher Theorien

Ich war mit dem Flugzeug von Mombasa nach Masai Mara unterwegs, flog vorbei am majestätischen Mount Kenya und über den Natronsee. Dann öffneten sich die endlos scheinenden Savannen Ostafrikas. Vor uns lagen Masai Mara und links, also weiter im Süden, die Serengeti. Aber ich hatte mir diese Weiten völlig anders vorgestellt. Arterien gleich ziehen nämlich viele grüne Lebenslinien von Galeriewäldern durch das weite Land. Welch herrlicher, eindrucksvoller Blick aus der Maschine! Ihre einzelnen Flächen summieren sich zu einem erklecklichen Anteil des gesamten Landes und betragen zusammen viel mehr, als ich jemals geglaubt hätte. Schon der Blick aus der Höhe macht klar, das dort unten lang gestreckte, grüne Habitate mit blühenden, sehr diversen Lebensformen verlaufen.

Früher schien es eine festgefügte Lehrmeinung zu sein, dass die Eroberung der Savanne als Lebensraum der frühen Hominiden die Aufrichtung mit sich brachte. Aber die eben geschilderten Erkenntnisse der funktionellen Anatomie, die sich zum großen Teil in den vergangenen fünfzehn bis zwanzig Jahren durchzusetzen begannen, stimmen viel eher mit der Hypothese überein, die Australopithecinen hätten die aufrechte Haltung und den zweibeinigen Gang im Wald selbst oder in einem Waldrandhabitat evolviert. Aber beim Blick hinunter über diesen einzigartigen, schützenswerten Lebensraum wurde mir schlagartig klar, dass die Wälder, in denen die Evolution der Australopithecinen stattgefunden hat, keineswegs weite Primärwälder gewesen zu sein brauchen. In einem tiefen Wald wäre eine frühe Hominidenart sicherlich auch gut beraten gewesen, sich für eine der Alternativen zu entscheiden, entweder die Baumkronen oder den Boden. Im Gegenteil, die älteren Theorien der Entstehung unserer Aufrichtung in den Savannen beruht ja auf der heute bestätigten Erkenntnis, dass sich in jener Zeit die Savannen in Ostafrika erst allmählich und dann immer mehr auszubreiten begannen.

Aber gerade dies ist der Knackpunkt. Die Wälder entlang der Flüsse bildeten wesentlich breitere Bänder als heute. Und die Nähe des Flusses einerseits und der Savanne andererseits mögen immer wieder Anreize gegeben haben, manchmal die oberen Schichten des Lebensraumes zu verlassen.

Schimpansen wechseln oft aus den Bäumen hinab auf den Boden und umgekehrt. Hierbei nehmen sie im Geäst häufiger zweifüßige Positionen ein, als dies auf dem Boden geschieht.[188, 202] Aber bipede Fortbewegung, ohne sich abzustützen, macht auf dem Boden weniger als vier Prozent der Fortbewegungsweisen aus. Abgestützte zweifüßige Haltungen auf den Bäumen geschahen zumeist im Zusammenhang mit Nahrungsaufnahme. Eine solche oder ähnliche Konstellation zweifüßiger Verhaltensweisen am Boden und im Geäst könnte in der Evolution zum Menschen durchaus sozusagen als Disposition zu watender Haltung und langsamer Fortbewegung mit Nahrungserwerb im seichten Wasser gedient haben. Sicherlich eignete sich die bipede Haltung beim Pflücken im Geäst schlechter als Vorstufe zu gehender Fortbewegung in der Savanne.

Der Wechsel von Schichten durch senkrechtes Klettern in Verbindung mit einem beträchtlichen Anteil von Aktivitäten auf dem Erdboden könnte die Kombination der oben geschilderten Merkmale des Baumlebens und der Anpassung an senkrechtes Klettern mit dem Klettern von Kindern recht gut erklären. Schließlich verlangen die Kletterabenteuer ihrer Kinder auch heute noch den Eltern oder Betreuern oftmals gute Nerven ab; sie sind also nicht ungefährlich, und die fördernde Wirkung beim Erwerb dreidimensionaler Sinnesleistungen und motorischer Fähigkeiten ließe sich wohl auch ebenso gut durch entsprechende Spiele am festen Boden üben.

Für eine plausible Theorie der Evolution unserer Aufrichtung auf zwei Beine gibt es aber noch ein enormes Hindernis. Der Gemeine Schimpanse, *Pan troglodytes*, ist in Savannengebieten eine sehr bodenlebende Art. Dies gilt beispielsweise in Habitaten, in denen die Natur ein sehr vielfältiges Angebot aufzuweisen hat und wo viele attraktive Dinge auf dem Boden zu finden sind, wie es beispielsweise im berühmten Gombe Reservat in Tansania der Fall ist. Eine Unzahl von Fotos in den Publikationen der berühmten Schimpansenforscherin und Tierschützerin Jane Goodall belegt dies eindrucksvoll, ebenso wie Fotodokumente von anderen Forschern im Gombe Reservat.[186, 192]

Andererseits erlebte ich die Schimpansen im Osten des Kongo in einem stark bewaldeten Gebiet als eine vornehmlich baumlebende Art. Mit ihrer offensichtlichen, sowohl ökologischen als auch verhaltensbiologischen Anpassungsfähigkeit scheint sich diese Art geradezu perfekt und mühelos an all diejenigen Habitate anpassen zu können, die bisher für eine Begünstigung der Evolution unserer hominiden Aufrichtung auf zwei Beine in Frage kamen. Wenn die bipeden Menschen nicht bereits existieren würden, schienen die Schimpansen klar zu beweisen, dass eine zukünftige Evolution in Richtung auf ein zweibeiniges Wesen weder notwendig noch wahrscheinlich wäre. Denn der perfekt anpassungsfähige und flexible Primat, *Pan troglodytes*, ist ja schon vorhanden. Das Problem besteht also weiterhin darin, dass letztlich die schlüssige Begründung für komplett umgebaute Beckenknochen und für lange Beine gänzlich fehlt, aber auch beispielsweise für einen zum Greifen fast unfähigen, total umgestalteten Fuß. Viele Hinweise dafür, wie unsere Evolution zum heutigen Menschen abgelaufen sein mag, haben wir bis hierher nun schon zusammengetragen. Es ist natürlich klar, dass wir nun auch dieses Hindernis überzeugend meistern müssen.

Kapitel 8
Waten und Wassernutzung seit Anbeginn

Wassernutzung heutiger Affen

Forschungen an heute lebenden Organismen haben viele Erkenntnisse über die Evolution von Pflanzen, Tieren und Pilzen seit den Anfängen, also über längst den Tiefen der Vergangenheit angehörige Prozesse, ans Tageslicht gebracht. Um eine tragfähige Theorie der Evolution unserer Aufrichtung zum zweibeinigen Gang zu entwickeln, dürfen wir uns nicht auf die Hinweise aus der Dokumentation durch versteinerte Knochen begnügen. Die Fossildokumente allein liefern zwar durchaus Indizien über die Verhaltensbiologie vieler längst ausgestorbener Primaten; aber sicheres und vor allem verlässliches Wissen über das Verhalten der damaligen Primaten wird uns aufgrund der außerdem oft noch unvollständigen oder isoliert gefundenen Fossilien wohl für immer versagt bleiben.

In diesem Kapitel wird es darum gehen, die Beziehungen der Tierprimaten zum Wasser darzustellen. Es geht mir darum zu zeigen, dass ein für viele Affen wichtiger Lebensbereich zu Unrecht aus dem Blickfeld vieler Primatenforscher fast völlig ausgeblendet war. Daraus soll zunächst der Schluss gezogen werden, dass die Einbeziehung der Wassernutzung in Überlegungen zu unserer Evolution ergiebig sein könnte. Viele Arten von Primaten haben eine enge Beziehung zum Wasser. Hier soll sie für eine ganze Anzahl von ihnen skizziert werden, denn auch Kennern ist bereits die Tatsache allein oft wenig bewusst. Jedenfalls scheint es mir sinnvoll, von vornherein dem Argument zu begegnen, ich würde die ökologischen und verhaltensbiologischen, manchmal auch die anatomischen Bezüge der Primaten zum Wasser überbewerten oder überzeichnen.

Die zu den Schlankaffen gehörenden Nasenaffen, *Nasalis larvatus*, sind eine gänzlich baumlebende Art. Aber in ihrem Verbreitungsgebiet im Tiefland der Insel Borneo gibt es derart viele Flüsse und Wasserläufe, dass sie immer wieder gezwungen sind, welche zu überqueren. Wenn der Wasserlauf zu breit ist, um dies durch einen beherzten Sprung von einer zur nächsten Baumkrone zu bewältigen, waten die Nasenaffen oft ans andere Ufer. Aber sie sind auch agile Schwimmer.[206] Wenn beispielsweise ein großer Greifvogel am Himmel erscheint, während einige Individuen der Gruppe gerade einen Fluss oder Wasserlauf überqueren, vermögen die Tiere sogar abzutauchen, um bis zu zwanzig Meter weit entfernt wieder an der Oberfläche zu erscheinen.[207]

Über die Beziehungen zum Wasser einer anderen Art von Schlankaffen, diesmal des afrikanischen Guereza, *Colobus guereza*, fand ich in der Literatur überhaupt keine Angaben. Aber in einem Film über Westliche Gorillas in Kamerun wurde auch ein offensichtlich beiläufig im Wasser gefilmter, nach Nahrung suchender Guereza gezeigt. Er sucht und reißt verschiedene Pflanzenteile von Wasserpflanzen ab und geht, unter anderem auch aufrecht auf den Hinterfüßen laufend, im seichten Wasser umher, bis er sich auf einem etwas erhabenen Platz auf dem Trockenen niederlässt und etwas verspeist, was nach der Sprossknolle einer Wasserpflanze aussieht. Es ist nicht übertrieben, wenn ich es als typisch bezeichne, dass ich über die Wassernutzung von Guerezas auch in der Fachliteratur nicht fündig wurde. Auf ähnliche Beobachtungen werde ich auf den nächsten Seiten öfter als einmal hinweisen müssen.

Zwei Halbaffenarten, ferner der Japanische Rotgesichtsmakak, *Macaca fuscata*, und der Rhesusaffe, *Macaca mulatta*, sowie die Zwergmeerkatze, *Miopithecus ogouensis*, und der eben geschilderte Nasenaffe wurden in der freien Natur schwimmend beobachtet. Weitere dreizehn Arten sollen Zoobeobachtungen zufolge schwimmen oder zumindest waten.[209] Darüber hinaus werden nochmals sieben Arten als «weitere Arten in Uferbereichen und Sumpf» bezeichnet. Außerdem werden zwei zu den Halbaffen zählende Arten von Galagos als gemeinsam vorkommende, an Fluss- und Bachufer gebundene Spezies beschrieben, obwohl die ökologischen Gründe für ihre Beziehung zum Ufer an Flüssen und Bächen noch ungeklärt sind.[216] Zu den oben bereits aufgeführten fast dreißig Arten mit enger Bindung an Uferbereiche oder deren Nutzung wird hier noch eine ganze Reihe weiterer Arten von Tierprimaten mit ihrer spezifischen Wassernutzung zusätzlich angegeben und behandelt. Unter anderem gehören hierher noch die Ceylon-Hutaffen (*Macaca sinica*), die Grauen Languren Indiens und Nepals (*Semnopithecus entellus*), der Westliche Gorilla (*Gorilla gorilla*) und beispielsweise unser nächster Verwandter, der Zwergschimpanse oder Bonobo (*Pan paniscus*).

Auch andere nicht spezialisierte Generalisten können wegen ihrer vielfältigen Mischnahrung offenbar in Zeiten knapper Nahrungsquellen an Land besonders leicht auf den Flachwasserbereich ausweichen und dort gegebenenfalls entscheidende Ergänzungen ihrer sonstigen Nahrung sammeln. Durch eine beeindruckende Verhaltensdokumentation ist filmisch belegt, wie Wildschweine besonders im regenarmen Spätsommer gern nicht nur zur Regulation der Körpertemperatur das Wasser aufsuchen, sondern vor allem, wie sie dort gezielt nach Grünalgen, Wasserschnecken und anderem lohnenden Futter suchen.[210]

In einer neuen Untersuchung über Primaten in Kamerun wird die De-Brazza-Meerkatze, *Cercopithecus neglectus*, als ein an Flüssen zu findender Primat angegeben. In den Angaben über die Zwergmeerkatze wird präzisiert, dass sie nur selten mehr als fünfhundert Meter von einem Flussufer entfernt anzutreffen sei.[213, 214] Alle die eben genannten Arten sind Allesfresser und finden einen Teil ihrer Nahrung im Wasser. Die Zwergmeerkatze beispielsweise frißt Bachkrabben.[218] Vom im Primärwald lebenden Mandrill, *Papio sphinx*, wurde berichtet, dass er neben einer ganzen Anzahl anderer Nahrungsbestandteile auch Frösche fängt und Krabben frisst,[223] während Steppenpaviane, *Papio cynocephalus*, in den Sümpfen des Okawango in Botswana Uferbereiche intensiv nutzen und frei im Wasser schwimmen.[205]

Die Javaneraffen sind manchen Touristen in Indonesien von Tempelbesuchen auf Bali bekannt. Meist kennen aber die Touristen nicht die ganzen Streifgebiete der Makakengruppen und können daher nicht ahnen, das es kaum eine Gruppe von Tempelaffen dort gibt, die nicht auch im angrenzenden Wald einen Teil ihres Wohnbereiches am Ufer des nächstgelegenen Flüsschens hat. Der im Englischen früher sehr gebräuchliche, oben bereits erwähnte Name dieser Affen, ‹crab-eating monkey›, kommt allmählich aus der Mode. Jedenfalls ist durch Videobeobachtungen dokumentiert, dass viele von ihnen aktiv nach Futter tauchen. Die Aufnahmen legen nahe, dass dies durchaus auch zur Suche nach Strandkrabben oder anderen kleineren Krebsen geschehen kann. Sie spielen auch im Wasser und tauchen auf Futtersuche schwimmend umher.[220] Einer, der sich während eines Spiels im brusttiefen Wasser ste-

hend rückwärts umfallen ließ, hielt sich die Nase zu, da bei Rückwärts-
neigung das Wasser sonst in den hinteren Nasenraum läuft, ein Anblick,
der an im Wasser spielende Kinder erinnerte.

Als ökologische Generalisten, wie die meisten Makaken es sind, hinderte sie diese Bezeichnung als ‹Krabbenfresser› nicht daran, mir einmal
besonders kostbare Toastbrote zu stehlen: Ich war gerade zu einem For-
schungsaufenthalt im Nordwesten Borneos im Bako-Nationalpark angekommen und richtete mir meine Wohnstatt für den Aufenthalt ein. Den
Proviant für eine Woche lud ich gerade aus dem Boot, als die Makaken
mehrere Toastbrote aus der Küche eilig durch die Hintertür des beschei-
denen Holzhäuschens in den Wald hinaustrugen. Einen der Diebe sah ich
noch mit je einem Laib unter den Armen zweifüßig laufend in einem der
Wipfel verschwinden. Wer aber gewissermaßen Krabben mit Toastbrot
verspeist, muss ein wahrhaft menschenähnlicher Gourmet sein oder wenigstens die genetischen Anlagen hierfür mitbringen. Es mit einer solchen etwas saloppen Bemerkung allein bewenden zu lassen, wäre wissenschaftlich natürlich nicht hinreichend seriös, aber wir haben ja oben die
besonderen, völlig unspezialisierten Eigenschaften im Gebiss und Darmtrakt der Makaken eingehend behandelt. Diese ökologischen Generalisten nutzen praktisch alle verfügbaren Ressourcen und gewinnen an der
Küste unter anderem auch wertvolle tierproteinhaltige Nahrung.

Ceylon-Hutaffen, *Macaca sinica*, ernten Pflanzenteile und andere
Köstlichkeiten im Wasser. Dabei wagen sie sich in solche Tiefen, dass nur
noch ihr Kopf über die Wasseroberfläche ragt. Bei geringerer Wassertiefe
kann man gut beobachten, dass sie biped waten. Einmal wurde dokumentiert, wie eine Hutaffen-Mutter sich an dicht über der Wasseroberfläche hängenden Zweigen anklammerte. Sie hielt sich, kopfunter im Wasser hängend, nur mit den Füßen an den Zweigen fest. Dabei tauchte sie
nicht nur ihren eigenen halben Körper unter, sondern auch ihr winziges
Kleinkind, das sich ebenfalls mit dem Kopf nach unten an ihrem Bauch
festhielt. Sie nahm für die geraume Zeit, in der sie unter Wasser mit Nahrungssuche beschäftigt war, keinerlei Rücksicht auf das Kleine. Das
Jungtier versuchte ganz verzweifelt, sich umzudrehen, ohne den Halt zu
verlieren, um endlich wieder Luft holen zu können.

In nicht allzu tiefem Wasser waten die Hutaffen biped, und manchmal
tauchen sogar die Mütter mit ihren Kindern und schwimmen unter Was-

ser. Wie ein Unterwasserfilm festhielt, klammert sich das Junge auf dem Rücken der Mutter an und hält in der buchstäblich atemlosen Lage die Augen weit offen.

In Japan haben die Rotgesichtsmakaken nicht nur ein kulturähnliches Badeverhalten in warmen Geothermalquellen entwickelt, sondern sie wurden auf der Insel Koshima beispielsweise dabei beobachtet, dass sie Fische und Kraken erbeuteten und auffraßen.[227] Auch Schweinsaffen, *Macaca nemestrina*, gehen ins Wasser, um dort gezielt nach ganz unterschiedlicher Nahrung zu suchen. Aber auch bei den südamerikanischen Affen gibt es diesbezüglich Interessantes zu berichten. Erst kürzlich wurde das gezielte Erbeuten von Fischen auch von frei lebenden Kapuzineraffen, *Cebus apella*, berichtet. Hierfür benutzten die Affen sogar einen Köder: «Fangversuche ... geschahen häufig. Vierzehnmal wurde der erfolgreiche Fang eines Fisches protokolliert ... Bei sieben Episoden wurde vier- bis sechsmal eine Angelposition eingenommen. Diese wurde unterbrochen, wenn entweder der Köder vom angelnden Affen selbst gefressen oder wenn der Fisch den Köder ‹gestohlen› hatte und jener ersetzt wurde.»[215]

Julia Nikolei berichtet von den Grauen Languren, *Semnopithecus entellus*, in Nepal, die Affen kamen «selten speziell zum Fressen auf den Boden ... Ausnahmen stellten allerdings das Algenfressen und die Geophagie (Fachbegriff für das Fressen von Erde; Anm.) dar, ... für die sich die Tiere augenscheinlich gezielt auf den Boden begaben.»[217] An anderer Stelle schreibt sie: «Dabei konnten die Tiere durchaus längere Zeit auf den Beinen stehend zubringen, während sie mit den Händen Algen aus dem Wasser fischten und sich gelegentlich eine kurze Strecke biped fortbewegten (... durchschnittlich ... 0,7 Meter).»

Schimpanse im Zoo ertrunken! – Ein Argument?

Das junge Schimpansenweibchen war nicht einmal ganz erwachsen geworden, bis sie im Wassergraben der Freianlage des Tierparks von Nordhorn ertrank. Ihre Todesursache wurde amtstierärztlich einwandfrei festgestellt. In ihrer Lunge wurden bis in die kleineren Bronchialäste hinein Mückenlarven gefunden. Am nächsten Tag prangte das Geschehnis anklagend auf Schlagzeilen der Regenbogenpresse. Dabei war die Eingewöhnung des Neuankömmlings fast abgeschlossen gewesen; bis zu

Viele Affen gelten als wasserscheu, manche von ihnen zu Unrecht. Steppenpaviane nehmen äußerst selten Nahrung aus dem Wasser auf. In der kargen Trockenzeit aber stellt Nahrung aus Gewässern einen nicht zu unterschätzenden Selektionsvorteil dar, die knappe Periode zu überleben. Die Grauen Languren oder Hulmane in Nepal überstehen diese Zeit des Jahres, indem sie im Wasser Grünalgen ernten. Wie bei anderen Affen auch ist der Aufenthalt im Wasser oft ein Anlass, sich auf den Hinterbeinen biped aufzurichten.

jenem Zeitpunkt war alles viel versprechend verlaufen. Nun, als Letztes, hatte man den Neuling mit der ganzen ansässigen Schimpansengruppe zusammen auf die Freianlage gelassen. Auch dort ging über eine Stunde alles völlig problemlos. Kein Schimpanse zeigte Anzeichen besonderer Erregung. Die Individuen hielten zum Teil noch Abstand voneinander, aber es schien klar, dass die Tiere sich einvernehmlich arrangieren würden. Die beiden Tierärzte, der Leiter des Tierparks und die Pfleger gingen wieder an ihre Arbeit, nicht ohne dass eingeteilt worden wäre, wer bis zum Wegsperren der Affen für das Nachtquartier alle zwanzig Minuten bis halbe Stunde einmal nach den Schimpansen schauen sollte. Aber eine Viertelstunde später war das Unglück dann doch geschehen, und es blieb nur noch, den ertrunkenen Körper aus dem Graben zu fischen.

Der Vorfall schlug in Presse und Fernsehen Wellen. Spiegel-TV nahm sich des Themas an und strahlte einen unsachlichen Schmalz-and-Crime-Bericht über den Vorfall aus, obwohl man in der Redaktion von der Unsachlichkeit des Berichtes und von unstimmigen Fakten eindeutig wusste, weil ich im Vorfeld bereits mehrfach mit Redaktionsmitgliedern telefoniert hatte. Mir erschien es nun eine billige Ausrede, für den Inhalt wären nur die Autoren der Filme verantwortlich. Es war dem Redakteur erkennbar unangenehm, als ich ihn darauf hinwies, dass die Nutzung von Macht und deren wissentlicher Einsatz auch die Bereitschaft voraussetzt, selbst Verantwortung zu übernehmen und sie nicht abzuschieben. Kurzum, jahrelang hatten Tierschützer um diesen Schimpansen gekämpft. Als Kleinkind war er in einem Zirkus für die Schau ‹verbraucht› worden, bis er größer und stärker geworden war.

Eines Tages hatte das Weibchen dann einen Zirkusgast gebissen, harmlos und ungefährlich. Ob uns Menschen nicht in einer ähnlichen Situation auch zum Zubeißen zumute gewesen wäre? Wer weiß. Jedenfalls gelangte es angekettet in die Tierschau: ‹Vorsicht, bissig!›. Der Affe war einsam und wurde von Zuschauern gehänselt. Dabei hatte das junge Tier statistisch noch rund fünfunddreißig Jahre (!) Lebenserwartung *vor* sich. Man konnte der armen Kreatur nur durch den Versuch helfen, ihn in eine bestehende Schimpansengruppe zu integrieren. Ich war als Gutachter von einem Gericht hinzugezogen worden und hatte mich für die Beschlagnahme des Tieres eingesetzt. Nun musste ich mir überlegen, ob ich einen Grund für ein schlechtes Gewissen habe. Aber letztlich gab es wohl keine andere Wahl, wie man dem Einzeltier anders hätte helfen können.

Als die Schimpansin dann ertrank, war sie bei einer wahrscheinlich harmlosen Jagerei vor den ihr noch zu wenig bekannten und noch bedrohlich erscheinenden Artgenossen geflohen und ins Wasser gelaufen. Wasser hatte sie als größere Fläche wohl noch nie in ihrem Leben gesehen, und sie war ins Wasser gerannt, wie ein kleines Kind ohne Schwimmflügel. In zoologischen Gärten geschehen solche Unfälle gottlob selten, aber sie kommen immer wieder einmal vor. Daher werden die Menschenaffen vor Wasserflächen oft durch kleine Elektrozäune oder vergleichbare Einrichtungen gewarnt. In dem Tierpark, in dem der Schimpanse ertrank, war die übrige Gruppe dieser Affen seit einigen Jahren auf der von jenem Wassergraben umgebenen Freianlage ohne die geringsten Probleme untergebracht. Dass es bei einem Neuankömmling zu dieser folgenschweren Komplikation kommen könnte, hätte niemand für möglich gehalten.

Im Gegenteil, das vereinsamte Tier wieder in eine etablierte Gruppe zu integrieren, war ein verdienstvoller Versuch der Leitung des Tierparks, vor dem ich alle Hochachtung habe. Tatsache aber scheint zu sein, dass auch Schimpansenkinder, ähnlich wie beim Menschen, den Umgang mit Wasser erst erlernen müssen. Sonst können sie leicht ertrinken, ebenso leicht, wie dies beim Menschen in jedem Sommer leider auch immer wieder geschieht, weil die Kinder den Aufenthalt an und im Wasser nicht beherrschen und weil zumeist die Eltern oder Betreuer nur einen Moment lang unachtsam sind. Im Prinzip bestehen hinsichtlich des Ausmaßes dieser Gefahr für Menschen und Menschenaffenkinder ganz ähnliche Gefahren und kaum ein nennenswerter Unterschied. Deshalb ist die als Argument vorgebrachte Vermutung nicht stichhaltig, Menschenaffen würden sich im Freiland offensichtlich vom Wasser grundsätzlich fern halten, denn in Zoohaltungen würden sie ja ihre Unfähigkeit demonstrieren, mit dem kalten Nass adäquat umzugehen. Die problemlose Schimpansenhaltung auf Halbinseln beweist im Gegenteil, dass die Menschenaffen den Umgang mit der Ufersituation erlernen können. Die offenbar existente Gefahr für unerfahrene Menschenaffen lässt also keinen Schluss auf eine möglicherweise phylogenetisch bestimmte Wasserscheu unserer tierischen Verwandten oder auf ihr Verhalten im Freiland zu. Ich will dies auch mit Erkenntnissen aus dem Freiland begründen.

Gorillas als Manatis, Zwergschimpansen als Krabbenfischer

Die Beziehungen von frei lebenden Menschenaffen zum Wasser wurde oft unterschätzt. Westliche Gorillas, *Gorilla gorilla*, waten nicht nur im bauch- oder brusttiefen Wasser, wenn es sich nicht vermeiden lässt. Vielmehr nutzen sie Tümpel und Teiche, um im Wasser zu stehen oder darin zu sitzen und Wasserpflanzen regelrecht abzuweiden. So mag man einen Silberrücken im brusttiefen Wasser finden, wie er genüsslich Blätter von Wasserpflanzen kaut, die er gerade in Reichweite abgelesen hat. Von einem Manati, also einer tropisch-amerikanischen Seekuh, unterscheidet ihn dabei zweierlei. Er sitzt dabei gewissermaßen in seiner Minestrone und schwimmt nicht unter Wasser, und er liest die

Pflanzen nicht mit dem Mund auf, sondern pflückt sie genüsslich mit den Händen.

In einem grandiosen Tierfilm mit wunderschönen Aufnahmen über die Tierwelt in Kamerun sah ich einmal eine Szene, in der ein im Wasser stehendes Gorillaweibchen einladend die Hand ausstreckt. Dem Betrachter ist sofort klar, dass die Geste einem Jungtier an der Böschung außerhalb des Blickfeldes gilt. Das Weibchen will das Jungtier zu einem Sprung ins Wasser einladen. Dann taucht die ausgestreckte Hand des Kleinkindes im Bild auf; die Böschung muss also ganz nah sein. Während das Weibchen sich umdreht, um fortzugehen, springt das Jungtier flugs hinter seiner Mutter her. Aber man sieht, wie es den Rücken der Alten verfehlt und die Hand immer tiefer zwischen den Wasserpflanzen versinkt. Gerade als sie im Grün der schwimmenden Pflanzendecke verschwindet, löffelt das erwachsene Weibchen das Jungtier hinter sich greifend lässig aus dem Wasser heraus und hilft ihm, sich an seinen Rücken anzuklammern – was gerade noch gelingt. Dann beginnt das Jungtier, den Rücken der Mutter zu erklettern, um auf ihrer Schulter zu reiten. Sein Fell glänzt, denn es ist völlig nass: noch einmal gut gegangen!

Zweimal habe ich meinen kleinen Sohn aus dem Wasser gezogen. Beim ersten Mal war er zwei Jahre alt und im klaren, nicht einmal knietiefen Wasser beim Spiel mit seinen Eltern einfach umgefallen. Die nötige ‹Rettung› tat seinem Spaß am Spiel im Wasser nicht den geringsten Abbruch. Beim zweiten Mal, ein Jahr später, hatte er beim Aufbruch zum Hotelzimmer vergessen, dass er seine Schwimmflügel schon nicht mehr trug, war plötzlich noch einmal losgerannt und in den tiefen Swimmingpool gesprungen. Auch in diesem Fall wurde er binnen weniger Sekunden wieder herausgezogen, beide Male sah ich seine großen, ins Leere blickenden Augen unter Wasser, – und auch diesmal hatte er beim Auftauchen die Gefährlichkeit der Situation überhaupt nicht begriffen und fröhlich weiter spielen wollen. Er musste also den Umgang mit dem Medium Wasser mit Elternhilfe lernen; nichts beherrschte er hierfür dank einer angeborenen, also genetischen Ausstattung. Der Zwang zum Erlernen des Umgangs mit Wasser mindert aber seine Lust an diesem Element um keinen Deut. Mit Unterstützung durch die Erwachsenen waren die Situationen ebenso ungefährlich, wie sie unweigerlich zu seinem Ertrinken geführt hätten, wenn wir nicht aufgepasst und nicht im entscheidenden Moment eingegriffen hätten.

Beim eben geschilderten zweiten Vorfall habe ich den Knaben vorsichtshalber an den Füßen hochgehoben, wollte lieber ‹mal gucken›, ob ihm Wasser aus Mund und Nase läuft! Aber er war fit und erzählte, er habe etwas Wasser geschluckt. Dies zeigt, dass er das Wasser, das fälschlich in seine oberen Atemwege geraten war, wie ein Erwachsener durch Schlucken gewissermaßen aus der Gefahrenzone entfernt hatte. So kann es nämlich nicht mehr in die Lunge gelangen. Für einen kurzen Moment klappt das also auch in diesem Alter. Weitere Experimente dieser Art, auch wenn sie erhellend gewesen wären, konnte ich danach aber gern entbehren.

Jedenfalls scheinen Menschenaffen ebenso wie Menschenkinder nicht von vornherein wasserscheu zu sein. Schimpansen wurden dabei fotografiert, wie sie, ohne dazu gezwungen worden zu sein, ein Flüsschen watend überqueren.[219] Wenn sie solche Situationen kennen, gehen sie auch tiefer ins Wasser, unter Umständen bis zum Hals. Dies aber wurde bisher wohl nur bei an Menschen gewöhnten und von Menschen aufgezogenen Tieren im Freiland gesehen, während wild aufgewachsene Schimpansen eine solche unsichere Situation wahrscheinlich eher vermeiden. Sonst gäbe es wohl ähnlich lautende Freilandberichte – die aber fehlen.

Einer der besten Kenner von Zwergschimpansen oder Bonobos, Frans DeWaal, trug einmal Freilandbeobachtungen anderer Autoren zusammen, um seine eigene Ansicht der Beziehungen dieser Schimpansen zum Wasser darzulegen: «In der natürlichen Umwelt der Bonobos gibt es eine Unzahl von Flüssen und Wasserläufen, Sumpfwälder bedecken einen großen Teil ihres Verbreitungsgebietes … Sowohl Kano … als auch das Ehepaar Badrian hörten von Einheimischen, dass Bonobos Fische fangen und fressen[203] … Susman hat beobachtet, dass zahlreiche Bonobospuren entlang der Bachläufe keine auf Knöchelgang hinweisenden Handabdrücke aufwiesen … Deshalb kann Hardys Theorie vom Aquatischen Affen, zumindest hinsichtlich des Zusammenhangs von bipedem Gang und Waten in flachem Wasser, erklären helfen, warum Bonobos solche starken, langen Beine haben …. Die Theorie vom Aquatischen Affen … wird von der Gemeinschaft der Wissenschaftler kaum ernst genommen. Wenn ich die Theorie auf die Bonobos anwende, beiße ich mir auch etwas auf die Zunge. Dennoch glaube ich ernsthaft, dass die besondere Beziehung dieser Art zum Wasser in der Evolution mehr als nur beiläufig relevant gewesen sein mag.»[226]

Es lohnt sich aber auch, hier Kanos Originaltext ganz zu zitieren: «Viele Leute aus dem Dorf machten Bemerkungen, Fisch gehöre zur Nahrung von *Pan paniscus* … Ich sah mir den Schlamm, in dem Zwergschimpansen vermutlich gegraben hatten, genau an. Das Ziel ihrer Suche hätten Fische sein können, da einige Fischarten im Kongobecken den Schlamm kleiner Wasserläufe bewohnen.»[211] Der eben von DeWaal zitierte Badrian ergänzt zusammen mit einen Koautor zwei weitere Episoden: «Zwischen Ende Dezember und Anfang April … war der Wasserspiegel in den kleinen Bächen und den benachbarten sumpfartigen Gebieten niedrig. In dieser Zeit fanden wir oft Fraßspuren in und bei den Wasserläufen … Nach Fußspuren und Resten von Nahrungspflanzen können wir recht sicher schließen, dass es sich hierbei um die Aktivitäten von Zwergschimpansen handelt … Zweimal wurden kleine Gruppen unmittelbar bei der Nahrungssuche im seichten Bachwasser beobachtet … Die Tiere fraßen im Laubstreu und im Schlamm am Bachufer. Schnelle Bewegungen der Zwergschimpansen legen nahe, dass sie kleine Tiere (Fische oder Krabben) fraßen, die im Flachwasser überaus häufig sind.»[204]

In unserem Zusammenhang ist sicher auch Randall Susmans kurzer Absatz erhellend: «Wir verfolgen die Spuren der Zwergschimpansen genau weiter, den Wasserläufen entlang und im Sand an Engstellen. Die Tiere waten bei Wanderungen und beim Fressen auch in seichten Bächen. Obgleich wir zahlreiche Fußabdrücke an den Ufern von Wasserläufen feststellen konnten, haben wir keine Knöchelabdrücke gefunden, was nahe legt, dass Zwergschimpansen, wie Gemeine Schimpansen auch, nasse Hände dadurch zu vermeiden versuchen, dass sie beim Überqueren von Wasserläufen eine bipede Haltung einnehmen.»[225] Wie wir gesehen haben, gibt es jedoch auch andere Interpretationen des interessanten Verhaltens, zumal viele Primaten einschließlich dem Menschen beim Waten die Arme anwinkeln oder heben. Außerdem ist dieses Problem inzwischen möglicherweise auch gegenstandslos, da die Zwergschimpansen ja offenbar Fische und Krabben fangen und ein weiterer Bericht des bekannten japanischen Freilandforschers Kano mit seinem Koautor festhält: «Im Sumpfwald pflegten die Zwergschimpansen dauernd nach

Schlammwürmern zu suchen .... Sie bewegten sich dabei langsam in seichten Wasserläufen und angrenzenden schlammigen Bereichen und schoben den Schlamm mit ihren Fingern zur Seite. Eine Party der Gruppe E verbrachte fast drei Stunden in einem kleinen Bach auf der Suche nach Würmern im Schlamm.»[212]

Diese ebenso zahlreichen wie präzisen und vor allem in der Grundaussage übereinstimmenden Berichte aus dem Freiland belegen eindeutig, dass es viel engere Beziehungen einer ganzen Anzahl von Primatenarten zum Leben in Uferbereichen oder sogar im Wasser gibt, als dies vormals wahrgenommen wurde. Wenn wir den Menschen – aus weiter unten auszuführenden Gründen – mit einschließen, müssen wir rund vierzig Arten hier auflisten. Wie wir gesehen haben, betrifft dies auch unsere nächsten Verwandten, was stammesgeschichtlich und genetisch von besonderer Bedeutung ist.

Machen uns die Krokodile nicht einen Strich durch die Rechnung?

Natürlich sind die Flussufer in Afrika gefährlich. Der international bekannte deutsche Tierfilmer und sicher einer der besten Kenner der Wirbeltiere Afrikas, Reinhard Radke, erklärte mir einmal, wie stark ausgeprägt das Wachsamkeitsverhalten von Pavianen am Ufer der Flüsse ist, und fasste es in die prägnante Formel: «Das Ufer gehört den Krokodilen.»[222] In dieser absoluten Haltung wird er durch das Ergebnis einer Untersuchung an Steppenpavianen unterstützt. Dort heißt es, dass bei über 11 000 Nahrungsstücken, die von frei lebenden Pavianmännchen gesammelt wurden, sogar einschließlich der Trockenzeit, kein einziges aus dem Wasser stammte.[221] Das klingt mit seiner übergroßen Anzahl von Nahrungsproben derartig überwältigend, dass die Tatsache als fest zementiert gelten kann und sich keine weiteren Fragen mehr rühren dürften.

Aber in einem populären Buch zur Biologie der Affen fand ich ein eindrucksvolles Foto von zwei im Wasser kämpfenden Steppenpavianen.[224] Außerdem prangt in einer der größten Enzyklopädien über die Säugetiere der Welt ein wunderschönes Freilandfoto von einem jugendlichen Tier dieser Art, das mit frisch geernteten Seerosenknollen im Wasser steht. Die Bildlegende dazu unterweist uns, dass solcherlei Nahrung aus dem Wasser «... den Affen karge Perioden zu überleben hilft, wenn an-

Westliche Gorillas sind im Gegensatz zu früheren Berichten keineswegs wasserscheu; sie ernten oft Wasserpflanzen. Hierzu waten sie oder setzen sich in Ufernähe ins Wasser. Gemeine Schimpansen und Zwergschimpansen (Bonobos) haben ebenfalls eine intensivere Beziehung zu Ufern und Gewässern, als zumeist vermutet wird.

dere Nahrung knapp ist».[208] Wenn es aber ums Überleben geht, muss es sich mit diesem Verhalten um einen sehr effektiven Selektionsfaktor handeln. Wenn also ein Freilandforscher überhaupt keine nahrungsökologischen Beziehungen zum Wasser findet, während andere darin einen Überlebensfaktor erkennen, so erkennt man daran, dass eine noch so gründliche Studie an nur einer Population keineswegs repräsentativ für die gesamte Art zu sein braucht.

Aber das Wasser birgt auch andere Gefahren. In Sri Lanka beispielsweise sind es nicht nur Krokodile, sondern es wurde auch einmal beobachtet und dokumentiert, wie ein Waran einen kleinen Hutaffen im Wasser erbeutete und zum Fressen an Land in ein Versteck schleppte. Trotzdem, in den oben erwähnten zahlreichen Lebenslagen gehen die Affen an und in das Wasser. Sie tun es nicht nur, um einen Wasserlauf zu überqueren. Nicht das gegenüberliegende Land ist ihr Ziel, sondern das Wasser selbst. Vornehmlich suchen sie dort Nahrung. Ich möchte der Gefahr, welche von Krokodilen im Wasser zweifellos ausgeht, einmal die Risiken gegenüberstellen, die daher rühren, dass teilweise dieselben Affenarten sich auch am Waldrand oder in der Savanne aufhalten und dort natürlich ebenfalls einem Jagddruck ausgesetzt sind, durch Raubkatzen oder Hyänen beispielsweise. Niemand jedoch hat meiner Kenntnis nach bis heute die frühen Savannentheorien zur menschlichen Aufrichtung mit der Bemerkung zu den Akten gelegt, dies sei zu gefährlich, und sie seien unmöglich, weil es dort zahlreiche Fressfeinde gäbe.

In der Savanne jedenfalls muss man zur Gewinnung tierischer Nahrung mit diesen Raubfeinden auch noch konkurrieren und vielleicht sogar seine schwer erworbene Jagdbeute manchmal gegen sie verteidigen. Qualitativ hervorragende Nahrung zu erwerben, wie durch das Sammeln von Wasserschnecken, durch Fischen oder den Fang von Fröschen oder Ähnlichem an einem Ufer oder einer Küste ohne viel Aufwand möglich ist, wird nach meiner Einschätzung wahrscheinlich in der Savanne nicht so leicht zu vollbringen sein. Dies aber wäre in der Evolution ein sehr starker Selektionsfaktor für ein Leben in Wassernähe.

Wenn sich Paviane in Afrika an eine Tränke begeben, beobachten und beäugen sie fast unablässig die Wasseroberfläche. Nichts entgeht ihnen. Ein treibendes Stück Holz wird genauestens und geradezu argwöhnisch beobachtet, ob es sich vielleicht doch bewegt. Wenn es Augen anstatt Astlöcher hat, wird der Pavian, der dies entdeckt, laut rufend warnen. Jeder zum Trinken gebückte Pavian weiß um seine Artgenossen, die gleichzeitig nach Krokodilen Ausschau halten, meist auch von der Uferböschung aus oder aus dem Geäst eines Baumes am Ufer. Aber der trinkende Pavian selbst wird fast in jeder Sekunde in eine andere Richtung hinaus auf die stille Wasserfläche blicken. Und er wird sich beeilen, um diese gefährlichen Augenblicke schnell zu beenden.

Bei Huftieren ist dies anders. Sie halten sich zwar ebenfalls nur so lange wie unbedingt nötig zum Trinken am Ufer auf. Aber Gnus oder Impala-Antilopen gegenüber kann sich ein Krokodil, flach über das Wasser spähend, durchaus als ein dahintreibendes Stück Holz ausgeben und, wenn auch nicht häufig, Erfolg mit dieser Taktik haben. Jedes der Huftiere sichert und späht nur für sich selbst. Wenn es aus irgendeinem Grund zurückschreckt, tut es dies nicht, um die anderen ausdrücklich zu warnen, sondern primär nur für sich selbst. Bei Pavianen wird eine solche Taktik des sich tot stellenden, räuberischen Reptils wohl praktisch nie zum Erfolg führen. Dies liegt auch an der hervorragenden Gestalterkennung, deren die Affen fähig sind, und an ihrem hoch entwickelten Lernvermögen. In beidem sind sie Zebras oder Antilopen haushoch überlegen.

Dennoch werden wohl manchmal insbesondere junge Paviane von Krokodilen erbeutet. Fast immer haben dann die Kriechtiere ihre andere und häufiger eingesetzte Taktik benutzt: In beträchtlicher Entfernung, wo sie noch unbemerkt geblieben waren oder nicht für eine ernste Gefahr gehalten wurden, sind sie untergetaucht. Dann haben sie sich, langsam unter Wasser nach dem Gehör schwimmend, ihrer Beute lautlos und unsichtbar genähert, um plötzlich mit einem Satz das Beutetier zu schnappen, es unter Wasser zu ziehen und nach Krokodilsart zu ertränken.

In größeren afrikanischen Seen, in denen das Wasser klarer und der Fischreichtum groß ist, gelten Krokodile oft als ungefährlich. In diesem Sinne wurde auch Touristen gegenüber immer wieder behauptet, dass sie dort nur Fische fressen und dass das Baden gefahrlos sei. Meistens mag dies sogar stimmen. Außerdem gilt Lärm als sicheres Mittel, Krokodile zu vertreiben. Die Einheimischen lassen Touristen durchaus vom Boot aus schwimmen und schlagen mit den Rudern flach auf das Wasser und machen Lärm. Ob diese Methode wirklich funktioniert, ist umstritten. Aber immer wieder werden Menschen Opfer ihrer Fehleinschätzung, Krokodile würden praktisch nur Fische fressen und wären an diesem oder jenem See von stetigen Fischmahlzeiten immer satt.

Krokodile haben die Eigenart, auch dann noch attraktive, leicht zu überwältigende Beute zu fangen und zu ertränken, wenn sie nicht oder nicht sehr hungrig sind. Oft vergraben sie ihre Beute dann im Schlamm, um sie später wieder auszugraben und zu fressen. Außerdem kann die Stille es dem Krokodil leicht gemacht oder ihm einen weiteren Anreiz geboten haben. Die Orientierung des Räubers unter Wasser nach dem Gehör kann ihm den Fang wohl erleichtern, so wie die Desorientierung durch Lärm ihm den Beutezug erschwert. In diesem Zusammenhang habe ich den Eindruck, dass im Uferbereich spielende Kinder durch ihr häufiges Bewegungsspiel ein wenig vor angreifenden Krokodilen geschützt sind: Ein notwendig werdender Richtungswechsel könnte ein Krokodil durch plötzliche Wirbel auf der Wasseroberfläche verraten. Auf frühe Hominidenkinder übertragen, hätte dies, wenn überhaupt, einen jedenfalls deutlich geringeren Beitrag zu deren Sicherheit geleistet als die Aufmerksamkeit ihrer Eltern am Ufer.

Aber der Krach, den Kinder machen! Der scheint doch wirklich zu wirken. Ich habe den Eindruck, dass im Wasser spielende Kinder noch lauter sind als auf dem Buddel-und-Kletter-Platz. Es könnte durchaus sein, dass im Flachwasser spielende Kinder unbewusst, auch heute noch, durch alte Hominidengene gesteuert, ihr angeborenes Schutzverhalten gegenüber gar nicht mehr vorhandenen Krokodilen zeigen. Ich will gleich betonen, dass dies zum jetzigen Zeitpunkt noch reine Spekulation ist. Aber ich halte die Fragestellung für interessant und die Hypothese durchaus für möglich. Aber bevor ich auf dieses Thema zurückkomme, ist noch etwas über die Krokodile zu erzählen.

Es gibt nämlich ein weiteres, wie mir scheint, wesentlich stärkeres Verdachtsmoment für eine Koevolution der frühen Hominiden mit Krokodilen. Das Wasser der Flüsse in Afrika trägt nämlich meist recht viele Sedimente mit sich und ist deshalb mehr oder weniger trübe. Je undurchsichtiger es ist, desto besser wird die Taktik des Krokodils sein, sich unter Wasser langsam an die Beute heranzuschwimmen. Das trübe Wasser hat biologisch die gleiche Qualität, beispielsweise zum Trinken, wie klares Wasser, das es jedoch nur selten gibt. Auch Reinhard Radke hält die gute Trinkqualität schmutzig aussehenden Wassers in einem seiner Bücher fest und berichtet, dass er und sein Team bei ihren Filmexpeditionen in Ostafrika trübes Wasser durchaus im Camphaushalt verwendet haben.

Die gläserne Durchsichtigkeit von Wasser ist also kein Maß für seine Reinheit, aber in der Natur immer ein Anzeichen dafür, dass es abgestanden ist. Daher erscheint es doch interessant, vielleicht sogar aufschlussreich, dass alle Menschen der Welt eine biologisch eigentlich nicht zu begründende Bevorzugung für klares Wasser haben. In der Werbung für jedwede Wassernutzung in den Ferien oder in der Freizeit wird klares Wasser angepriesen und mit ‹Wohlfühlen› assoziiert oder gar gleichgesetzt. Trübes Wasser wird diffus als unangenehm erlebt oder konkret, insbesondere von Schwimmern, als bedrohlich empfunden.

Eine gute Bekannte erzählte mir einmal, sie habe auf einer Frankreichreise an einem heißen Sommertag im Lot gebadet, einem recht großen Fluss inmitten einer malerischen Landschaft. Das trübe Wasser habe ihr zwar nicht behagt, aber die Lust auf eine Abkühlung war einfach stärker. Plötzlich streifte ein unsichtbar unter Wasser dahintreibender Ast ihr Bein. Obwohl ihr im Kopf absolut klar war, dass es sich um etwas völlig Harmloses handeln musste, wurde sie blitzschnell von Panik ergriffen. So schnell sie nur konnte, verließ sie das Wasser. Auch nachdem sie sich das Geschehen nochmals klar gemacht hatte, konnte sie nichts mehr zu einem erneuten Bad bewegen.

Dies reicht bis in die tiefenpsychologische Traumdeutung, in der man das Träumen von klarem Wasser positiven Lebenssituationen zugesellt und das Traumerlebnis trüben Wassers mit unguten oder angstvollen beziehungsweise bedrohlichen Lebenslagen in Verbindung bringt. Niemand hat mir bislang einen triftigen Grund für diese Abneigung gegen trübes Wasser nennen können. Es sei eben nicht sauber, wird immer wieder gesagt, was in unserem biologischen Herkunftskontinent Afrika nie gestimmt hat und auch weiterhin falsch ist. Auch hat es in allen vorindustriellen Zeiten nie zugetroffen, sondern lediglich in den letzten wenigen Jahrhunderten in industrialisierten Gebieten. Trübes Schmelzwasser beispielsweise war mit Sedimenten beladen, aber im biologischen Sinne keineswegs verschmutzt. Menschen wahrscheinlich aller Kulturen erleben bei sich eine angeborene, positive Einstellung zu klarem und eine deutlich negative zu trübem Wasser, die sie oft nicht näher bezeichnen können. Ich will es wirklich nicht einfach behaupten, aber es passt fugenlos ins Bild wie ein viel gelapptes Puzzleteil, dass sich in der Scheu vor trüben Gewässern die stammesgeschichtlich von unseren afrikanischen Affenahnen ererbte Angst vor angreifenden Krokodilen äußert.

Nur Ertrunkene und Moorleichen? Mit Sicherheit nicht!

Hat das Leben der Menschen in der Vergangenheit am Wasser stattgefunden? Sind frühe Hominiden oder Menschen aus dem Mittelalter nur zufällig in einem Sumpf gestorben? Menschen, die später als Moorleichen gefunden wurden, sind jedenfalls aus sehr verschiedenen Gründen dort umgekommen. Ein Fall aus dem Naturgeschichtlichen Landesmuseum in Oldenburg beschäftigt in jüngster Zeit die Forscher von CAESAR, dem ‹Center of Advanced European Studies and Research›, wo man die Todesursache einer männlichen Moorleiche zu erhellen versucht. Der Mann aus dem Moor kann umgebracht worden sein, oder er verirrte sich am Abend eines nebligen Herbsttages. Die Nacht brach herein, und das Moor besiegelte das Schicksal des gerade erwachsenen Mannes.

Um es gleich zu sagen, Knochenbrüche oder andere Verletzungen am Skelett werden die Untersucher nicht finden. Die säurehaltige Umgebung löst im Moorboden den Kalk aus den Knochen, so dass lediglich die Haut und Weichteile für lange Zeit gut konserviert werden. Die Oldenburger Moorleiche hat zwischen 20 Jahren v. Chr. und 310 Jahren n. Chr. ihr Leben in jenem Oldenburger Moor beendet. Wichtig ist jedoch nicht nur, dass es eben die saure Beschaffenheit des Moorbodens ist, welche uns die Moorleiche runde zweitausend Jahre lang buchstäblich mit Haut und Haar erhielt. Von Bedeutung ist in unserem Zusammenhang nämlich auch, dass der Mageninhalt des bereits 1936 gefundenen Torfmenschen untersucht wurde. Neben bestimmten Getreidekörnern hatten die Wissenschaftler Fischgräten darin gefunden. Der junge Mann hatte sich also auch zu seinen Lebzeiten am Ufer aufgehalten und die Nahrungsquellen des Wassers zu nutzen verstanden.[228] Aber die Herleitung, die ich hier versuche, wäre unvollständig, würde ich nicht bei den frühesten Hominiden beginnen.

Sicher wäre es hilfreich, nach dem Vergleich anatomischer, verhaltensbiologischer und ökologischer Sachverhalte und Schlussfolgerungen über phylogenetische Prozesse nun auch die Erdgeschichte selbst zu Rate zu ziehen. In der letzten Phase der erdgeschichtlichen Periode des sogenannten Miozäns vor rund acht Millionen Jahren war das heutige Rote Meer ein großer Golf des Mittelmeeres. Eine schmale Landbrücke verband die Arabische Kontinentalplatte mit dem afrikanischen Kontinent, der Nubischen Platte. Sie existierte viele Millionen Jahre lang und war eine wichtige Landverbindung für den Austausch insbesondere von Tieren zwischen Afrika und Asien.[232] Diese Landbrücke, der so genannte Afar-Isthmus, markiert heute die östliche Begrenzung des Afar-Dreiecks, in dem vor über zwanzig Jahren einer der wichtigsten Hominidenfunde, *Australopithecus afarensis*, gemacht wurde, ein ungewöhnlich vollständiges, enorm altes fossiles Skelett, das unter dem Spitznamen ‹Lucy› weltweite Berühmtheit erlangte.

Schon relativ kurze Zeit später, mit Beginn der Periode des Pliozän vor vielleicht gut sechs Millionen Jahren, entstand eine Landbrücke im heutigen Sinai-Gebiet und trennte das Mittel- vom Roten Meer. Letzteres aber gewann beim Golf von Aden eine Verbindung zum Indischen Ozean. Außerdem wurde das Afar-Gebiet überflutet mit einem weiten Eindringen des Meeres in das heutige Rift-Valley-System. Dabei entstand eine große Insel im Roten Meer, das die so genannten *Denakil-Alpen* im Westen in Richtung Rift-Valley umfloss sowie im Osten in Richtung Golf von Aden. Im Süden berührten sich beide Arme nördlich des heutigen somalischen Horns von Afrika, welche eine Erhebung der Somalischen Platte darstellt.[257] Die Denakil-Alpen reichen vom heutigen Djibouti im Süden bis ins mittlere Eritrea im Norden. Sie sind eine tektonische Verwerfung der Nubischen Platte.

Zu jener Zeit waren sie tropisch bewaldet, und sie sind es heute noch oder waren es zumindest in Restbeständen noch vor wenigen Jahren. Mit einer Ausdehnung von größenordnungsmäßig etwa zwei Dritteln des heutigen Sri Lankas bei etwa fünfhundert Kilometern Länge wäre es ein durchaus möglicher Ausgangspunkt für eine relativ schnelle Evolution, wie wir sie hier diskutieren. Später gewann die Denakil-Insel wieder Kontakt zum afrikanischen Kontinent. In der gesamten Region gab es jedenfalls ausgesprochen lange Küsten- und Uferabschnitte, entstehende Savannen und noch wesentlich mehr Regenwälder als in historischen Zeiten. Der renommierte britische Primatologe Simon Bearder meinte einmal, dass unsere Ahnen «wie andere Primaten auch ... an Land schliefen, wahrscheinlich in den sicheren Bäumen, aber allmählich verbrachten sie mehr ihrer Zeit im Wasser und evolvierten schließlich eine Kombination von Merkmalen, die sich auf ihre amphibische Lebensweise zurückführen lässt».[231]

Die eben skizzierte Epoche begann vor rund acht Millionen Jahren. Zwei Funde aus dem Jahr 2001 erschütterten die Fachwelt wie Donnerschläge. Beides waren maßgeblich französische Kampagnen. Beginnen wir mit dem derzeitig ältesten der beiden Funde. Am 19. Juli 2001 fand ein junger Expeditionsteilnehmer aus dem Tschad, Mitglied des französisch-tschadischen Teams um Michel Brunet, einen wunderbar vollständig erhaltenen Schädel. Bald schon wurde er «Toumaï» genannt: Hoffnung zu leben oder: Hoffnung oder Lebenshoffnung. So nennen an diesem scheinbar gottverlassenen Ort mitten in der Djurab-Wüste die Goran in ihrer Sprache jene Kinder, die unmittelbar zu Beginn der Trockenzeit geboren werden. Und Trockenzeit bedeutet dort, dass es von nun an erst recht nicht mehr regnet. Der Fundort liegt rund 700 Kilometer nordöstlich der Hauptstadt N'Djaména und etwa 500 Kilometer südlich der höchsten Gipfel des zentralsaharischen Tibesti-Gebirges. Also nichts als Wüste. Trotzdem haben die Fachleute den Grabungsort TM 266 für aussichtsreich gehalten, um dort nach menschlichen Vorfahren zu suchen. Als nacherzählender Autor schämt man sich fast. Es ist so leicht, die Geschichte zu erzählen, während die Entdecker jahrelang unter der Saharasonne eine Sedimentschicht nach der anderen vorsichtig abkratzten.

In den untersten Schichten fanden sie Dünen, also Windablagerungen aus extrem trockener Zeit. Darüber einen stark durchwurzelten Uferbereich, in dem sie auf Reste von Termitenbauten stießen. Alle dort geborgenen Reste landlebender Wirbeltiere fanden sie in dieser Schicht. Darüber bietet TM 266 eine nur einen halben Meter dicke Schicht von Ablagerungen mit Schlamm sowie Fisch- und Krokodilresten. Kein Zweifel, diese Sedimente stammen aus der Flachwasserzone des damaligen Tschadsees. In einer trockeneren Periode zuvor hatten am Ufer des Sees Antilopen und Schweine, Affen und Hyänen gelebt – und ein Hominide, der bis heute älteste Vertreter der Familie der Menschenartigen: *Sahelanthropus tchadensis*, zu deutsch ‹der Mensch aus dem Sahel, den man im Tschad fand›.[239] Ganz wichtig ist, dass sich in der Schicht mit den Flachwassersedimenten und fossilen Überresten von Fischen und Krokodilen keine Landwirbeltiere fanden. Jene lebten am Ufer auf dem

Trockenen, zusammen mit dem Urhominiden. Und dort waren sie auch gestorben.[277]

Die Wahrscheinlichkeit für einen Knochen, zu versteinern und nicht zuvor dem Gebiss von Hyänen zum Opfer zu fallen, ist im Sumpf unter Luftabschluss am größten. Oft wird ein Bezug der frühen Hominiden zum Wasser bezweifelt, weil eine Fossilierung wahrscheinlich nur im Sumpf stattfände und woanders die Wahrscheinlichkeit hierfür einfach zu gering sei. Der Fundort im Sumpf oder im Sediment eines Gewässers böte ein verzerrtes Bild. Die Szenerie dieser Fundstätte jedoch beweist, dass viele landlebende Tiere versteinern konnten, ohne zuvor zu ertrinken oder ohne in einen Sumpf zu fallen. Genau hier fand Ahounta den Hominidenschädel. Der letzte, unwiderlegbare Beweis für einen Fundort am trockenen Ufer stammt ausgerechnet von kleinen Kothaufen. Fein säuberlich haben kleine Mistkäfer, Scarabeiden, wie die Fachleute sie nennen, Dungpillen zur Aufzucht ihrer Brut gedreht. Zusammen mit dem Schädel von Toumaï sind sie in derselben Schicht versteinert. Unter Wasser können jedoch Mistkäfer keine Brutpillen gedreht haben. Wären diese Käfer der Gattung *Scarabaeus* nicht schon von den Ägyptern als heilige Tiere verehrt worden, Brunet und sein Team hätten die Heiligsprechung dieses Beweises wegen nun möglicherweise nachgeholt.

Zu den ältesten fossilen Hominidenfunden der neunziger Jahre, die auch wenigstens einige Hinweise auf deren Fortbewegungsart erlauben, gehören die rund 4,4 Millionen Jahre alten Überreste von *Ardipithecus ramidus*.[281, 282] Er wurde erst 1994 am Oberlauf des Flüsschens Aramis im Afar-Gebiet gefunden, an einem Zufluss des Awash-Flusses in Äthiopien, an dessen Ufern auch schon Ende der siebziger Jahre die berühmt gewordene ‹Lucy› entdeckt worden war.[254] Diese Hominiden hatten zu ihren Lebzeiten die Uferbereiche des Awash bewohnt. Ein weiterer Fund des letzten Jahrzehnts, etwas weiter südlich und bereits im ostafrikanischen Grabensystem lokalisiert, ist der etwa vier Millionen Jahre alte *Australopithecus anamensis* aus Kanapoi, der von Meave Leakey und ihrem Team gefunden und beschrieben wurde. Sein Artname leitet sich von dem Turkana-Wort *anam* her, was See bedeutet, denn die Gesamtheit der Funde an jener Grabungsstätte wies klar auf ein Leben am Einflussdelta eines ehemaligen Flüsschens in einen damaligen See hin.[258]

Eine ähnliche Fundsituation bietet noch ein sensationeller Fund aus den Neunzigern mit dem zungenbrecherischen Namen *Australopithecus barelghazali*. Aber das französische Team der Universität Poitiers um Michel Brunet hatte ihn 1995 im Tschad in einem Wadi, einem Trockental, mit dem Namen Bar-el-Ghazal gefunden, was auf deutsch «Fluss der Gazellen» heißt. Mit diesem Wissen und nach erfolgter Strukturierung des arabisch-lateinischen Begriffes klingt es vielleicht nicht mehr ganz so schlimm. Wichtig ist mir daran, dass Brunet das Umfeld zur Lebzeit seines Hominiden bei diesem ersten spektakulären Fund bereits als eine Landschaft am Waldrand mit einem Flüsschen beschrieb, der offenbar den zahlreichen Antilopen als Tränke diente. Überhaupt wird klar, dass die meisten heutigen Fundstätten, in Savannen oder Wüsten gelegen, früher einmal blühende Landschaften waren.

Wie auch die wissenschaftliche Namensprägung schon dieses ersten bedeutenden Fundes verrät, waren die Fundorte oft durch die Anwesenheit eines Flusses oder Seeufers geprägt. Hierauf weisen eindeutig die oben schon für den späteren Fund Toumaï (*Sahelanthropus tchadensis*) dargelegten fossilen Beifunde hin, die fast ausnahmslos eine reiche Fauna von beispielsweise Huftieren und ihren Raubfeinden in einem Uferhabitat beweisen. Auch zu dem berühmten Fund ‹Lucy› heißt es in der Literatur, dass sie «... in einem Gebiet von Auwäldern und Seen lebte und starb. In der Nähe ihrer Knochen fand man Krokodile und die Eier von Schildkröten sowie Beine von Krebsen ... Sie bewohnte eindeutig eine halbaquatische Umgebung, und sie war in der Lage, aufrecht zu gehen.»[231]

Eines der zuerst beschriebenen hominiden Fossilien, das aufgrund einer systematischen Grabungskampagne gefunden wurde, war der unsterblich gewordene *Pithecanthropus* (heute *Homo erectus*), den Eugène Dubois 1893 in den Ufersedimenten des Sungai Solo auf Java in Indonesien entdeckte.[280] Nur auf den ersten Blick kann dies daran liegen, dass die Wahrscheinlichkeit zu versteinern, anstatt spurlos zu vergehen, an jenen Fundorten höher war als beispielsweise in der freien Savanne, wo fast alle Tierleichen zerfleddert, die Knochen zerstreut und schließlich von Hyänen zerbissen werden. Aber es ist gar keine Frage, ob ein Knochen fast nur unter Luftabschluss und am bestem im Schlamm fossiliert! Nur die Gesamtheit der Fundlage, die Beifunde, *alles*, was in der modernen Paläanthropologie analysiert wird, lässt in vielen Fällen den Schluss zu, dass der Tod die frühen Hominiden nicht zufällig im Uferschlamm überraschte. Eine Verschleppung eines Hominidenkadavers aus der Savanne in den Uferbereich, ohne ihn zu fressen, wäre eine unsinnige Annahme.

Es mag durchaus einmal ein ertrunkener Vorfahr fossil wieder in Erscheinung treten. Aber warum ist er ins Wasser gegangen und in diese Gefahr geraten? Es sei denn, dies wäre sein Lebensraum gewesen. Doch gemessen an der Dauer, die man täglich mit dieser Tätigkeit verbringt, wäre die Wahrscheinlichkeit, beim Trinken auch gleich zu ertrinken, sicher minimal. Jonathan Kingdon bemerkt hierzu: «Es ist kaum vorstellbar, dass Erectus-Menschen ... in Südostasien gelebt haben sollen, ohne die Nahrungsressourcen der strandnahen Wasserzonen zu nutzen, womöglich sind zumindest einige ausgegrabene Abfallhaufen mit Muschelschalen dem Erectus zuzuschreiben.»[255]

Vor etwa 1,6 Millionen Jahren fand der berühmt gewordene ‹Turkana-Junge› mit der Fundbezeichnung KNM-WT 15 000 den Tod. Nach seinem Zahnstatus zu urteilen, war er nur etwa zwölf Jahre alt geworden, als er starb. Seine Leiche lag im Schlamm des kleinen Flüsschens Nariokotome am Westufer des Turkanasees in Kenia. Natürlich bestanden dort beste Fossilisationsbedingungen. Vielleicht ist er ein Beispiel für das im vorigen Kapitel erwähnte Verhalten von Krokodilen und wurde möglicherweise von einem Krokodil getötet, von jenem vergraben und später vergessen. Aus dem gleichen Grund dient seit langem schon der wegen der Harnsäure weithin weiß im Sedimentkalk leuchtende fossile Kot von Krokodilen den Paläanthropologen als Hinweis auf aussichtsreiche Grabung nach fossilen Wirbeltierresten. Trotzdem scheint es mir nicht zu Ende gedacht, wenn man ausschließlich die Bedingungen für die Versteinerung als einzigen Grund heranzieht. *Sahelanthropus* zusammen mit Landtieren ist ein gutes Argument gegen eine solche Vermutung. Und es trifft sich gut, dass es das zurzeit älteste Hominidenfossil der Welt ist ...

Einer von vielen für eine frühe Ufernutzung nützlichen Hinweisen ist die außergewöhnliche Fundstätte von Olorgesailie, rund sechzig Kilometer südlich der kenianischen Hauptstadt Nairobi. Hier fanden Paläanthropologen viele Tausende einfacher Steinwerkzeuge, die der Werkzeugindustrie des Acheulium zugeordnet werden. Über ein weites Gebiet verstreut liegen hier die Steinartefakte, zusammen mit Tierknochen und deren Bruchstücken. Gerade die Art und Weise, wie die Knochen zerschlagen worden waren, belegen unzweifelhaft, dass sie den Werkzeugherstellern als Nahrung gedient hatten. Bei den Funden handelt es sich um «Uferablagerungen eines längst ausgetrockneten Sees»,[236] man hatte also an einem Ufer gelagert, geschlachtet und gegessen – kurz, man hatte hier gelebt.

Die geologische Fundsituation der mit etwa 1,7 Millionen Jahren «ältesten pleistozänen hominiden Schädelreste» in Eurasien, die 1999 im georgischen Dmanisi geborgen wurden, vermittelt insofern Hinweise auf ein Leben an oder im Wasser, als «alle geologischen Fakten darauf hinweisen, dass die Sedimente durch langsam, mit geringer Energie fließendes Wasser ... wahrscheinlich bei einer sanften Überschwemmung abgelagert wurden».[245]

Zwei bedeutendere europäische und ein afrikanischer Fund sollen hier ebenfalls betrachtet werden, obwohl ihre Datierung sie geologisch als beträchtlich später ausweist.[237, 249] Der Unterkiefer des *Homo erectus heidelbergensis*, auch als eigene Art *Homo heidelbergensis* bezeichnet, wurde in Flussablagerungen bei dem kleinen Ort Mauer bei Heidelberg gefunden. Da in einem Fluss der ungestörte, originale Ablageort zum Zeitpunkt des Fundes nicht mit Sicherheit angenommen werden kann, wird dieser Unterkiefer vage auf ein Alter zwischen 500 000 und 600 000 Jahren geschätzt. Ähnliche Umstände treffen auf den Schädel zu, der in der Nähe des schwäbischen Dörfchens Steinheim an dem kleinen Fluss Murr gefunden wurde und der als rund 250 000 Jahre alt gilt. Ein bisschen jünger als 200 000 Jahre mag der archaische *Homo sapiens* alt sein, dessen Schädel vom Eyasi-See in Kenia stammt und der ebenfalls ein Uferbewohner gewesen sein könnte. Zumindest spricht in diesen Fällen nichts dagegen.

Ufernahrung – seit Adam und Eva

Es besteht weit gehend Einigkeit darüber, dass die Zunahme an tierischer Nahrung in der Evolution der Hominiden schlicht eine Notwendigkeit für die spätere Entwicklung eines großen und vor allem in den ersten beiden Lebensjahren enorm schnell wachsenden Gehirns ist. Für Säuglinge stellt dies weniger ein Problem dar, da sie das «tierische» Protein, gewissermaßen mittelbar, aus der Milch ihrer Mütter beziehen. Aber es ist von fundamentaler Bedeutung für ihre Mütter, die diese Milch synthetisieren und bereitstellen müssen. Hierauf gründet die ärztliche Empfehlung, dass schwangere und stillende Frauen, die als strikte Vegetarierinnen leben, zum Wohl ihres Kindes ihren Lebensstil zumindest vorübergehend fallen lassen sollten, um wenigstens einige essentielle Aminosäuren für das Wachstum und die gesunde Reifung ihres Kindes aus tierischer Nahrung aufzunehmen. Denn in Pflanzen gibt es sie einfach nicht, und ohne essentielle Aminosäuren kann keine gesunde Entwicklung eines Embryos oder Feten stattfinden.

Unsere hinsichtlich ihrer Nahrung unspezialisierten Vorfahren mussten also im Lauf der Evolution einen steigenden Bedarf an tierischen Proteinen befriedigen. Auch mehrfach ungesättigte, tierische Fettsäuren wurden in zunehmendem Maße benötigt. Beides gilt, obwohl die Hauptmenge der Nahrung in den meisten menschlichen Gesellschaften heute wie damals pflanzlichen Ursprungs ist. Der gestiegene Bedarf an tierischem Eiweiß wird im Allgemeinen nicht bestritten und ist, expressiv oder zwischen den Zeilen, Bestandteil praktisch aller am Beginn dieses Buches referierten Theorien. Eine Zunahme tierischer Nahrung stimmt auch mit allen Beobachtungen der weiteren Evolution und der Vorgeschichte der Gattung Mensch überein. Mit ihr begründet man auch die Entstehung eines Bildes von den frühen Menschen vornehmlich als Jäger größerer Tiere, während sich das Sammlertum nicht nur landläufig, sondern auch in der vorgeschichtlichen Wissenschaft kaum niederschlägt.

Dieses Verständnis vergangener Gesellschaften scheint mir insofern falsch zu sein, als die Jagd, vor allem auf große Tiere, in ihrer Bedeutung für die Ernährung der Menschen weit überschätzt wurde oder wird. Alle großen Tiere sind gefährlich und bedürfen bei der Jagd eines hohen Einsatzes. Dies gilt für den Aufwand, die aufzubringende Energie, in ähnlichem Maße wie für das genetische Risiko, einen Jäger als Genträger seiner Sippe zu verlieren. In allen im zwanzigsten Jahrhundert entdeckten oder dahingehend näher studierten nichtindustrialisierten Gesellschaften von Jägern und Sammlern spielte die Jagd auf Großwild eine äußerst geringe Rolle.

Aber die Bedeutung der tierischen Nahrung liegt nicht nur in den Eiweißen, sondern in einer ganzen Anzahl anderer Bestandteile, darunter die eben erwähnten mehrfach ungesättigten tierischen Fettsäuren. Als ich bereits an Entwürfen zum Manuskript dieses Buches arbeitete, erschien in der Zeitschrift «Science» im Frühsommer 2002 ein Artikel, von dem ich hier drei knappe Absätze ungekürzt im Zusammenhang zitieren möchte: «Abbildungen menschlicher Vorfahren zeigen ziemlich stereotyp kernige Jäger, die ein Gnu heimbringen, Fleisch mit Steinwerkzeugen schlachten und auf Nahrungssuche die Savanne durchstreifen. Ein korrekteres Bild für jene Zeiten könnten hingegen Fischer sein, Männer und Frauen, die in stille Seen hineinwaten und die schweigend Meeresküsten entlangpatrouillieren, auf der Suche nach Fischen, den Eiern von Meeresvögeln, Weichtieren und anderer Meeresnahrung.

Bei einem Symposium über die Notwendigkeiten der Ernährung für die Evolution des Gehirns debattierte eine ungewöhnlich zusammengesetzte Gruppe aus Anthropologen, Neurochemikern, Ernährungswissenschaftlern und Archäologen über die Art von Nahrung, die unterstützend für die dramatische Vergrößerung des menschlichen Gehirns notwendig war. Das zentrale Interesse galt hierbei der Frage, wie unsere Ahnen genügend so genannte Omega-Fettsäuren aufnehmen konnten, die für die Entwicklung des Gehirns unabdingbar sind. Obwohl einige Forscher vorschlugen, dass die Quelle hierfür in der Aufnahme von Gehirn und dem Fleisch anderer Organe bestanden hätte, stimmten die meisten darin überein, dass unsere Ahnen auf Fisch oder auch Muscheln angewiesen waren.»

Der Artikel fährt fort, dass nur eine Nahrungszusammensetzung unsere Gehirnentwicklung ermöglicht habe, wie sie lediglich am Ufer gefunden werden könne. Ein Teilnehmer wird mit den Worten zitiert: «Das liegt daran, dass die Menschen, so intelligent wir auch sein mögen, eben buchstäblich Fettköpfe sind: Rund sechzig Prozent der strukturellen Hirnmasse sind eben Lipide, also Fette, fast alles davon in Form von zwei langkettigen, mehrfach ungesättigten Fettsäuren … Wenn sich also das Gehirn eines Fetus entwickeln soll, hat ein Mangel an diesen beiden Fettsäuren katastrophale Folgen.»[247]

Wenn man das damalige Verhaltensrepertoire zum Erwerb von Nahrung aus dem Wasser berücksichtigt, hätten sich unsere Vorfahren leicht große oder doch zumindest ausreichende Mengen an Muscheln, Wasserschnecken, Fischen oder Fröschen aus Tümpeln und kleinen Teichen besorgen können. Dies gilt bereits für unsere tierischen Verwandten. Vom Zwergschimpansen sind zwei Arten von Süßwasserkrabben als Nahrung bekannt.[230] Wenn wir außerdem die Meeresküste einbeziehen, konnten sie ohne große Anstrengungen noch Seesterne, Seeigel, Wattwürmer oder deren Verwandte, Miesmuscheln und andere Meerestiere fangen oder sammeln. Der bekannte Primatologe Vernon Reynolds schrieb einmal, dass Binnengewässer mindestens «genügend zusätzliche Nahrung bereitstellen, um als Selektionsfaktor gerechnet zu werden».[268]

Austern und Froschschenkel – Gourmets gab es zu allen Zeiten

Auch heutzutage – und wahrscheinlich seit Millionen von Jahren unverändert – beruht die Proteinversorgung von uns und unseren Ahnen in vielen, besonders tropischen Ländern zu einem entscheidenden Anteil auf Küstenfischerei und auf dem Sammeln von Küstentieren. So geschieht es beispielsweise mit geradezu primitiven Mitteln auf Rodriguez, einer kleinen, zu Mauritius gehörenden Insel mitten im Indischen Ozean. Dort werden *Octopus* in den Lagunen von watenden Frauen einfach mit einem Drahthaken aus ihren Verstecken geangelt. Die Versorgung mit Tierprotein bezieht sich aber auch auf das Sammeln von Fisch, verschiedenen Muscheln und Krabben.[272, 274, 278] Wie in der Urgeschichte spielt die Nutzung von Ufertieren bei einigen Aborigines in Australien eine erhebliche Rolle. Das Sammeln von Mollusken (Weichtieren) ist bei jenen Menschen nach einer Studie aus den 60er Jahren grundsätzlich eine Sache von Frauen und Kindern. Außerdem fand man heraus, dass man Schalentiere ganzjährig sammelte. Pro Tag konnte eine Frau ungefähr 11,5 Kilogramm Muscheln auflesen, was etwa 2,4 Kilogramm Fleisch entspricht. Wenn nötig, waren sie aber auch in der Lage, 43 Kilogramm dieser Wassertiere zusammenzutragen.[255]

Dies setzt sich ohne den geringsten Bruch in der Fischerei moderner Nationen fort. Diese Kontinuität erscheint mir als ein bedeutender Pfeiler der hier vorgestellten Theorie, denn sie lässt bereits ahnen, dass die Ernährung der Hominiden aus dem Wasser von Anbeginn bis heute ökologisch die erste Wahl war: Welche Mengen von Tierproteinen können denn die zumeist in den Tropen liegenden Entwicklungsländer bei moderner Bewirtschaftung und Nutzung produzieren? Das Welternährungs-Jahrbuch der FAO bei den Vereinten Nationen für das Jahr 2000

Diese in der Lagune watende Frau auf Rodriguez, einer Insel zirka 800 Kilometer von Mauritius im Indischen Ozean, angelt mit ihrer Drahtschlinge Kraken (Octopus) aus ihren Verstecken zwischen den Korallen. Das Sammeln tierischer Nahrung am Ufer und die Watfischerei stellen in vielen tropischen Ländern einen unverzichtbaren, erheblichen Anteil an der Ernährung der Menschen dar. In der weit überwiegenden Anzahl tropischer Kulturen wird dies anteilig, überwiegend oder vielfach sogar ausschließlich von Frauen betrieben.

präsentiert in diesem Zusammenhang ebenso interessante wie klare Daten über dieses Thema.[243] Im Jahr 1988 betrugen in diesen Ländern sowohl die Importe als auch die Exporte von Fleisch gleichermaßen 2,4 Millionen Tonnen pro Jahr. Beide Zahlen für Fleisch stiegen im folgenden Jahrzehnt deutlich an, davon die Exporte um fast sechzig Prozent auf 3,8 Millionen Tonnen im Jahr 1997. Die Importe jedoch nahmen im selben Zeitraum bedrohlich auf 4,7 Millionen Tonnen pro Jahr zu. Sie verdoppelten sich also fast und führten daher zu einem Nettoimport von Fleisch von fast einer Million Tonnen pro Jahr, ein in höchstem Maße beunruhigender Wert.

Ganz anders verlief die Entwicklung der Fischproduktion. Mit 11,1 Millionen Tonnen im Jahr 1988 betrug der Fischimport viereinhalbmal so viel wie jener von Fleisch im selben Jahr. Andererseits

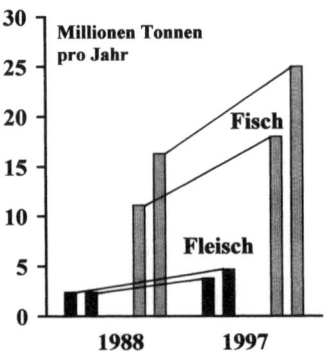

Import- und Exportraten von Fisch und Fleisch tropischer Länder in den Jahren 1988 und 1997 nach Angaben der UNO-Weltorganisation für Ernährung und Landwirtschaft FAO. Während der Export von Fisch aus diesen Ländern stärker zunahm als der Import, waren die tropischen Länder in derselben Zeit gezwungen, fast 1 Million Tonnen pro Jahr mehr Fleisch zu importieren, als sie exportieren konnten. Der Handel mit Fisch machte 1977 etwa fünfmal so viel Tonnen aus wie jener von Fleisch (zur Interpretation siehe Text).

konnten die Entwicklungsländer 1988 16,3 Millionen Tonnen Fischprodukte exportieren, fast achtmal so viel wie Fleisch. Damit betrug der Nettoexport an Fisch damals 5,2 Tonnen pro Jahr, während im selben Jahr netto ja überhaupt kein Fleisch exportiert werden konnte. Im Jahr 1997 standen dem 18,0 Millionen Tonnen an Fischimporten gegenüber, aber nicht weniger als 25,0 Millionen Tonnen Export von Fisch. Damit stand 1997 einem Nettoimport an Fleisch von fast einer Million Tonnen pro Jahr ein Nettoexport an Fisch von 7,0 Millionen Tonnen pro Jahr gegenüber. Während die tropischen Länder möglicherweise die Obergrenzen ihrer Fleischproduktion bereits erreicht haben, lassen die klimatischen und insgesamt die ökologischen Bedingungen zurzeit sogar noch eine Steigerung der Nahrung aus den Gewässern zu. Es gibt wahrscheinlich keinen Grund für die Annahme, während der Periode der Menschwerdung sei dies in den afrikanischen Tropen grundlegend anders gewesen. Dies eliminiert geradezu die Frage, warum unsere frühhominiden Vorfahren ungesättigte tierische Fettsäuren und Proteine wahrscheinlich am Ufer gesucht haben und weniger wahrscheinlich in der Savanne.

Ein beträchtlicher Anteil der im FAO-Bericht aufgeführten Zahlen betrifft zwar Exporte großindustrieller Fischerei unter tropischen Billigflaggen aus allen ergiebigen Teilen der Weltmeere. Aber dies kann nicht allein erklären, dass die exportierbare Biomasse an Meeresfrüchten und Fisch 6,6-mal so hoch war wie die von Fleisch. Dass die Erzeugung exportierbarer, unter anderem proteinreicher Nahrung aus dem Meer fast eine Größenordung mehr beträgt als jene von Fleisch, hat zwei stark mitentscheidende Gründe. Der erste ist, trotz der reichen Fischgründe für industriellen Hochseefang in kalten Meeren, das reiche Vorkommen dieser Ressource in den Tropen, und zweitens liegt das an den gut etablierten, kleinindustriellen Küstenfischereien in den betreffenden Ländern. Sehr alte, historisch gewachsene Bedingungen haben die Grundlage für eine solche Fischerei geschaffen.

Vorhin hatten wir die Fundumstände und die Lagerstätten der Fossilfunde Revue passieren lassen und interpretiert. Nun sollten wir die vorhin nur beiläufig erwähnten Begleitfunde zu unserem zentralen Thema machen, denn ein Lagerplatz an einem Seeufer, wie Olorgesailie ihn darstellt, wurde nicht nur für die frühen hominiden fossilen Überbleibsel dokumentiert. Intensive Nutzung des Uferhabitats weit über diejenige des Trinkwassers hinaus wurde über alle vorgeschichtlichen Zeiten hinweg ununterbrochen beibehalten. Die gut 400 000 Jahre alte Siedlung und damit der älteste zur Zeit bekannte Platz für kulturelle Zeremonien in der gesamten Menschheitsgeschichte ist der von Bilzingsleben zwischen Weimar im Süden und dem Kyffhäuser sowie den Erhebungen des Harzes im Norden. Dort fanden Dietrich und Ursula Mania in jahrzehntelanger Grabungs- und Forschungstätigkeit nicht nur Spuren von Wohnhütten, Feuerstellen und Bereiche, die als Werkstätten gedeutet werden.[262] In mühseliger Kleinarbeit legten sie im Laufe der Jahre einen großen, gepflasterten Platz frei, auf dem sie Keulen aus Geweihkronen sowie die Bruchstücke mindestens zweier menschlicher Schädeldecken entdeckten.[238, 261]

Vielleicht wurden dort zwei Menschen ermordet oder rituell getötet; die Art der Splitterung lässt jedenfalls den Tritt eines Elefanten auf den Kopf oder, später, auf den Schädel von Verstorbenen höchstwahrscheinlich nicht zu. Auch andere spekulativ erörterte Möglichkeiten wurden wieder verworfen. Die Fundstätte mit ihren vielleicht dramatischen Geheimnissen liegt erst heutzutage auf einer exponierten, kahlen Anhöhe. Als diese Siedlung bewohnt wurde, als man von ihr aus zur Jagd ging, als man rätselhafte Motive in die Knochen erbeuteter Tiere kratzte und als dort zwei Menschen so zu Tode kamen, dass ihre verstreuten Schädelfragmente nun erst in vielen Grabungsjahren gefunden und für eine Rekonstruktion arrangiert werden konnten – damals lag dies alles am Ufer eines kleinen, lauschigen Sees.[261] Das zunächst im Wasser gelöste Kalziumkarbonat der den See speisenden Quelle kristallisierte zu so genanntem Travertinkalk, wuchs langsam zu beträchtlicher Mächtigkeit heran und deckte in wahrscheinlich vielen tausend Jahren die Szenerie allmählich zu. Er versiegelte und konservierte die kostbaren Überbleibsel, bis sie im zwanzigsten Jahrhundert wieder gefunden und in ihrer Bedeutung erkannt wurden. Völlig zu Unrecht zählt Bilzingsleben immer noch nicht zu den von der UNESCO anerkannten Stätten des Weltkulturerbes der Menschheit.

In Bilzingsleben hat man eine Unzahl von Knochen und Knochenresten gejagter Säugetiere zusammengetragen, beispielsweise von Elefanten, Nashörnern und Hirschen, denn die Umgebung muss für diesen recht modernen *Homo erectus* mit seinen Geräten und Waffen ein hervorragendes Jagdrevier dargestellt haben. Trotzdem wurde eine ganze Anzahl von Fischen wie Welse oder Schleien und Lurcharten, nämlich Kröten und Molche, entdeckt sowie die Ringelnatter als Wasser bewohnendes Kriechtier. Aus der Fundkonstellation haben die Fachleute bei diesen Überbleibseln auf Nahrungsreste des Menschen geschlossen.[234, 260]

Hier mag ein weiterer Schlüssel für die viel früher abgelaufene Evolution des Uferlebens verborgen sein und für die des Watens während der Nahrungssuche im Wasser, die beide möglicherweise mitbestimmend waren für die Einnahme einer aufrechten Körperhaltung und für eine zweifüßig aufrechte Fortbewegung. In Ostafrika führen jahreszeitliche Wechsel von Trocken- und Regenzeiten auch zu einer wechselnden Verfügbarkeit sowohl jagdbarer als auch sammelbarer Tiere zur Deckung des Fleischbedarfs. In einer Veröffentlichung über die Nutzung des Lebensraumes durch Schimpansen heißt es in einer Bildunterschrift: «Ein Gebiet, in dem Schimpansen auf Nahrungssuche gehen, das aus einer baumbestandenen Savanne besteht … Hinter dem Fotografen dehnt sich ein weiter Wald am Hang zur Hochebene aus, der zumindest in der trockenen Jahreszeit offenbar nicht genügend Nahrung ausreichender Qualität produziert».[256] Selektionsdrücke für eine steigende Aufnahme tierischer Proteine oder zumindest für einen dauerhaft verlässlichen Nachschub an tierischen Eiweißen war für unsere nichtvegetarischen Ahnen natürlich weniger von Bedeutung, solange es überall genügend zu fressen gab. Aber sie erhielten in knappen Zeiten plötzlich durchaus einen hohen Selektionswert. Flüsse und besonders Seen und natürlich das Meer sind alle wesentlich konstanter und damit verlässlicher hinsichtlich der Produktion tierischer Nahrung über den ganzen Jahresverlauf.

Denn Seen und Flüsse enthalten das ganze Jahr hindurch Fische und anderes Getier, auch wenn sie fast ausgetrocknet sind. Für viele Primaten einschließlich des Menschen bedeutet dies nicht nur, dass jahreszeitliche, unter Umständen sogar seltene Verhaltensweisen einen hohen Überlebenswert für die Gemeinschaft haben können. Vielmehr spielt auch die Aufgabenteilung beim Menschen seit jeher eine Rolle. Jonathan Kingdon schreibt über die Onge, ein Volk auf den Andamanen-Inseln im Indischen Ozean. Völkerkundliche Beobachtungen sowie Befunde aus archäologischen Grabungsschichten, in denen auch die ersten Keramiken gefunden wurden, lassen folgende Interpretationen zu: «In den Trockenzeiten ernteten sie den beliebtesten gelben Honig in großen Mengen, braunen Honig sammelte man in den Regenzeiten. Während die Männer gelben Honig suchten, waren die Frauen und Kinder bei Ebbe an den Küsten unterwegs, um nach kleinen Fischen und anderen Riffbewohnern zu suchen … Onge-Frauen fischten … in den tierreichen Flüssen, Flussmündungen und Küstengewässern.» Sowohl Männer als auch Frauen fischten mit Pfeil und Bogen in Flachwasserzonen, vornehmlich jedoch ist die Nahrungsbeschaffung aus dem Wasser eine Domäne der Frauen.[255] Aber ich möchte nicht allzu weit abschweifen und wieder auf das eigentliche Thema zurückkommen; für die geschlechtsdifferenten Entwicklungen ist später noch Zeit.

Viele Säugetiere in der Savanne sind daran angepasst, eine erstaunliche Zeitspanne ohne Wasser auszukommen, während der Mensch in viel geringerem Maße dazu fähig ist. Auch ist er nur in sehr eingeschränktem Maße in der Lage, das chemisch gebundene und während des Verdauungsprozesses frei werdende Wasser in seiner Nahrung zu nutzen. Bei einigen Antilopenarten beispielsweise deckt dieses Wasser einen hohen Prozentsatz des Minimalbedarfs, so dass manche wochenlang überhaupt nicht zu trinken brauchen. Diese physiologische Abhängigkeit vom Wasser ist beim Menschen sogar stärker ausgeprägt als bei einigen Tierprimaten, die in Trockengebieten leben. Ich halte diesen Umstand zwar nur für einen schwachen Hinweis, aber er könnte ein gewisser weiterer Indikator für eine an das Wasser gebundene biologische Geschichte sein, obwohl dieses Argument jedoch nur auf Süßwasser zutreffen würde.

Nach verschiedenen, unabhängigen Datierungen wurden die ältesten heute bekannten Holzspeere der Menschheit vor rund 380 000 bis 412 000 Jahren in der Nähe des heutigen Schöningen in Niedersachen angefertigt. Das Sensationelle an diesen Funden liegt in der Vergänglichkeit des Holzes, denn normalerweise erhalten sich nur Knochen, Zähne, Steinwerkzeuge und andere vorherrschend anorganische Materialien, nicht aber Fleisch, Leder oder Holz. Nur unter ganz besonderen Umständen kann auch Holz konserviert werden. Deshalb kann man die Funde von Holzresten aus der Altsteinzeit wahrscheinlich an den Fingern einer Hand abzählen.[233, 263] Entdeckt wurden die Holzspeere in den Jahren 1992 bis 1994 in der dortigen Braunkohlegrube, denn torfiger Sumpf bietet für den Erhalt des vergänglichen Materials ideale Bedingungen. Es handelt sich um Fichtenspeere und um einen Speer aus Kiefernholz mit einer Länge von 1,82 bis 2,50 Metern, deren Spitzen sich über eine lange Strecke an beiden Enden verjüngen. Eindeutig ist daher ihre Funktion als Wurfspeere, denn Stoßlanzen müssen im Gegensatz dazu massiv und bruchfest sein und bedürfen nur einer kurzen Spitze.

Die Speere dienten zur Jagd auf Wildpferde. Denn neben Knochen einiger anderer Säugetiere und deren Trittsiegeln bestanden etwa neunzig Prozent der mehr als 30 000 Reste von Jagdbeute aus Pferdeknochen und deren zerschlagenen Bruchstücken oder Splittern. In unserem Zusammenhang ist die Landschaft über das Vorhandensein eines Torfmoores hinaus, aber auch die genauere Lage der Speere aufschlussreich: «Der Fundhorizont befindet sich auf einer Uferzone eines flachen rinnenförmigen Gewässers, die durch Trockenfallen des ... Seebodens am Ufer entstanden war.»[276] Wie in Bilzingsleben auch haben wir es also wieder mit einer Ufersituation zu tun. Ein wesentlicher Unterschied besteht jedoch darin, dass die Fundstätte von Bilzingsleben ein Wohn- und Kultplatz war, während von Schöningen nur die Anwesenheit der Pferdejäger am Ufer dokumentiert ist.

Eine der wenigen altsteinzeitlichen Siedlungen, die wir kennen, ist jene von Terra amata in Nizza an der französischen Mittelmeerküste. Sie wurde seit 1965 von Henri de Lumley ergraben und wissenschaftlich bearbeitet, nachdem sie bei Straßenbauarbeiten an der Riviera entdeckt worden war. Es handelt sich um ein vor rund 300 000 Jahren eher kurzfristig bewohntes Lager, das wie in Bilzingsleben von *Homo erectus* bewohnt wurde.[280] Wenn auch einige Einzelheiten der Bedeutung und der Nutzung des Camps umstritten sind, haben die Bewohner nach de Lumley vom Fischen und Sammeln gelebt, in erster Linie von Miesmuscheln, Austern und Napfschnecken.[269] Der Meeresspiegel lag zur damaligen Zeit etwas tiefer. Möglicherweise wäre der Lagerplatz von Terra amata daher nie gefunden worden, hätten ihn die frühen Menschen nicht absichtlich etwas landein, auf einem schönen Küstenhügel eingerichtet, mit herrlichem Ausblick über das Mittelmeer.

Auch von den Neandertalern sind Spuren ihres Nahrungserwerbs und ihrer Mahlzeiten überliefert. Hinterlassenschaften aus von Neandertalern bewohnten Halbhöhlen in Italien, besonders im Zeitraum von vor 120 000 bis vor 60 000 Jahren, beweisen nicht nur deren Anwesenheit durch typische Werkzeuge ihrer Kultur. Vielmehr sprechen wahre Haufen von Miesmuschel- und Herzmuschelschalen für eine ganz ähnliche Speisekarte wie in Terra amata, die auf den Küstenfelsen und im Flachwasser zusammengestellt wurde. In der Grotta dei Moscerini in der Provinz Latium, also unweit von Rom, sammelte die Paläanthropologin Mary Stiner eine Unzahl solcher Muschelschalen und Schneckengehäuse, die über die Jahrtausende von Neandertalern dort angehäuft worden waren. Sie analysierte anhand der Bruchreste bestimmte Techniken, wie beispielsweise Napfschnecken von den Felsen geschlagen worden waren und wie die Neandertaler bestimmte Gehäuse öffneten.[275]

Frutti di Mare und Hünengräber

Diese Ergebnisse paläanthropologischer Forschung gelten aber nicht nur für Europa. Schon vor 70 000 Jahren stellten Menschen in der Halbhöhle von Blombos in Südafrika Geräte zum Fischfang her. Ein Aufsehen erregender Fund dieser Art stammt neuerdings aus Katanda im Kongo. Es handelt sich dabei um eine aus Knochen geschnitzte Harpunenspitze, die auf ein Alter von 90 000 Jahren geschätzt wird. Sie ähnelt nicht nur, nein, sie gleicht wirklich Harpunen, wie sie die Crô-Magnon-Menschen, unsere unmittelbaren Vorfahren der ausgehenden letzten Eiszeit in Europa, vor rund 16 000 oder 14 000 Jahren zum Fang von Forellen und Lachsen anfertigten. Die betreffende Kulturstufe erhielt ihren Namen nach dem Fundort typischer Steinwerkzeuge und eben Harpunen, La Madeleine, in der Dordogne in Südfrankreich, und würde man die Katanda-Harpune in eine Sammlung typischer, französischer Magdalénien-Werkzeuge schmuggeln, hätte auch ein Fachmann erhebliche Mühe, das rund sechsmal so alte Fischereiwerkzeug erfolgreich auszusortieren. Dies demonstriert uns die erstaunliche Universalität der Naturnutzung einerseits und der hierfür notwendigen Technologien andererseits.

An der nordöstlichen Ecke des Arabischen Meeres entdeckte man an der Küste bei Badalpur unter einer Austernbank eine Fülle von Werkzeugen, deren Alter auf 56 000 Jahre bestimmt wurde. Weitere Geräte fand man neunzig Kilometer landein am Bhadar-Fluss. «Nach gegenwärtigem Wissen verraten die Funde, dass die Küstenbereiche zu den bevorzugten Lebensräumen gehörten.»[255]

Die ältesten heute bekannten Menschenfunde in Australien stammen vom Ufer des Mungo-Sees, aus dem Herzen des zum Weltnaturerbe gehörenden Willandra-Seengebietes in Neusüdwales im Südosten des Kontinents. Auf ein Alter von etwa 50 000 Jahren datiert man ihre ersten Spuren. Vor 40 000 Jahren geschah jedoch ein bedeutender Klimawandel, und die «frühen, am Seeufer lebenden *Homo sapiens* ... waren gezwungen, sich an die zunehmende Trockenheit anzupassen».[235] Ebenfalls weit von Europa entfernt, nämlich auf der Insel Borneo, gibt es eine über 30 000 Jahre alte archäologische Fundstätte in den weiträumigen Eingängen der riesigen Niah-Höhle. Die frühen Menschen erbeuteten beispielsweise Schweine und Affen; aber sie verzehrten auch Fische, Reptilien und Weichtiere aus dem Wasser.[255]

Gar nicht sehr weit von der oben erwähnten jahreszeitlich genutzten Küstensiedlung von Terra amata an der Riviera wurde vor etwas über 20 000 Jahren eine Höhle, noch näher zum damaligen Küstensaum gelegen, von den Crô-Magnon-Menschen als Kulthöhle ausgewählt. Da der Meeresspiegel während der Eiszeit erheblich tiefer lag als heute, befindet sich der Höhleneingang nun etwa fünfunddreißig Meter unter der

Wasseroberfläche des Mittelmeeres. Ein sechzig Meter langer, enger Gang führt unter Wasser zum erhaltenen trockenen Teil der Höhle hinauf. Zu Ehren ihres Entdeckers erhielt sie den Namen des Tauchers Henri Cosquer. Den Höhleneingang zu finden, erforderte enorme Sachkenntnis, Geduld und Forscherwillen, aber sicher in gleichem Maße auch Glück. Noch mehr aber verlangte es mindestens großen Wagemut, den Weg zur Höhle Cosquer tauchend zurückzulegen. Daher ging die Entdeckung der Höhle auch nicht ab, ohne ein Menschenleben beklagen zu müssen. Taucht man jedoch in der Höhle auf, findet man eine unvergleichlich stille, gleichsam versiegelte Wunderwelt eiszeitlicher Kunst.[242, 259] Es besteht kein Zweifel unter Fachleuten, dass es sich um ein wie auch immer geartetes sakrales oder zeremoniell genutztes Höhlensystem handelt.

Mit Hinblick auf die Ernährung der Menschen in der Vorgeschichte kann man fragen, ob uns die Erforschung der eiszeitlichen Höhlenkunst Hinweise auf die Ernährung in jenen Zeiten geben kann. Vor 14 000 Jahren, während des Magdalénien in Südfrankreich, war die Jagd auf große terrestrische Tiere wahrscheinlich relativ unerheblich. Auf 1364 eiszeitlichen Höhlen- und Felsbildern oder Gravuren waren Rinder mit 41 Prozent der Abbildungen am häufigsten dargestellt, gefolgt von Pferden mit 28 Prozent. Zusammen mit Mammuts, die 12 Prozent ausmachen, und Hirschen mit 6 Prozent stellen sie bei weitem die Mehrzahl der abgebildeten Tiere. Die einzige Grabung jedoch, welche die Forscher in den Stand versetzte, die tatsächlich gejagten oder erbeuteten Tiere genau zu errechnen, liefert ein hiervon völlig abweichendes Bild. In der bewohnten Halbhöhle La Vache in den französischen Pyrenäen wurden buchstäblich Millionen von Knochen, Bruchstücken, Knochensplittern und Tierzähnen ausgegraben und ihre Artzugehörigkeit so weit wie möglich bestimmt.

Eine riesige Stichprobe erbrachte – in der Reihenfolge der Häufigkeit bei den Felsdarstellungen – sechs Wildrinder, also Auerochsen oder Wisente, die natürlich nicht als ganzes Skelett vorlagen. Vielmehr wurden die sechs Individuen durch Einzelknochen repräsentiert, was nahe legt, dass große, Knochen enthaltende Teile von einem toten Tier in einiger Entfernung abgeschnitten und hierhergetragen worden waren. Ferner wurden vier Pferde, kein einziges Mammut sowie «einige» Hirsche festgestellt. Die unermüdlichen Forscher Romain Robert, Robert Gailli und Nicole Pail-haugue zählten aber über zweitausend junge Steinböcke! Darstellungen von Steinböcken machen in der Felskunst der Pyrenäen rund acht Prozent der Bildwerke aus. Aus den Fundumständen könnte übrigens auf eine ganz bestimmte, bis heute unbekannt gebliebene Fang- und Tötungstechnik der kleinen Steinböckchen geschlossen werden. Außerdem ließen diese späteiszeitlichen Crô Magnons aber nicht weniger als die Knochen von über viertausend Rebhühnern und Schneehühnern an ihrem «Picknick-Platz» zurück. Natürlich kann diese Hendlbraterei über mehrere Jahrhunderte hinweg benutzt worden sein, vielleicht sogar noch länger.[246]

Trotzdem sind die dort heute noch zu bewundernden Schutthaufen unzähliger Knochen wirklich eindrucksvoll. Alle Vogeldarstellungen zusammengenommen machen aber nur etwa ein Prozent unter den Felsmalereien und -gravuren aus. Bei der so genannten mobilen Kunst auf Amuletten, Broschen und so weiter stellten die Vögel immerhin vier Prozent von über tausend kleinen Gravuren. Dass sie aber die Hauptmasse aller Fleischmahlzeiten ausmachen würden, wäre aus der Kunst ebenso wenig abzusehen gewesen wie der umgekehrte Schluss. Alle häufig abgebildeten Großtiere wurden nämlich so gut wie nicht gejagt. Da das Fleisch nicht roh verzehrt, sondern auf Feuerstellen zubereitet wurde, wären an diesem sicheren Ort, an dem die Sippe wohnte und schlief, auch mehr von den knöchernen Resten jener Mahlzeiten zu erwarten gewesen.

In dieser riesigen Sammlung von Picknick-Schutt wurden nur «einige» Fische gefunden. Unter den in La Vache gefundenen Werkzeugen prangen aber einige schöne Harpunen, die auf ein Alter von 12 400 Jahren datiert wurden, so dass Fischfang sicher belegt ist. In der mobilen Kunst repräsentieren Fische immerhin sieben Prozent der Darstellungen. Fischmotive wiederholen sich stetig und immer wieder einmal, was andeuten mag, dass sie keine große, aber auch eine nicht zu vernachlässigende Rolle im Leben jener Menschen gespielt haben. Möglicherweise handelt es sich bei ihnen um eine jahreszeitlich begrenzte Speise, vielleicht während der Laichsaison, in der Lachse für die Vitamin-D-Versorgung durchaus wichtig gewesen sein können.[229, 246, 265] Dies bezieht sich nicht nur auf die Steinzeit in Europa. Die Ausbeutung mariner

Ressourcen war «im Allgemeinen auf die Zeit vom Spätwinter und das ganze Frühjahr konzentriert»; dies wird sowohl für Nordwesteuropa als auch für das steinzeitliche Japan festgestellt.[275] Muscheln dienten hiernach dazu, jahreszeitlich bedingte Knappheiten zu überwinden.

Während es sich bei La Vache um einen bewohnten Felsunterschlupf handelte, befindet sich in Sichtweite hoch über dem Tal die weltbekannte Höhle von Niaux mit ihren sakralen, tief im Berg versteckten, herrlichen Felszeichnungen. Natürlich sind die meisten vorgeschichtlichen Kulthöhlen Südfrankreichs recht weit im Inland zu finden. Jene Höhlen, die wie jene von Cosquer an der Küste lagen, sind durch den inzwischen gestiegenen Wasserspiegel überflutet und daher, soweit sie überhaupt erhalten sind, auch kaum zu finden. Wie wir aber am Beispiel von La Madeleine mit den dort entdeckten Harpunen erfuhren, demonstrieren uns die Menschen in der gesamten Altsteinzeit an fast allen Fundorten ihre enge ökologische Beziehung zu Gewässern. Für die Mittelsteinzeit vor rund 8000 bis 6000 Jahren werden an verschiedensten Orten Europas ebenfalls Zeugnisse gefunden, die beweisen, dass ‹Frutti di Mare› nicht nur in Italien bedeutsam und schmackhaft waren.

Die Küsten Europas waren in jener Periode ein «Land des Überflusses ... Entlang der ganzen Atlantikküste zeugen mächtige Abfallhaufen, die überwiegend aus Miesmuscheln und Austernschalen bestehen, von der Bedeutung, die die Nahrung aus dem Meer für die Gesellschaften des Mesolithikums (der Mittelsteinzeit; Anm.) vor rund 7000 bis 6000 Jahren besaß. Diese Haufen ... sind häufig über fünfzig Meter lang, zwanzig Meter breit und manchmal über fünf Meter dick ... Zwei dieser mesolithischen Fundstätten, eine in Dänemark, die andere in Portugal, sind gut untersucht und liefern detaillierte Aufschlüsse über die Ernährungsweise in jener Periode. Die nach dem Fundort als *Ertebølle-Kultur* bezeichneten Funde weisen auf Jagd im Winter hin, deren Artenspektrum von Hirschen und Schweinen bis hinunter zu Dachsen und Eichhörnchen reicht. An der Küste zählten neben Muscheln und Krebsen verschiedenste Fischarten zum Speiseplan, so beispielsweise im Sommer Kabeljau und Makrelen. Seehunde und Tümmler wurden wohl im Herbst und Winter erbeutet, aber auch Schwäne und Enten spielten je nach jahreszeitlicher Verfügbarkeit eine erhebliche Rolle, die nordischen Singschwäne zum Beispiel im Winter.»[270] Die Muschelhalde von Arapouco in Portugal weist darauf hin, dass jene Menschen ihr Lager vor allem im Sommer in Küstennähe aufschlugen, unter anderem um dort den wohl nur im Sommer vorkommenden *Gotteslachs* zu fangen.[270, 271]

Die Menschen, die an den Küsten Portugals, Nordspaniens, Frankreichs, Irlands, Westenglands und Südskandinaviens lebten, passten sich allesamt den veränderten (klimatischen) Bedingungen in gleicher Weise an. Das reiche Nahrungsangebot der Umgebung führte dazu, dass viele dieser Gesellschaften mehr oder weniger sesshaft wurden.»[240] Es muss als paradox erscheinen, dass die Jäger und Sammler gerade durch das reichhaltige Angebot der Umwelt dazu gezwungen wurden, selbst Nahrung zu produzieren. Zunächst wurden sie dazu verleitet, ganz allmählich sesshaft zu werden. Nun aber vermehrte sich die Bevölkerung und konnte sich schließlich allein von den begrenzten Ressourcen am Ort nicht mehr ausreichend ernähren, so dass dort vor rund 6000 Jahren die Ernährung allmählich durch Viehzucht ergänzt wurde. Aber auch in jener Phase blieb die Nahrung von der Küste ihre wichtigste Ernährungsquelle.[240]

Bei den bis zu 6700 Jahre alten Megalithgräbern (Hünengräbern, wörtlich Riesensteingräbern; Anm.) von Carrowmore in der Grafschaft Sligo im Nordwesten Irlands fand man bei Ausgrabungen riesige Abfallhaufen von Austernschalen. Pottwalzähne und Überbleibsel von Robben belegen ferner, dass gestrandete Tiere geflenst wurden, oder auch, dass in begrenztem Umfang vielleicht Robbenjagd stattfand. Die Abhängigkeit des Menschen von einer Ernährung aus dem Wasser reicht jedenfalls lückenlos über bis in die Nacheiszeit zurück. Dies gilt für die Nutzung mariner Weichtiere auch weltweit.[275]

Von Neumexiko bis Radolfzell am Bodensee

Geraume Zeit vor der europäischen Mittelsteinzeit, nämlich rund 11000 Jahre zurück, reichen die derzeit ältesten gesicherten Funde altindianischer Kulturen, der vielleicht ersten Amerikaner. Auf der Gault-Farm bei Clovis in Neumexiko wurde eine an einem Bach gelegene Siedlung freigelegt. Die Feuersteinwerkzeuge ähneln außerordentlich jenen, die rund 5000 Jahre zuvor in der Nähe des heutigen französischen Dörfchens Solutré der Industriestufe des Solutréen ihren Namen gaben. Dort gab es eine Reihe jahreszeitlicher Teiche, an denen unter anderem Mammuts und Bisons zusammenkamen. Auch hier spielt das Ufer für die ersten Amerikaner eine tragende Rolle.[244] Selbst wenn derzeit auch andere Theorien diskutiert werden, so scheint die immer noch wahrscheinlichste jene alte Theorie der Besiedlung der neuen Welt über die Beringstraße von Asien her zu sein. Von dort zogen die ersten Zuwanderer entlang der Küste nach Süden. James Adovasio vom Mercihurst Archeological College in Erie, Pennsylvania, wurde in einem Bericht mit dem Satz zitiert: «Am Wasser fanden sie alles, was sie zum Überleben brauchten.» Nordamerika wurde also von der Westküste her besiedelt.

Weit entfernt davon begann der Mensch in Anatolien und Vorderasien im Zeitraum zwischen 11 000 und 8500 Jahren mit der Gründung der ersten städtischen Siedlungen. Jericho und, etwas später, Çatal Hüyük in Zentralanatolien gehörten zu den ersten urbanen Siedlungen der Menschheit. Çatal Hüyük wurde am Ufer des kleinen Flusses Carsamba gegründet, unweit von sumpfigen Ebenen und Kiesbänken.[248, 252, 264] Auch in heutiger Zeit fand ich dort noch einen Teich und einen benachbarten Sumpf im Nordwesten des jungsteinzeitlichen Siedlungshügels, mit Watvögeln und einer Böschung aus Pappeln, die recht gut einen Eindruck der früheren, vorgeschichtlichen Situation vermittelten.

Auch in Anatolien war die Küste besiedelt. Vor rund 7500 Jahren war der Meeresspiegel nacheiszeitlich so weit angestiegen, dass er den Bosporus überspülte und das Schwarze Meer aufzufüllen begann. Auf der Suche nach vorgeschichtlichen Spuren der Sintflut fanden der Entdecker der ‹Titanic› Robert Ballard und seine Mannschaft kürzlich etwa zwanzig Kilometer nördlich der türkischen Küste die gut erhaltenen Überreste einer Siedlung. Heute in rund hundert Metern Tiefe gelegen, stießen sie in der Finsternis des Meeres auf dieses vorgeschichtliche Dorf nahe der Küstenstadt Sinop nur wenig oberhalb des Verlaufs der ehemaligen Küstenlinie.[250]

Die Anwesenheit eines Ufers, eines Gewässers in unmittelbarer Nähe menschlicher Wohnstätten oder Lagerplätze war auch in der Bronzezeit eigentlich eine Selbstverständlichkeit. Oft wird dies gar nicht mehr einer Anmerkung für wert erachtet und übergangen. Aus diesem Grund forderte ein Archäologe neulich, die bronzezeitlichen Fundstätten aus Feuchtböden, wie Quellgebieten, Ufersituationen oder aus Grabungen in

Mooren, seien zu zahlreich, um übersehen oder übergangen zu werden.[253, 273] Was für die Bronzezeit zutrifft, gilt aber im gleichen Maße auch für die Eisenzeit. Die eisenzeitliche Siedlung von Hallstadt zu Beginn der Nutzung dieses Metalls, die namensgebend für diese frühe Periode ist, lag am Ufer des Hallstädter Sees in Österreich, während die etwas spätere La-Tène-Periode der Eisenzeit ihre Fachbezeichnung nach einer Grabungs- und Fundstätte am Ufer des Neuenburger Sees in der Westschweiz erhielt. Unweit des Ufers wurden im Grund des flachen Wassers sakrale Opfergaben aus Bronze, Eisen und Holz entdeckt.[241]

Vor rund 6000 Jahren errichteten Menschen zwischen Gaienhofen und Radolfzell am Bodensee die erste nachgewiesene Pfahlbautensiedlung in Deutschland. Obwohl nur 17 Häuser einer Grabungsanalyse unterzogen wurden, rechnet man mit bis zu fünfzig Häusern, die jeweils etwa dreißig Quadratmeter Grundfläche und eine Firsthöhe von über fünf Metern besaßen. Dass es sich nicht um ebenerdige Uferhäuser handelte, erkennt man an den so genannten Pfahlschuhen, bis zu einem Meter lange, liegende Eichenholzfundamente, auf denen die senkrechten Tragpfähle im Uferschlamm ruhten und die ein Einsinken des Hauses im weichen Grund verhinderten. Noch heute kann man an der Spitze der Halbinsel Höri, dem Hörnle, bei Tiefwasser im Winter die Reste dieser Pfähle zu Fuß erreichen oder sie zu anderen Jahreszeiten vom Boot aus suchen. Funde lassen heute den Schluss zu, dass für die Leute vom Hörnle Jagd und Fischfang eine wichtige Rolle spielten. «Fischfang wird … durch Fischreste und Netzsenker belegt. Die damaligen Netze wurden aus Flachsfasern hergestellt und hatten eine Maschenweite von etwa vier Zentimetern. Am Netz waren Netzsenker in Form von flachen Kieseln befestigt, in die zwecks besserem Halt einer Schnur Kerben eingehauen sind. Die Netzsenker hatten die Aufgabe, das Netz im Wasser gespannt zu halten und nicht auftreiben zu lassen.»[266]

In den Sammlungen des British Museum in London finden sich wertvolle Exponate aus der Zeit des Assyrischen Reichs, das vom 9. bis 6. Jahrhundert v. Chr. am mittleren Tigris bestand. Seine wichtigsten Städte waren Assur, das heutige Kalat Sherkat, sowie Kalach, welches heute Nimrud heißt. Neben drastischen Darstellungen kriegerischer Szenen findet man auch solche des Alltagslebens, wie beispielsweise der Getreideernte oder dem Fischfang. Auch hier, im Binnenland des Nahen

Ostens, hat die Ernährung aus den Gewässern einen so beträchlichen Stellenwert, dass sie auf derartig prominente Weise überliefert ist.[251]

Zwei abschließende Beispiele sollen genügen, die Allgegenwart von Gewässern bei menschlichen Siedlungen zu belegen. Das erste betrifft die so genannte *Urnenfelderkultur*, die im selben geographischen Raum vor gut 2800 Jahren begann und vor 2300 Jahren endete. Im Voralpenland und am Niederrhein sind einige Stätten sogar rekonstruiert worden und dienen als Museen jener Kultur. Bad Buchau am Federsee im Kreis Biberach sowie die rekonstruierten Pfahlbauten in Radolfzell am Bodensee und vor allem das große Museumsdorf Unteruhldingen bei Überlingen am Bodensee sind hier zu erwähnen. Es handelte sich um Bauern und Viehzüchter, die sämtlich auch Fischerei in den nahen Seen betrieben.

Wenn auch die Meinung vertreten wird, dass Fischnahrung eine untergeordnete Rolle spielte,[267] so sprechen die gefundenen Reusen, Fischwirbel etc. in Unteruhldingen für sich. Und auch wenn die Menge an Fisch jener an Fleisch keinesfalls gleichkam, wird sie für das Überleben und für die Individualentwicklung dieser hochgewachsenen Menschen sehr wahrscheinlich eine bedeutende Rolle gespielt haben. Als Letztes möchte ich die Wikingersiedlung von Haitabu an der Schlei bei Schleswig aus dem frühen Mittelalter nennen, die nicht nur durch ihre Moorleichen, sondern vor allem auch durch die Funde hervorragend erhaltener Wikingerschiffe berühmt geworden ist.

Selbstverständlich sind alle Vertreter der Gattung *Homo* immer voll aufrecht gehende Menschen gewesen. Und sogar davor haben unsere australopithecinen Vorfahren in Uferlandschaften gelebt. Aber das Verhalten der Hominiden hinsichtlich der Nutzung von Ufern und Küsten war über außerordentlich lange Zeiträume hinweg erstaunlich konservativ. Es weist an den meisten Fundplätzen, von denen genügend aussagekräftiges vorgeschichtliches Fundmaterial vorliegt, sehr ähnliche Züge auf. Von Bar-el-Ghazali, dem Fluss der Gazellen, bis über Haitabu an der Schlei hat die ganze biologische Geschichte der Menschheit – weit über die Bedeutung als Trinkwasserquelle hinaus – an Flüssen, Bächen und Küsten stattgefunden. *Homo sapiens* hat nie aufgehört, seine Behausungen fast ausnahmslos dort zu errichten. Ausnahmen bilden lediglich spezifische Funktionen von Gebäuden, die deren höhere Lagen bedingten und anders begründet sind, als es ein normales, friedliches Leben erfordern oder begünstigen würde. Hierzu gehören wehrhafte Burganlagen, Aussichtstürme oder auch Behausungen von Eremiten.

Ich wage die Schätzung, dass vor nur zweihundert Jahren sicher über neunzig Prozent, vielleicht über 95 Prozent der Weltbevölkerung nur hundert Meter oder weniger über dem Wasserspiegel des nächstgelegenen Gewässers siedelte, ob dies nun ein Küstendorf auf Meereshöhe betrifft oder ein Indianerdorf am Titicacasee in 3800 Meter über dem Meer. Erst mit der durch unsere Bevölkerungsexplosion einsetzenden Platznot auf unserem Planeten hat sich dies allmählich immer mehr geändert, wenngleich die generelle Aussage, der Mensch siedele am Wasser, weiterhin seine Gültigkeit statistisch voll behält. Wir dürfen nicht vergessen, dass Wasser zwar eine Trinkwasser- und Proteinressource darstellt, dass es aber auch als Verkehrsweg und für viele weitere Funktionen dient. Im Vergleich mit den beiden erstgenannten sind diese Nutzungsarten aber erstens sekundär, also jünger und begannen sicherlich viel später als die Evolution zum aufrechten Gang. Zweitens bleibt weiterhin und ungebrochen die allgemeine Attraktivität des Wasser eine Tatsache. Drittens und vor allem hat das Wasser aber seine Attraktion schon immer ausgeübt, gewiss seit der Zeit, als unsere äffischen Urgroßeltern ganz allmählich begannen, sich durch Evolution in Hominiden zu wandeln.

Man mag auf den Gedanken kommen und mir vorhalten, dass diese lange Zusammenstellung von Ufersiedlungen über den gesamten Zeitraum der biologischen Menschheitsgeschichte zu selektiv sei und darauf abzielen würde, eine Hypothese eher zu bestätigen, anstatt sie richtig zu testen. Derjenige möge aber gern versuchen, eine ähnliche Liste als Gegenargument aufzustellen, mit vorgeschichtlichen oder Fossilfundstätten, die außer der Trinkwasserversorgung das Fehlen einer intensiven Beziehung aller unserer Ahnen in diesem Zeitraum zum Wasser nachweisen oder auch nur andeuten möge. Ich bin mir völlig sicher, dass dies nicht gelingen *kann* und er scheitern würde. Außerdem unterstützt ein gerade erschienener Befund die hier geschilderte Herleitung, wenn auch nur für einen wesentlich kleineren Zeitraum. Kürzlich wurde nämlich aus 125 000 Jahre alten, an der Küste Eritreas gefundenen Steinwerkzeugen geschlossen, zusammen mit der gesamten, sich bei der Grabung ergebenden Fundsituation, dass der frühe *Homo sapiens* sogar von Afrika aus bis Südostasien an den Küsten entlangwanderte und seine Nahrung dabei zu einem entscheidenden Anteil aus dem Meer bezog.[279] Jedoch dürfte es auch nach Meinung der Autoren jenes Artikels schwer oder sogar unmöglich sein, weitere ähnliche Fundstätten aufzuspüren, da der Meeresspiegel zur Zeit sehr hoch liegt, so dass vorgeschichtliche Reste, wie eben bereits in anderem Zusammenhang erwähnt, heute weit überspült unter Wasser liegen.

Kapitel 10
Wellness seit der Urgeschichte –
zum Wohlfühlverhalten des Menschen

Die Verfügbarkeit oder zumindest die Nähe eines Gewässers wird in vielen, wenn nicht allen Gesellschaften mit Prestige verknüpft. Der Besitz eines Swimmingpools ist wohl deshalb zweifellos eine Frage der Lebensqualität, weil es eben prima ist, wenn man morgens oder nach der Rückkehr aus der Schule oder am Wochenende schwimmen gehen kann. Dies kann durchaus ein genetisch bedingtes Bedürfnis sein. Aber darüber hinaus war er in den fünfziger Jahren ein Statussymbol, und in gewisser Hinsicht ist er das wohl auch heute noch, ähnlich einer Yacht, die nur mittelbar, aber eine dekadent sublime Art prestigeträchtiger Wassernutzung darstellt.

Ein Haus auf einem Ufergrundstück ist, wie wir oben bereits feststellten, immer begehrt gewesen. Gelegentlich wird in der Literatur sogar von einer «geradezu liebevollen Beziehung des Menschen zum Wasser» gesprochen.[288] Durch die Jahrhunderte hindurch haben die wohlhabenden Schichten ihre Häuser und Villen mit blühenden Teichen oder Seen geschmückt. Berühmte Gebäude in vielen Kulturen, angefangen vom Taj Mahal bis zum Schloss von Versailles, bekommen ihren gleichermaßen schönen wie prestigeträchtigen Anblick durch Wasserlandschaften verliehen. Es scheint so zu sein, dass der Mensch den Überlebensvorteil durch die Nutzung von Uferhabitaten so weit verinnerlicht hat, dass er nun das Nützliche auf die Ebene des Ästhetischen und des Psychologischen hebt und Gewässer der verschiedensten Art als «schön», «beruhigend» und im weitesten Sinne als «angenehm» empfindet.

Die Tatsache, dass ein Haus am oder eine Yacht auf dem Wasser ihren Besitzern Prestige verleiht, kann umgekehrt als starker Hinweis auf die Annahme gewertet werden, dass das Wasser selbst irgendwie einen biologischen Selektionswert ausübt. Weit jenseits der hier diskutierten Fakten und Interpretationen, denke ich, kann man folgende allgemeine Feststellung treffen: Der biologische, das heißt der stammesgeschichtliche Hintergrund des Prestiges mag es sein, dass es als Indikator für die Verfügbarkeit von Ressourcen dient. Wer ein derart hohes Ansehen entgegengebracht bekommt, so kann man möglicherweise schließen, verfügt über Ressourcen, die seinen Nachkommen das Überleben von Kindheit und Jugend in irgendeiner Weise erleichtern.

Die Humanethologie ist ein unverzichtbarer Pfeiler

Eine moderne Theorie, wie sie in diesem Buch vorgestellt wird, stützt sich auf verschiedene Disziplinen: Über die anatomischen und die primatologischen sowie die paläontologischen Befunde hinaus liefert die *Humanethologie* unbedingt notwendige Beiträge hierzu. Während andere Theorien vielleicht daran kranken, dass sie ‹anatomische› oder ‹paläoprimatologische› oder ‹ernährungsphysiologisch-ökologische› Theorien sind, soll diese hier darauf geprüft werden, ob sie bei der Berücksichtigung der verschiedensten wissenschaftlichen Fachrichtungen weiterhin stimmig ist und ohne Widerspruch bleibt. Freizeitverhalten ist also nicht nur ein interessantes Forschungsfeld.

Dem Humanethologen ist dabei klar, dass das Verhalten des heutigen Menschen viel über unsere Stammesgeschichte berichtet. Dies gilt auch hinsichtlich des hier im Zentrum der Betrachtung stehenden Wassers. Wenn die Befunde der Forschungen über menschliches *Verhalten* den Bezug des Menschen zum Wasser bestärken oder abschwächen, präzisieren oder relativieren, so ergänzt dies in jedem Fall die Befunde aller anderen Wissenschaftszweige. Sollte es die bisherigen Fakten bestätigen, so möge man nicht meinen, die historisch-architektonischen Beobachtungen weltweit etc. hätten dies doch schon zur Genüge bewiesen. Nein! Denn gerade dies ist die Schwäche aller bisherigen Theorien. Die Erforschung des menschlichen Verhaltens hinsichtlich dieser Theorie ergibt völlig neue, andere stützende oder schwächende Argumente – sie trägt also zu den hier angestellten Überlegungen bei wie jedes der anderen bisherigen Fächer auch und ist deshalb völlig unverzichtbar.

Jeden Sommer reisen Millionen von Menschen aller sozialer Schichten Zugvögeln gleich ans Meer oder an andere Gestade. Für viele von ihnen ist es sogar eine Frage, ob sie es sich leisten können oder ob sie bereit sind, einen ganzen Monatslohn oder mehr auszugeben, um ans Meer zu gelangen. Obwohl Tauchurlaub auf den Malediven ‹trendy› sein mag und die Seychellen ‹megachic›, einzig eine Frage der Mode scheint es nicht zu sein. Denn wer immer es sich auch in vergangenen Jahrhunderten leisten konnte, überhaupt frei zu machen, der suchte auch damals häufig ein Ufer auf. Die gesellschaftliche Errungenschaft, die breiten Massen einen Urlaub bescherte, erscheint mir lediglich die Ebnung eines Weges zu sein. Es ist keine Mode, ans Meer zu fahren, wie ein Freund vermutete, sondern es erscheint mir einleuchtender anzunehmen, dass die Institution Urlaub die Käfigtür geöffnet hat, um ans lang vermisste Ufer zu fliegen.

Zur Klärung dieser Frage habe ich als ersten Schritt hier in Berlin eine ganze Reihe von Reiseagenturen angerufen und mich erkundigt, etwa im Sinne einer kleinen Pilotstudie. Anschließend werde ich versuchen, durch mehrere, sehr unterschiedlich geartete Studien die Erkenntnisse zu belegen. Die Unternehmen berichteten, dass die bei ihnen gebuchten Reisen an irgendeine Art Gewässer deutlich mehr als 75 Prozent ihrer Buchungen ausmachen – ob zum Strandurlaub oder zu einem einsamen Cottage an einem stillen See in Kanada. Ziele am Wasser betreffen dabei ausnahmslos alle Preiskategorien gleichermaßen.

Eine zweite, schon genauere kleine Untersuchung betraf Hotels, Gästehäuser und Lodges in immerhin 14 Ländern des mediterran-afrikanischen Raumes, die nicht auf bestimmte Reiseformen und Reisezwecke spezialisiert sind. Die Zufallsstichprobe umfasste 320 Hotels. 82 Prozent der untersuchten Hotels besaßen einen eigenen Strand! 69 Prozent lagen unmittelbar an der Küste oder an einem Ufer, oder sie waren allenfalls durch eine Straße oder Promenade vom hoteleigenen Strand getrennt. Zu meinem großen Erstaunen machten alle Cityhotels, Airporthotels und die vielen Lodges in den Nationalparks Afrikas zusammen nicht mehr als die verbleibenden fünfzehn Prozent aus.

Darüber hinaus lohnt sich ein Blick auf die Bettenkapazitäten der Hotels im selbem geographischen Raum. Recht genau ein Viertel jener Hotels, deren Bettenzahl aus den Katalogen zu entnehmen war, gehörten zur Kategorie der Unterkünfte ohne Strand. Den mittelsten Rangplatz der «strandlosen» Hotels, den so genannten Median, nahm ein Hotel mit 61 Betten ein. Ganz anders lesen sich die Kapazitäten der Strandhotels: Hier verfügt das Hotel des medianen Ranges nicht über nur 61, sondern über 285 Betten. Hiermit lässt sich leicht überschlägig berechnen, dass die Kategorie der Unterkünfte mit eigenem Strand zusammengefasst eine Bettenkapazität für deutlich über 90 Prozent aller Urlauber in den Mittelmeerländern und der ganzen afrikanischen Region besitzen, möglicherweise sogar um 95 Prozent. Dies trifft zu, obwohl in diese Durchschnittsbildung auch einige winzige exklusive Gästehäuser auf den Seychellen mit maximal 20 oder 24 Gästen einbezogen wurden.

Ganz offensichtlich können solche Ansprüche beim Urlaubsverhalten von Singles, von Paaren und Familien aus einer großen Zahl von Herkunftsländern nicht ausschließlich mit Vermutungen über Modetrends bei Reisezielen erklärt werden. Auch das Phänomen des Diskothekentourismus oder ähnliche Vermutungen werden als ausschließliche Begründungen nicht genügen. Denn es würde die Frage unbeantwortet im Raum stehen bleiben, warum der weitaus größte Anteil von Diskothekenreisen oder zu im Trend liegenden Ländern fast immer nur dann gebucht wird, wenn die Unterkunft in unmittelbarer Nähe eines Ufers oder einer Küste liegt. Das Abtanzen oder die Après-Disco ließen sich doch auch wahrlich ohne Strand vollziehen …

Aber damit keineswegs genug! Im Winterurlaub legt man doch vor allem auf schneesichere Höhenlagen wert. Erwartet man bei Buchungen von Skireisen die gleiche Attraktivität von Wasser? Ich prüfte die anpreisenden Annoncen von 428 Hotels in Österreich, Tschechien, Slowakien, der Schweiz, Frankreich und Italien. 61 Hotels warben mit einem Bild von Menschen im Schnee; 46 dieser Fotos zeigten Menschen auf Skiern, meistens übrigens Fotos von Kindern.

Innen, also auf den informativen und werbenden Seiten, dominierte jedoch klar das feuchte Element! Bei nicht weniger als 243 dieser Hotels waren Menschen in Hallenbädern, Bikini-Girls oder prospektfähig Nackte im Whirlpool sowie in Sauna-Bade-Landschaften abgebildet. Während also nur etwa jedes siebte Hotel, also etwa 14 Prozent, mit Menschen im herrlichen Schnee warb, ließen sich 57 Prozent der Wintersporthotels die Werbung für Badespaß, Sauna und Wassererlebnis den Abdruck eines Farbbildes kosten. Bei über 400 Hotels in sechs Ländern mit Werbung für den Winterurlaub kann dies sicher kein Zufall mehr sein. Die Werbefachleute setzen also eindeutig auf die Wirkung von – wenn auch architektonischer – Uferlandschaft und deren Nutzung.

Nun aber zu einem scheinbar ganz anderen Thema: Pferde grasen täglich zwischen 14 und 18 Stunden. Ich nahm mir die Kataloge zweier großer Veranstalter internationaler Reiterreisen für das Jahr 2002 zur Hand und zählte nicht die Bilder der Dressurplätze, Swimmingpools oder die Ansichten der Interieurs, sondern beschränkte mich auf die Bilder von Ausritten. Das globale Spektrum der Reiseziele reichte von Ägypten, Altai und Argentinien über Marokko, Mexico und Mongolei bis USA, Zimbabwe und Zypern. Der eine Katalog warb auf der Titelseite mit einer Galoppade am Wellensaum eines sonnig-blauen Gestades, und auch beim anderen Katalog begrüßten mich lachende Reiter, deren Pferde, auf den Betrachter zu, ins aufspritzende Wasser trabten. Dies könnte Zufall sein.

Im Programmteil des einen Katalogs zählte ich 287 Fotos von Ausritten, 132 davon zeigten die Pferde in unmittelbarer Nachbarschaft von Gewässern, an einem Strand oder einen Bachlauf überquerend. Noch wesentlich krasser gegen alle Erwartung lasen sich die Verhältniszahlen im anderen Katalog. Von 157 Ausritte zeigenden Fotos bildeten 96 die Pferde unmittelbar am oder im Wasser ab, was 61 Prozent entsprach. Man braucht in einem solchen Fall nicht statistisch zu testen, um zu wissen, dass dieser Unterschied zur oben erwähnten Erwartung jenseits jeder Zweifel unzufällig ist.

Für eine statistische Berechnung müsste man blind mit dem Finger auf die Landkarte tippen, natürlich dort, wo es Pferde überhaupt gibt, und dann einfach abzählen, wie häufig man ein flaches Gewässer oder Ufer trifft – oder eben andere Teile dieser Landschaften wie Wiesen, Steppen, Felder, Hügel und Täler, Hochebenen und vieles mehr.

Eine gewässerlose, trockene Landschaft aber wird offenbar vom Fotografen bewusst oder unbewusst vermieden. Offenbar geschieht dies, weil der Fotografierende ein solches Foto schöner, idyllischer oder attraktiver findet. In einer modellhaften Schätzrechnung betrug die Irrtumswahrscheinlichkeit für die Annahme einer unzufälligen Auswahl solcher Fotos viel weniger als eins zu tausend. Die Anzahl von Zufallsfotos von Pferden am Ufer oder am Teichufer liegt himmelweit unter jener, die ich in den Katalogen vorfand. Warum dieses Ergebnis so hochsignifikant ist, stand auf der Rückseite eines der beiden Kataloge zu lesen. Ein Reiter trabt im Gegenlicht in die Meeresdünung, versehen mit der Überschrift: «Wir wollen, dass Sie sich wohl fühlen!»

Strandbadnutzung und Wassersport

Auch Statistiken können gelegentlich helfen, humanethologische Argumente für unser Thema beizusteuern. Zu Beginn des Jahres 2002 gab es in Berlin fast 390 000 organisierte Sportler in etwas mehr als 2500 Vereinen und Betriebssportgemeinschaften. Bereits an vierter Stelle der 51 Kategorien von Sportarten in der Landesstatistik von Berlin rangieren die 67 Schwimmvereine der Stadt – mit nicht weniger als 22 000 Mitgliedern.[284]

Was mich aber über die außerordentliche Beliebtheit des Schwimmsports hinaus erstaunte, war die Alterszusammensetzung. Bei keiner einzigen der erwähnten 51 Sportarten außer bei den Schwimmern überwiegen nämlich die Kinder und die jugendlichen Vereinsplanscher in den Altersgruppen zwischen sechs und 18 Jahren. Es stellt sich die Frage, ob dieser ungewöhnlich hohe Prozentsatz vielleicht an der Fürsorglichkeit der Eltern liegen könnte, die ihre Kinder schon früh zum Schwimmen-Lernen anmelden. Andererseits könnte der hohe Anteil von Kindern auch den Bedürfnissen der kleinen Wasserratten entgegenkommen.

Natürlich kann eine solche Statistik nur als ein ergänzendes Indiz für unsere These gewertet werden. Deshalb wollte ich nicht ruhen und weitere humanethologische Hinweise prüfen. In zwei großen Berliner Strandbädern registrierten wir daraufhin rund zwei Wochen lang das Verhalten von 118 Besuchern, davon 56 Kinder und Jugendliche. Jede Person wurde zweieinhalb Stunden lang heimlich beobachtet, was zusammen fast 300 ‹Personenstunden› an Gesamtbeobachtungszeit ergibt.[290]

Wer ins Strandbad geht, begibt sich an ein Ufer, aber noch lange nicht ins Wasser. In den drei erwachsenen Altersgruppen ab 18 Jahren, über dreißig und über fünfzig Jahren blieben diese Menschen die meiste Zeit an Land, nämlich zu 91, 89 und 88 Prozent der Beobachtungszeit. In jeder dieser drei Altersgruppen machte die reine Schwimmzeit im Durchschnitt sogar nur ein bis zwei Prozent der Zeit aus. Die Erwachsenen über dreißig schwammen durchschnittlich also in den zweieinhalb Stunden nur drei Minuten lang, die 18- bis 30-Jährigen gar nur unter zwei Minuten! Die restlichen 8, 9 und 9 Prozent der Beobachtungsdauer verbrachten unsere drei erwachsenen Gruppen watend oder planschend im Wasser, ohne zu schwimmen, immerhin also durchschnittlich vier- bis achtmal so lange, wie sie wirklich schwammen.

Ganz anders aber nutzten die Kinder das Bad Jungfernheide und den Wannsee. Die bis 5-Jährigen planschten, von ihren Eltern beaufsichtigt, in 17 Prozent der Zeit, schwammen aber, prozentual betrachtet, verständlicherweise gar nicht. «Pack die Badehose ein» bedeutet jedoch für die 6- bis 10-jährigen Kinder wirklich Badespaß und Planschvergnügen, denn sie verbrachten durchschnittlich vierzig Prozent ihrer Zeit im Wasser – aber nur ein Prozent davon schwimmend. Obwohl die Kinder etwas mehr als doppelt so oft vom Wasser auf das Land und umgekehrt wechseln wie die Erwachsenen, ist es trotzdem kein Wunder, wenn die Alten immer zu hören sind: «Komm jetzt endlich raus, du hast ja ganz blaue Lippen!»

Die hohen Mitgliederzahlen der Kinder in den Schwimmvereinen liegen also nicht nur an elterlicher Fürsorge, dem Nachwuchs endlich das Schwimmen beizubringen. Vielmehr ist es ein dringendes Bedürfnis der Kinder, viel Zeit im Wasser zu verbringen, wann immer die Temperaturen dies erlauben. Dieses Verlangen scheint so stark zu sein, dass man es mit motivationslosem Spieltrieb allein nicht erklären kann. Es muss das Ufer sein, an dem gespielt wird; das Spiel muss sich im Wasser abspielen, ohne dass Schwimmen nötig wäre. Also scheint es aufgrund angeborener Eigenschaften der jungen Mitglieder unserer Spezies zumindest mitbestimmt zu sein, dass Kinder watend spielen.

Aus unserer Warte der Jetztmenschen übersehen wir dabei völlig – weil es uns selbstverständlich scheint –, dass diese Spiele aufrecht und biped erfolgen. Aber wir hatten in Zoogehegen, also an Land, in mehreren Untersuchungen übereinstimmend Folgendes beobachtet: Die zahlenmäßig weitaus häufigsten Anlässe von Gorillas (als uns nahe stehenden äffischen Verwandten), sich auf zwei Füße aufzurichten, bestanden im Spiel der Jugendlichen. Genauso könnte es sich bei den ersten Hominiden verhalten haben. Kinder könnten die evolutiven Schrittmacher für die Aufrichtung der Erwachsenen und damit für den phylogenetischen Erwerb der Zweifüßigkeit des Menschen gewesen sein.

Die artgerechte Haltung des domestizierten Menschen

Der Mensch hat sich selbst domestiziert, sich selbst zu einer Art Haustier gemacht. Während sich jeder verantwortungsvolle Zoodirektor danach fragt, wie er es denn seinen kostbaren Schützlingen am ehesten artgerecht naturnah einrichten kann, verschwenden wir Stadtmenschen im Alltag kaum einen Gedanken an uns selbst mit dieser Frage. Landschaftsarchitekten oder Philosophen des Wohlbefindens in aller Welt gehen von einem weit gehend kulturell definierten Jetztmenschen aus. Oder denkt sich denn jemand aus, wie wir uns am besten unterbringen sollten, damit unsere weit gehend selbst geschaffene Welt der natürlichen Umwelt unserer noch in freier Natur lebenden Urvorfahren möglichst artgerecht entspräche? Dabei halte ich es für überlegenswert zu erkunden, welches menschliche Verhalten, welche Kulturgüter oder Zivilisationsmerkmale etwas darüber verraten, was denn für den Menschen «artgerechtes» Leben und Wohnen bedeuten könnte.

Im Tagesspiegel, einer der renommiertesten deutschen Tageszeitungen, die in Berlin erscheint, stand am 3. August 2002 ein Artikel über die hauptstädtische Gastronomie. Dort war in einem Epigramm zur Überschrift des Artikels zu lesen: «Wenn der Berliner die Seele baumeln lassen will, … zieht es ihn ans Wasser. Immer mehr Wirte entdecken die Flüsse, Seen und Kanäle als perfekte Kulisse für einen entspannten Abend.» Im Artikel wird der Psychologe Claus Christian Carbon der Freien Universität Berlin zitiert, der erklärt, «dass Wasser eine besondere Faszination auf den Menschen ausübt. ‹Fließende Gewässer wirken durch ihre stete Bewegung beruhigend›, sagte er. Deshalb seien japanische Gärten immer mit Wasserelementen ausgestattet.»[286] Der eben zitierte Artikel war mit dem Titel «Alles fließt – und genießt» überschrieben, eine, wie ich finde, symptomatische Paarung der Verben.

Als Beleg für diese Behauptung möchte ich nur ein weiteres Beispiel anführen. Unter der Rubrik «Leben & Genießen» erschien in einem verbreiteten Gesundheits-Magazin ein Bericht über japanische Gärten, ‹Feng Shui – Garten für die Sinne›: «Feng Shui ist eine fernöstliche Weisheit …(es) heißt wörtlich übersetzt ‹Wind und Wasser›. Es ist eine jahrtausendealte Naturlehre, die ihre Wurzeln im alten China und in Tibet hat. Feng Shui soll uns dabei helfen, ein harmonisches Umfeld zu schaffen …(und) unser Wohlbefinden steigern.» Dabei ist Wasser ein «Lebenselixier» und «zählt zu den wichtigsten Elementen im Feng-Shui-Garten».[283] Nach Artikeln dieser Thematik hatte ich nicht gesucht; dies ist auch gar nicht nötig: Die Vergesellschaftung der Begriffe von Wohlfühlen und Wasser sind allgegenwärtig. Wie wir gerade an den beiden eben zufällig gefundenen Beispielen erfahren, trifft sie nicht nur auf unsere, sondern auf die unterschiedlichsten Kulturen zu.

Die Assoziation von Wohlfühlen und Wasser wird übrigens auch durch einen Versuch gestützt, bei dem die Untersucher in einem Kaufhaus einen Brunnen installierten und das Verhalten der Passanten vor und nach dessen Installation registrierten. Ihre Befunde zeigen, dass die Passanten in der Nähe des Brunnens länger verweilten als vor dessen Einbau und dass sie sich auch mit ihrer Umgebung, unter anderem auch mit dem Brunnen selbst, zu beschäftigen begannen und dort länger verweilten.[289] Vorübergehende Paare verlangsamten gelegentlich ihre Schritte, und sie berührten sich in der Nähe des Brunnens häufiger. Die Autoren schlossen daraus, dass dies im Verlauf unserer Evolution als ein Hinweis auf die Bedeutung des Wassers für die Habitatwahl des Menschen aufgefasst werden kann.

Mit einer kleinen Untersuchung wollten wir dieses Ergebnis überprüfen. In Berliner Parks mit oder ohne Brunnen registrierten wir im Juli und August 2002 das Freizeitverhalten der Parkbesucher in einer warmen Schönwetterperiode.[285] Im Park ohne einen Brunnen nahm die Kategorie ‹Entspannen›, also das entspannte Sonnenbad, das Päuschen mit geschlossenen Augen und dem Knopf des Walkman im Ohr oder die Lektüre eines Buches auf der mitgebrachten Frotteedecke mit 37 Prozent den größten Anteil der Beobachtungszeit ein. Im Park mit einem Brunnen machte diese Verhaltenkategorie nur 27 Prozent der Zeit aus. In Parks ohne einen Brunnen wurden Bewegungsspiele von Kindern sehr häufig protokolliert. Der Besuch des Parks ohne ein Gewässer bot also bei schönem Wetter viel eher den Anlass zum Genießen einer Pause, zum Faulenzen oder zum Nachlauf- oder Frisby-Spiel. Wir waren vor der Beobachtung schon sehr gespannt, in welchem Maße der Brunnen genutzt würde, erlebten aber eine Überraschung bei der Auswertung. Wir hatten nämlich nicht damit gerechnet, dass die Parkbesucher nicht weniger als ein komplettes Drittel, also genau 33 Prozent ihrer Aufenthaltszeit im Park, an oder im Brunnen mit Wasserkontakt verbringen würden. Die Kinderspiele verlagerten sich zum überwiegenden Teil an das kleine Gewässer, und auch für die Erwachsenen war der Brunnen ein echter Magnet. Für sie bildete der Brunnenrand auch Zentrum und Anlass für weitere Kommunikation. So bot der Brunnen vielfache Gelegenheiten für ein freundlich-beiläufiges Gespräch, einen Flirt im Vorübergehen und für Unterhaltungen von Müttern, deren Kinder dort spielten – Anlässe, die gern und offenbar viel häufiger ergriffen wurden, als rein zufällig zu erwarten gewesen wäre. Aus solchen Verhaltensstudien werden die dem Menschen eigenen Bedürfnisse und deren evolutiver Hintergrund ganz allmählich immer deutlicher.

Es gibt eine «Biologie der Idylle»

Für die folgende Untersuchung gab es eine konkrete Anregung und einen handfesten argumentativen Grund. Die Anregung bestand in einem Fernsehwerbespot. Ein offenbar frohes und zufriedenes Paar speist und trinkt an weiß gestrichenen Klappmöbeln im Sand des Spülsaums eines warmen Meeres. Auch dass sie barfuß sind, verrät, dass Idylle des Uferlebens nicht nur mit Wasser etwas zu tun hat. Vielmehr sollte sie werbewirksam auch einhergehen mit der Anwesenheit eines lieben Menschen beim gemeinsamen Picknick und, nicht zuallerletzt, mit zumindest subtropischer Platzierung der Szenerie! Trotzdem könnten meine Wahrnehmung und meine Interpretation dieser Bilder vorbelastet oder voreingenommen sein, klar.

Der handfeste Grund bestand darin, dass jede der oben geschilderten Studien für sich alleine gesehen nur eine schwache Stütze und kaum ein Pfeiler für die Theorie dieses Buches sein könnte, muss man für ein tragfähiges Konzept auch im einzelnen Fach, wie hier in der Humanethologie, Untersuchungen mit sehr unterschiedlichen Methoden durchführen. Über die beiden Tourismusstudien und die Verhaltensbeobachtungen in Schwimmbädern und Parks hinaus plante ich daher eine Befragung mit biologisch-psychologischem Hintergrund. Ich wollte herausfinden, ob der Mensch ein «inneres Bild» oder eine mehr oder weniger klare Vorstellung von einer «Landschaft zum Wohlfühlen» hat.

Also befragten wir 232 Personen im Alter zwischen 20 und 89 Jahren, um herauszufinden, was sie sich unter einem Ort des Wohlbefindens vorstellen würden.[287] Dabei kann es einen Unterschied bedeuten, ob man eine Landschaft nur betrachtet, ob man dort beispielsweise zur Erholung hinfährt oder ob man dort sogar dauerhaft wohnen möchte. Um die Teilnehmer an der Studie völlig unvoreingenommen zu lassen, wurde zu dem Fragebogen lediglich gesagt, es handele sich um eine Unter-

Aus unseren Untersuchungen zum Wohlbefinden des Menschen in verschiedenen Umwelten lässt sich folgende «Biologie der Idylle» herleiten. Der Mensch wünscht sich mindestens den Blick auf ein nahes Gewässer. Mit zweiter Priorität folgen ein lichter Wald und eine grüne oder mit Blumen bestandene Wiese, während ein dunkler Forst und eine trockene Steppe mit Abstand weniger Zustimmung finden. Dieses Bedürfnis hat evolutive Gründe aus unserer afrikanischen Abstammung.

suchung zum Thema «Erholung und Natur». In den Fragebogen wurden die vielen Biotope oder Habitate, 51 an der Zahl, zunächst recht präzise erfragt, beispielsweise als Wüste mit Kakteen, Meer mit Sandstrand, Blumenwiese, Tannenwald, Golfplatz und so weiter. Für die Auswertung wurden dann aber fünf Habitatstypen zusammengefasst: ‹Wald- und Wiesenhabitate›, ‹Wasserhabitate›, ‹karge Habitate› (felsige Berge, Wüsten usw.), ‹landwirtschaftlich-künstliche Habitate› und ‹Sonstige›.

Eine solche Zusammenfassung ist unumgänglich, weil jeder unter den notwendigerweise präzisen, sich ergänzenden Antwortmöglichkeiten etwas völlig anderes verstehen kann: Bei Beispielen wie ‹Arktis› oder ‹Steppe› tauchen in der Fantasie der Befragten wahrscheinlich sehr unterschiedliche Assoziationen auf, allzu verschiedene Bildvorstellungen, die für die jeweiligen Bewertungen entscheidend sein können. Aber immerhin ergaben alle Antwortmöglichkeiten aller Personen in den acht Gruppenfragen eine Gesamtstichprobe von immerhin fast 24 000 Antworten.

In unseren ersten Fragen erkundigten wir uns also nach der Vorstellung einer idyllischen Landschaft in den Köpfen der Befragten: Welche

Naturelemente verbinden Sie mit dem Begriff «Idyll»? Hierbei konnte für jede Antwortmöglichkeit gewählt werden unter: ja / eher ja / mittel / eher nein / nein. Dies galt sowohl für die ersten drei der Alternativen, die ‹Grüne Wiese›, ‹Uferzone›, ‹Vulkan/Krater› als auch für alle anderen der übrigen vierzehn Antwortmöglichkeiten bei dieser Frage.

Wasserhabitaten gegenüber waren genau 80 Prozent der Befragten positiv eingestellt (‹ja› oder ‹eher ja›); 66 Prozent, also recht genau zwei Drittel unserer Informanten, wählten für die Wald- und Wiesenhabitate die beiden positiven Bewertungen. Mit 38 Prozent positiven und 33 Prozent negativen Bewertungen fiel das Ergebnis für landwirtschaftlich-künstliche Habitate (‹Felder›, ‹Gemüsegarten› und so weiter) einigermaßen ausgeglichen aus. Aber nur 19 Prozent schrieben dem ‹felsigen Hochgebirge›, ‹Sandwüsten› und ähnlichen Landschaften idyllische Eigenschaften zu.

Im Unterschied zur reinen Vorstellung fragten wir nun, wo unsere Auskunftgeber denn gerne *ein paar Tage rasten oder lagern* würden. Diese Frage hat nicht nur etwas mit ‹sich wohl fühlen› zu tun, sondern wegen der Dauer der Rast auch mit vielen praktischen Erwägungen von Alltäglichkeiten. Auch hier schnitten die Wasserhabitate am positivsten ab, wiederum gefolgt von den Wald- und Wiesenhabitaten. Dabei entschieden sich eindeutig positiv (‹ja›) 65 Prozent für die Wasserhabitate und nur ein Viertel so viele, nämlich geschlagene 16 Prozent, für Wald und Wiese.

Wir wollten jedoch noch konkreter wissen, ob man sich an einem Ort, an dem man gerne ein paar Tage rastet, auch langfristig wohl fühlen würde. Daher fragten wir nach dem *Inventar eines Grundstückes*, das den Befragten gefallen würde. Über welche Nutzungselemente müsste es bestenfalls verfügen? Um die Absicht unserer Fragen zu verstecken, lauteten in der ersten dieser beiden Fragen die Eigenschaften der Grundstücke beispielsweise: ‹große Rasenfläche›, ‹ein Spiel- oder Sportplatz›, ‹ein Teich oder See›, ‹eine Blumenwiese›, ‹ein Gemüsegarten› und so fort.

Die Wasserhabitate, also ‹ein Teich oder See› und ähnliche Antwortmöglichkeiten, erzielten mit 47 Prozent für ein entschiedenes ‹ja› wieder hochsignifikant den besten Wert, während die Wald- und Wiesenhabitate mit 37 Prozent ‹ja› wiederum am zweitbesten abschnitten. Die gleiche Reihenfolge mit noch viel höheren Werten ergab sich, wenn die positiven Beurteilungen (‹ja› und ‹eher ja›) jeweils aufsummiert wurden. Auf ein kleines Fleckchen Wald oder Wiese wollen viele also nicht verzichten – aber auf ein Stückchen Ufer oder Wasser noch weniger! Für die landwirtschaftlich künstlichen Habitate, zum Beispiel den Gemüsegarten, blieben zusammengenommen nur 18 Prozent übrig.

Richtig krass wird es aber, wenn es im zweiten Teil dieser Frage nun um den Erwerb eines Grundstückes geht. Da kannten unsere potenziellen Käufer kein Pardon: 53 Prozent wünschten sich definitiv (‹ja›) ein Wassergrundstück. Obwohl die Kombination von Wasser- und Wiesengrundstücken ausdrücklich möglich war und auch genutzt wurde, entschieden sich nur 19 Prozent mit derselben Entschlossenheit – zum Teil zusätzlich – für die Wald- und Wiesengrundstücke und sogar nur 9 Prozent für künstlich angelegte Gartenlandschaften mit beispielsweise einer großen Rasenfläche oder auch Tierweide. Dass nur 2 Prozent von einem schönen Haus auf der Alm im Hochgebirge oder von einer Villa in einer Sandwüste träumten, sei nur der Vollständigkeit halber erwähnt.

Summiert über alle Fragen, schneiden die Uferlandschaften, Wasserhabitate und wasserbezogenen Inventare, wie zum Beispiel der Swimmingpool, zusammen weit vor den Wald- und Wiesenhabitaten ab. Wenn man die beiden positiven Wertungen ‹ja› und ‹eher ja› zusammenzieht, legen Frauen mit 85 Prozent signifikant mehr Wert auf Wasserhabitate als die Männer, bei denen die Bewertung mit 78 Prozent aber auch entschieden positiv ausfiel. Hiernach hatten Frauen also eindeutig eine etwas stärkere Vorliebe für das Wasser.

Ganz wichtig erschien uns noch, ob und inwieweit kulturelle Einflüsse eine Rolle spielen könnten. 44 in Berlin wohnende Testpersonen stammten aus anderen Ländern; das heißt, sie beantworteten insgesamt 4488 Einzelfragen. Außer Australien waren alle Kontinente vertreten. Die Wasserhabitate erhielten von ihnen mit 75 Prozent positiver Antworten genau wie bei den deutschen Probanden die weitaus beste Bewertung, wenngleich sie bei den Deutschen mit 83 Prozent sogar noch etwas höher ausfiel. Weit dahinter, an zweiter Stelle, rangierte bei den Menschen anderer Regionen die Wald- und Wiesenlandschaft mit 48 Prozent, bei den deutschen Testpersonen mit 57 Prozent. Zwar sind die Unterschiede zwischen den Kulturen zahlenmäßig nicht unerheblich, aber die Rangfolge der Beliebtheit verschiedener Habitate ist identisch.

Nach allem, was wir aufgrund der vielen Teiluntersuchungen wissen, ist die Affinität zum Wasser beziehungsweise zum Ufer den meisten Menschen, und zwar sowohl den meisten Kindern, Jugendlichen als auch den Erwachsenen jeder Altersstufe, gemeinsam. Dies gilt völlig unabhängig von der Zugehörigkeit zu einer bestimmten sozialen Schicht. Sie gilt für die meisten Länder der Erde, wenn nicht für alle, und soviel wir wissen, hat diese Affinität mit großer Sicherheit seit der frühesten Altsteinzeit bis heute zu allen Zeiten bestanden. Daher scheint sie nicht gelernt zu werden, sondern einem stammesgeschichtlichen Erbe von Verhaltensweisen und Bedürfnissen zu entspringen. Ich postuliere daher die Existenz von Genen für unsere menschliche Wasseraffinität.

Kapitel 11
... nicht aus dem Wasser

Der biologische Neoprenanzug

Menschenbabys sind entweder pausbäckig oder nicht gesund. Der kleine Schimpanse und der Gorilla-Winzling tragen Falten im Gesicht statt gepolsterte Rundungen. Pavian- oder Makakenbabys sehen aus wie winzige, niedliche Greise. Wie mager sie sind! Es stimmt, der Mensch ist der einzige Primat, der in seiner Unterhaut eine beträchtliche Schicht von Fettgewebe besitzt. Schon Neugeborene besitzen diese subkutane Isolierschicht. Dieser Umstand wird als eines der Hauptargumente für die Theorie vom wasserlebenden Menschenaffen angeführt, die englisch als *Aquatic Ape Theory* bezeichnet wird.

Eigentlich ist diese Theorie rund sechzig Jahre alt und wurde 1942 von dem Berliner Professor Max Westenhöfer entworfen.[309] Er trägt eine Reihe noch älterer Quellen zusammen und formuliert wohl als Erster eine konsistente, komplette Theorie, wobei er eine «aquatile Lebensweise für ein frühes Säugetierstadium des Menschen» in der Trias oder Kreidezeit, also im Erdmittelalter, für möglich hält. Heute wissen wir aber, dass die Primaten erst vor gut sechzig Millionen Jahren an der Wende zur Erdneuzeit – und nicht vor hundert bis zweihundert Millionen Jahren – auf der Erdenbühne erschienen. Viele der von Westenhöfer erwähnten Merkmale besaßen die ersten Primaten aber nicht. Folglich hätten sie diese in der Evolution erst wieder erneut auf dem Weg zu uns Menschen erwerben müssen – was nach heutiger Erkenntnis nicht geht. Schließlich ist er selbst skeptisch; er rechnet mit dem Stirnrunzeln seiner Leser und schreibt sehr vorsichtig: «Solche auf den ersten Blick so unwahrscheinlichen Hypothesen stellen selbstverständlich nur Anregungen dar, in welcher Richtung man forschen kann wie ein Detektiv, der jedes, auch das unwahrscheinlichste Indizium verfolgt neben anderen, die aussichtsreicher erscheinen.»[309]

Inzwischen wird die *Aquatic Ape Theory* zumeist mit ihrer prominentesten Befürworterin, Elaine Morgan, in Zusammenhang gebracht.[296, 299] Die Autorin hält in ihrem neuesten Buch fest: «Die Idee, dass die Zweifüßigkeit als Konsequenz watenden Verhaltens entstanden sei, ist eine

Die Vorstellung eines aquatischen, schwimmenden und tauchenden Affen, wie Derek Ellis ihn sich vorstellt (Zeichnung Ellis, 1991).[294]

Hypothese wie alle anderen auch ... Keine von ihnen ist bewiesen.»[300] Dies positioniert sie klar im Gegensatz zur hier vorgestellten amphibischen Theorie.

Elaine Morgan hat eine ganze Reihe der Argumente von Westenhöfer übernommen, ohne sie jedoch mit dem jeweils aktuellen Stand der Wissenschaft abzugleichen. Aber die Theorie vom ‹aquatischen Affen› hat in der Fachwelt nicht nur Furore gemacht. Sie wurde auch belächelt, und jeder Fachkollege, der hie oder da ein Fünkchen Wahres an der Theorie fand, setzte sich der Gefahr aus, ebenfalls belächelt zu werden, wenn nicht gar einer gewissen Ächtung zu begegnen. Bereits gut zehn Jahre vor Westenhöfer hatte in Oxford Alister Hardy ähnliche Ideen entwickelt, aber, so schreibt Elaine Morgan, «seine Freunde warnten ihn, er würde seine Karriere verpfuschen, wenn er öffentlich eine solche schrill-abwegige Theorie verträte».[297] Noch älter als die Ideen von Alister Hardy sind jene von Othenio Abel, der bereits 1912 in seinem Buch «Grundzüge der Paläobiologie der Wirbeltiere» beispielsweise auf die verbreiterte menschliche Fußsohle hingewiesen und eine ähnliche Anpassung vermutet hatte, wie sie bei ausgestorbenen, ehemals in Sümpfen lebenden Urhuftieren vorkam.

Die eingangs des Kapitels erwähnte Fettschicht, um bei diesem ersten Kriterium für die Aquatische Affentheorie zu bleiben, ist derart einzigartig im Tierreich, dass bei den seltenen zufälligen Mutationen der Erbsubstanz ein sehr scharfer Selektionsdruck seine Ausbildung enorm verstärkt und beschleunigt haben muss. Ohne einen erheblichen Überlebensnachteil für alle Individuen ohne oder mit weniger Fett in der Unterhaut könnte man sich dieses außergewöhnliche Merkmal des Menschen praktisch nicht denken. Dies gilt nicht nur für erwachsene Individuen: Die funktionellen Merkmale werden für alle Lebensstadien getrennt der natürlichen Auslese unterworfen, also auch bei Babys und älteren Kindern.[301, 302] Außerdem wird zwischen Geburt und dem Erreichen des normalen Sterbealters in keiner Lebensspanne von der Natur so rigoros und zahlreich selektiert wie in den ersten Lebenswochen. Dies gilt nicht nur für den Menschen in fast allen Gesellschaften, sondern auch für alle anderen Primaten (und darüber hinaus).

Ein Selektionsdruck für fette Babys ist eigentlich kaum vorstellbar, vor allem keiner, der nicht auch auf alle anderen Primaten zuträfe. Menschen sind bei der Geburt größer, und sie benötigen mehr Energie für den Aufbau dieses Fettorgans. Da sie mehr wiegen, sind sie also auch schwerer zu tragen. Wenn wir aber einen Vorfahren gehabt hätten, der viel im Wasser gewatet ist, länger als dies zum Beispiel Makakenarten heute tun, wäre es von essenzieller Bedeutung für unsere Baby-Vorfahren gewesen, gegen den damit einhergehenden Wärmeverlust gut isoliert zu sein.[299]

Auch ist nicht nur ein Körperteil von dieser Fettschicht betroffen, sondern alle Teile des Kinderkörpers sind vom Fettgewebe sorgsam wie von einer Thermomatte umhüllt. Auch dies spricht für eine scharfe natürliche Auslese, die einen recht gut optimierten Zustand zur Folge hatte. Neben einer isolierenden Funktion sind jedoch nie andere Gründe für eine natürliche Auslese dieses Merkmals ernsthaft vorgeschlagen worden, die zu einer derart auffälligen und gut strukturierten subkutanen Fettschicht geführt hätten; wenigstens nicht nach meiner Kenntnis.[300]

Um die Fettschicht der Unterhaut messen zu können, wendet man die so genannte *Hautfalten-Methode* an. Man nimmt dabei Hautfalten nach einer standardisierten Methode so in eine Messzange, wie man sie zwischen zwei Fingerspitzen klemmen kann, beispielsweise wenn man Freunden im Strandbad zeigen will, dass man entgegen deren Behauptung doch keinen übermäßigen Bauchspeck angesetzt hat. Klemmt man so die Haut bei jungen, erwachsenen Männern aus Industrienationen schmerzlos mit einem geeichten Gerät, so findet man, beispielsweise in Deutschland, recht dicke, also fettreiche Hautschichten an deren Hüften, dem Bauch, den Oberschenkeln, dem Rücken und den Waden. Deutlich weniger subkutanes Fettgewebe wurde über der Streckseite des Oberarms (dem so genannten Trizeps), auf dem Brustkorb, am Knie, dem Kinn und auf der Beugeseite des Oberarms (dem Bizeps) gemessen.[307] Die unteren Teile des (aufrechten) Körpers sind demnach durchschnittlich stärker gegen Wärmeverlust isoliert als die oberen.

Dies ist bei Frauen noch deutlicher ausgeprägt. Ihre Fettschicht der Haut ist an den Oberschenkeln, dem Bauch, an der Wade und an der Hüfte weitaus am dicksten. Dann folgen mit Abstand der Trizeps, der Rücken und der Brustkorb, gefolgt von den Regionen um das Knie, das Kinn und den Bizeps.[307] Diese Fettverteilung spricht für eine anatomische Optimierung, um die Körpertemperatur beim Waten in seichtem Wasser ohne viel Energieverlust leicht aufrechtzuerhalten. Dies ist ein weiteres Indiz für die stärkere Bindung von Frauen an das feuchte Element. Weiter vorne hatten wir zunächst mit kulturellen Gepflogenheiten bei der Arbeitsteilung in vielen Gesellschaften argumentiert sowie mit dem ethologische Kriterium der stärkeren Vorliebe von Frauen für Wasser und Gewässer auf Grundstücken. Mit diesem Merkmal tritt ein anatomisches Argument hinzu, das stimmig zu den übrigen Beobachtungen passt, nämlich deren stärkere Fettschicht besonders in den unteren Körperpartien.[306]

Auch ist die hier betrachtete, offenbar genetisch bedingte und durch die Evolution erworbene Verteilung des Unterhautfettgewebes nur für einen halb untergetauchten Körper günstig. Man kann nämlich lange in sehr kalten Wasser stehen, ohne ernsten, bleibenden Schaden zu nehmen, wenn man hinterher bei heißem, süßem Tee schön warm duscht. Erreicht das Eiswasser Hüfttiefe, also rund sechzig Prozent der Körperhöhe, kann man es ungleich länger aushalten, als wenn es den Hals und damit neunzig Prozent der Körperhöhe erreicht. Fällt man nämlich in derart kaltes Wasser hinein, geht man nach wenigen Minuten unter und stirbt.

Elaine Morgan führt eine Tabelle mit neun Kriterien an, die der Mensch einerseits mit Säugetieren der Savanne und andererseits mit Wassersäugern teilt.[296, 298] Zunächst stellt sich die Frage, ob diese Alternative überhaupt richtig ist. Sie hatte sich früher vor dem Hintergrund ergeben, dass die ersten Hominiden nach allen althergebrachten Theorien im damals neu entstandenen, großen Lebensraum der Savanne ihren Ursprung hatten. Damit sei eine Anpassung der frühesten Hominiden an die Savanne die erste Bedingung gewesen. Diese Ausgangssituation aber muss nicht unbedingt stimmen. Zumindest ist sie sicher nicht so monokausal zu sehen, gründet sich also nicht nur auf diesen einen Umstand. Trotzdem lohnt es sich, diese neun Kriterien einzeln zu beleuchten. Zum einen kann man anhand der Diskussion dieser Merkmale erkennen, wie abwegig die ‹Aquatische Affentheorie› einer Evolution des Menschen ist. Darüber hinaus aber erkennt man auch, dass die hier vorgestellte amphibische Theorie nur in sehr wenigen Gesichtspunkten etwas mit der aquatischen Theorie gemein hat – übrigens ähnlich wenig wie mit manchen der anderen in den ersten Kapiteln vorgestellten Theorien auch.

Während die Kategorie der wasserlebenden Säuger noch hinsichtlich der Lebensbedingungen als relativ einheitlich hingenommen werden mag, halte ich Morgans Einteilung in Kriterien der Wasser- und der ‹savannah mammals› (‹Säugetiere der Savanne›) von Anfang an für fragwürdig. Gelten doch für sehr unterschiedliche ökologische Nischen von Mammaliern der Savanne derart verschiedene Bedingungen, dass sie bei der Betrachtung sehr spezifischer Merkmale wahrscheinlich völlig unterschiedlich gewertet und total anders eingeordnet werden müssen. Wir diskutieren nun die neun Kriterien, die in der ‹Aquatischen Affentheorie› als Unterschiede zwischen Wasser- und ‹Savannentieren› aufgeführt werden.

1) Den *Verlust von Körperhaar* teilt der Mensch mit einigen, aber längst nicht allen im Wasser lebenden Säugetieren. Im Gegensatz zu Walen tragen Biber, Otter und Robben ein dichtes Fell. Unter den am Land lebenden afrikanischen Säugern, die mit unseren Vorfahren gleiche Umweltbedingungen durchlebten, sind Warzenschweine, Flusspferde, aber auch Elefanten äußerst spärlich behaart. Flusspferde bekommen leicht einen Sonnenbrand, wogegen ihnen Schlammpackungen aus der Suhle sowie ein kräftig rotes Sekret zahlreicher Hautdrüsen hilft. Dagegen unterliegen sowohl Warzenschweine als auch Elefanten dieser Gefahr wohl deutlich weniger. Beide packen sich auch gern in eine Schlammkruste ein, wobei diese bei der enormen Größe des Elefanten wohl für eine Wärmeabgabe günstiger ist als ein Fell. Demgegenüber haben viele der Tiere in der Savanne von der Größe von Warzen-

schweinen oder darüber ihr Fell behalten. Zu viele Faktoren scheinen eine Rolle zu spielen; zu vielfältig sind daher die Lösungen und Kompromisse, welche die Natur realisiert hat. Daher bietet dieser Vergleich keinen Anhaltspunkt im Für und Wider um die Evolution des Menschen. Die Haarlosigkeit ist zwar interessant, spielt aber in diesem Zusammenhang offenkundig keine oder zumindest keine ausreichend einheitliche Rolle. Dies gilt insbesondere für die Evolution der Aufrichtung und der des zweifüßigen Gangs.

2) Umgekehrt verhält es sich mit der *gewohnheitsmäßigen Bipedie.* Den zweifüßigen Gang teilen wir mit keinem einzigen Säugetier, weder in der Savanne noch im Wasser, noch sonst in irgendeinem anderen Habitat. Verbleiben also noch sieben Kriterien.

3) Den langen Rachen mit einem *tief liegenden Kehlkopf* teilt der Mensch mit Seelöwen und manchen Seekühen. Seeleoparden haben einen ungewöhnlich langen, muskulösen Hals erworben, der, wie oben angedeutet, zu Schwimmbewegungen und zum Töten und Bearbeiten der Beute dient. Da jene keine Pranken zum Festhalten der Beute besitzen, können sie mit den Zähnen auch nicht die Körperdecke ihrer Beutetiere aufreißen. Mit wahrhaft brutal anmutender Macht schlagen sie den im Maul festgehaltenen Körper des Pinguins auf die Wasseroberfläche, bis dieser buchstäblich aus seiner Haut platzt. Nur durch ungewöhnlich starke Hals- und Schultermuskulatur wird dies ermöglicht. Natürlich liegt der Grund für einen etwas tieferen Kehlkopf als beispielsweise bei Seehunden in dem Erwerb eines langen Halses. Es handelt sich aber um einen evolutiven Eigenerwerb für einen ganz speziellen Zweck, der für die Ahnengalerie der Urmenschen oder deren Vorfahren nicht infrage kommt.

Auch der Mensch hat als eine von mehreren Anpassungen an aufrechtes Gehen einen längeren Hals als die Menschenaffen. Dabei ist sein Kehlkopf tiefer verlagert worden. Ob dies kausal mit dem Spracherwerb verknüpft ist, ist zurzeit noch unbekannt. Jedenfalls bestehen zwischen Robben und Menschen für dieses Merkmal völlig verschiedene Evolutions- und Selektionsbedingungen.

In der Evolution der Seekühe finden wir ebenfalls eine völlig andere Szenerie. Sie führte unter anderem dazu, dass bei der Familie der Seekühe außerordentlich kurze Hälse vorkommen. Äußerlich haben sie überhaupt keinen Hals. Mit Ausnahme der Faultiere sind sie die einzigen Säugetiere, die nur sechs und nicht – wie alle anderen – sieben Halswirbel besitzen.[291] Auch wird in der aquatischen Theorie lediglich die gestaltliche Analogie erwähnt und die Übereinstimmung in den Raum gestellt. Es wird kein Lösungsansatz entwickelt oder versucht, ja nicht einmal gefragt, zu welchem funktionellen Zweck die Verlagerung des Kehlkopfes in die Tiefe denn dient. Die Tiere aller drei Beispiele, Seelöwen, Seekühe und Menschen, unterliegen fundamental verschiedenen funktionellen Erfordernissen: Seelöwen sind Beutegreifer unter Wasser, Seekühe weiden meist kopfüber Wasserpflanzen vom Gewässergrund, und Menschen gehen aufrecht. Ein einziges übereinstimmendes Merkmal wird herausgegriffen, die vielen widersprüchlichen weggelassen und die funktionelle Begründung für das übereinstimmende Merkmal nicht einmal theoretisch angedacht. Also müssen wir dieses Merkmal von der Liste möglicher kausaler Übereinstimmungen des Menschen mit Wassertieren streichen.

Atmen, schwimmen und Sex im Wasser

4) Eine *willkürliche Atemkontrolle* gibt es nach jener Liste nur bei Wassersäugetieren und beim Menschen. Nicht aber bei ‹Savannentieren›. Nun, Flusspferde sind zweifellos Tiere der Savanne, die fast die ganze Nacht über, oft viele Kilometer vom Fluss entfernt, weidend an Land unterwegs sind und die sich tagsüber ins Wasser zurückziehen. An das Wasser gut angepasst, können sie gut tauchen und bewegen sich unter Wasser meist gehend fort. Sie können aber auch schwimmen oder unter Wasser sogar Galoppsprünge und eine Art «Eskimorolle» vollführen.[303] Für all dieses benötigen sie natürlich eine perfekte Atemkontrolle, die sie mit Hilfe ihrer muskulär verschließbaren Nasenlöcher erreichen. Der angebliche Gegensatz zu «den Savannentieren» trifft also überhaupt nicht auf alle zu.

Außerdem stellt sich hier die Frage, welche der (ausschließlich oder in Teilpopulationen) in trockenen Habitaten lebenden Primaten Elaine Morgan als ‹Savannentiere› einstuft. Im Gegensatz zu der Behauptung in der ‹Aquatischen Affentheorie› ist der Mensch eben nicht der einzige Primat mit einem willkürlich kontrollierbaren Atem. Wie ihr Umgang mit Wasser und ihre Tauchgänge beweisen, verfügen einige von

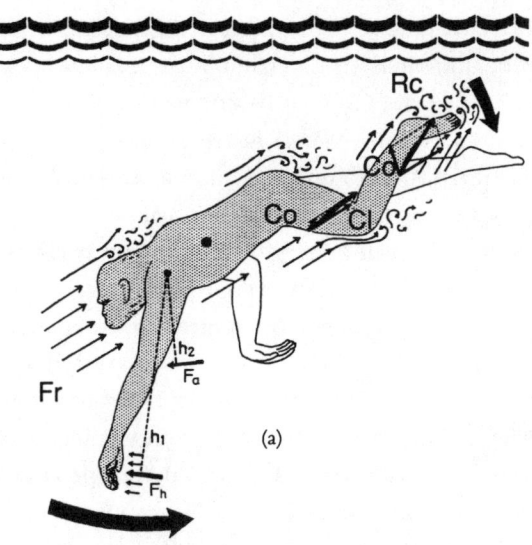

In dieser Untersuchung von Preuschoft & Preuschoft wird festgestellt: «Sowohl an den Gelenken als auch an den Fersen werden Turbulenzen erzeugt, die einen Widerstand erzeugen und das Schwimmen des Tieres langsam und energetisch aufwendig machen.»[305]

ihnen jedenfalls über perfekte Atemkontrolle (vergleiche Kapitel 8). Dies gilt auch schon für kleine Traglinge, die sich an ihren Müttern festklammern und sie unter Wasser nicht loslassen können.[295]

5) *180° zwischen Wirbelsäule und Hintergliedmaßen.* Eine Stellung der Hinterbeine in Verlängerung der Körperachse gibt es bei einigen, aber nicht bei allen im Wasser lebenden Säugetieren. Für einige Robben gilt dieses Merkmal durchaus. Bei Seehunden trifft es auch an Land zu, während Walrosse und Ohrenrobben sich an Land mit angewinkelten Beinen auf ihren Füßen fortbewegen. Die Otter scheiden mit ihren auch zum schnellen Laufen an Land eingerichteten, dann angewinkelten Hüftgelenken für diesen Vergleich aus und erst recht alle über achtzig Delfin- und Walarten, die überhaupt keine Beine besitzen. Der schlichte Vergleich von «Wassersäugern» mit «Savannentieren» entbehrt hier einfach einer faktischen Grundlage.

Noch viel schlimmer finde ich, dass hier nicht einmal der Ansatz für eine überprüfbare evolutionsbiologische Theorie entworfen wurde. Es fragt sich doch, welche funktionellen Anpassungen jeweils nötig waren, welche Selektionswerte bei den jeweiligen Repräsentanten auftreten: Pinguine und Menschen an Land müssen es bewerkstelligen, den Schwerpunkt über die Füße zu bekommen, weil sie sonst umfallen. Für die meisten Beispiele der Wassertiere, beispielsweise Seehunde, gilt, dass sie ihren Antrieb und wesentliche Anteile der Steuerung im Wasser am besten am Körperende «anbringen». Deshalb ist dies auch bei den meisten Konstruktionsprinzipien von im Wasser schwimmenden Körpern in dieser Weise verwirklicht: bei den allermeisten Fischen (Schwanzflosse), bei schwimmenden Krokodilen (Schwanz), bei Seekühen und bei allen Delfinen und Walen (Fluke) sowie schließlich, in der Technik, auch bei den meisten Schiffen und U-Booten (Heckschraube). Die Vordergliedmaßen werden bei den meisten der eben genannten Tiere zu kräftigen Steuerorganen umgestaltet.[292]

Vom Heckantrieb abweichende Fortbewegungsprinzipen wie bei Aalen oder Seeschlangen mit dem ganzen Körper oder bei den gewissermaßen fliegenden Mantas und ein paar anderen Rochen stellen eine Minderheit unter den guten Schwimmern dar. Ihnen allen ist eine von der torpedo- oder fischartigen Grundgestalt stark abweichende Körperform gemeinsam. Der Heckantrieb ist das erfolgreichste Fortbewegungs- und Manövriersystem im Wasser. Im Gegensatz zu den Landtieren ist der Hauptgrund hierfür, dass der Vorderkörper vor allem wegen des Auftriebs im Wasser praktisch nichts wiegt: Ein Vogel auf einem Baum hätte ohne Flügel und mit einem Antrieb durch Schwanzfedern vor seinem einzigen Absturz ein nur gar kurzes Leben. Fortbewegung mit Füßen auf einem festen Grund und fast gewichtsloses Schwimmen im dreidimensionalen Raum bieten derart verschiedene Bedingungen, dass ein pauschaler Vergleich ohne funktionelle Abwägungen völlig abwegig ist.

6) Die *unabhängig von Jahreszeiten vorhandene Fettschicht* der Haut hatten wir bereits oben behandelt. Daher sollen hier nur wenige ergänzende Aspekte diese Diskussion vervollständigen. Der Robbenspeck, der auch im Deutschen oft mit dem englischen Fachausdruck ‹blubber› bezeichnet wird, wurde früher bei Seeelefanten und Walrossen, aber auch bei Seekühen in großem Maßstab verarbeitet. Manche werden sich noch an Lebertran erinnern, dessen Vermarktung vor allem viele Seeelefanten das Leben kostete. Wichtig ist in diesem Zusammenhang

aber auch der Hinweis auf den «eisfesten Taucheranzug» vieler Robben, der nicht oder nicht nur aus einer Fettschicht besteht, sondern aus einem herrlich wärmenden Fell. Mit geschätzt über 300 000 000 Haaren im Körperfell liefern Seebären einen der begehrtesten Pelze überhaupt. Daher werden die Seelöwen und Seebären auch unter der Bezeichnung Pelzrobben zusammengefasst. Am wärmsten und üppigsten ist er bei den Neugeborenen, natürlich auch bei den Seehunden, denen bekanntlich nur wegen ihres wunderbaren Pelzes so grausam nachgestellt wird.[293]

Die fast nackte Haut der amphibisch in den Savannen Afrikas lebenden Flusspferde vereinigt hingegen beide Merkmale: Ihnen fehlt nämlich nicht nur das Fell, sondern – im Gegensatz zu landläufigen Annahmen – auch eine Fettschicht der Haut! Die Widersprüchlichkeiten dieses Merkmals bei den verschiedenen Tieren lässt demzufolge eine Anwendung auch dieses Kriteriums einfach nicht zu.

7) Die *bauchseitige Paarungshaltung* beider Partner trifft tatsächlich sehr häufig für die Menschen sowie für Robben und Wale zu. Auch hier wird die Beobachtung in den Raum gestellt und nicht gefragt, welcher funktionelle Hintergrund eine Erklärung für sie bietet. Für das Aufreiten der Männchen bei Vierfüßern bei der Kopulation ist vornehmlich die Schwerkraft verantwortlich. Die Frage drängt sich auf, wie sie es denn anders machen sollten. Diese Position liegt also am Grundbauplan dieser Tiere und ist hauptsächlich eine Frage von Stabilität. Was das phylogenetische Erbe von Verhaltensgenen anbetrifft, so ist festzuhalten, dass auch Gorillas oft bauchseitig verkehren. Der Zwergschimpanse kopuliert häufiger so und könnte mit seinen verschiedenen Stellungen dem menschlichen Verhalten recht nahe kommen.[308] In diesem Verhalten könnte durchaus eine gemeinsame, stammesgeschichtlich erworbene genetische Basis vermutet werden. Auch die anatomische Ausrichtung der Scheide weist bei Zwergschimpansen mehr nach vorne.[308]

Beim aufrechten Menschen wird dieses Verhalten in allen Gesellschaften fast ausnahmslos möglichst privat vollzogen. In aller Welt findet das lustvolle Treiben von Paaren zumeist im Bett oder an einem Ruheplatz statt. Die Privatsphäre wird bei den meisten Gesellschaften am besten in Ruhezeiten und damit im Liegen erreicht. Da Männer meist größer sind als Frauen, ist es außerdem für Menschen im Stehen oft fast so unbequem, wie es den Vierfüßern im Liegen wäre. In der stammesgeschichtlich völlig neuen privaten Situation treten ganz andere Selektionsfaktoren auf, die auch das Sexualverhalten und die Anatomie mitbestimmen.

Sich gegenüberliegende Partner können besser kommunizieren. Sie können auch viel leiser und diskreter miteinander kuscheln, wenn sie nicht wirklich ganz allein sind, wie dies bei unseren Ursippen wohl oft der Fall war und wie es auch heute in vielen Gesellschaften zutrifft. Diese neuen Auslesefaktoren scheinen mir viel geeigneter zu sein, über Paarungsstellungen nachzudenken, als ein ehemaliges Wasserleben zu bemühen. Auch stellt ein Orgasmus mit tiefen, schnellen Atemzügen nicht gerade eine günstige Anpassung an ein Leben im Wasser dar. Zumindest müsste er in der Evolution nach dem Landgang entstanden sein.

Der Vergleich mit den Wassertieren ist übrigens nicht erschöpfend. Auch Fledermäuse «tun es» bäuchlings. Wenn man einfach nur nach Übereinstimmungen sucht und sonst nichts berücksichtigt, könnte man mit der gleichen Berechtigung eine fliegende Periode der Urmenschen postulieren, wie die aquatische Theorie die bauchseitige Paarungsstellung kausal mit schwimmender Lebensweise verknüpft. Ich meine diesen Satz völlig ernst, denn er demonstriert die absolute Unhaltbarkeit des Arguments eines solchen Vergleiches mit den Wassersäugern. Der Vertreter der aquatischen Theorie möge ruhig einwenden, wo denn bei dieser Argumentation weitere Übereinstimmungen mit den Fledermäusen blieben. Bitte schön!

Die männlichen Fledermäuse besitzen, wie Menschen auch, beispielsweise einen frei hängenden Penis, der nicht in die Bauchhaut integriert ist. Hätten wir die Verhaltensgene für eine angeborene bauchseitige Paarungsstellung von den gut angepassten Wassertieren geerbt, wie Morgan vermutet, müssten auch wenigstens einige anatomische Übereinstimmungen zu erwarten sein. Bei Robben und Walen aber ist der Penis unsichtbar in Bauchfalten versteckt. Danach müssten eigentlich Männer zumindest auch irgendwelche Relikte von Bauchfalten besitzen, um den Penis zu verbergen. Genau dies ist die Argumentationsweise von Elaine Morgan. Auch wenn das Argument ernst gemeint ist, will ich

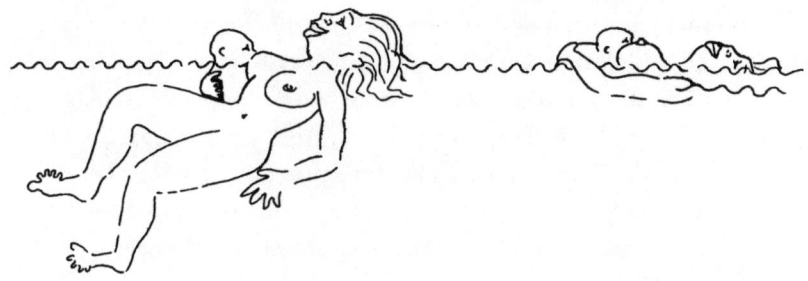

In dem Buch «The Aquatic Ape: Fact or Fiction?»[304] (Der aquatische Affe: Tatsache oder Einbildung) wird behauptet, dass Affenmutter und -kind beim «Stillen im Meer» biologisch «ideal ausgestattet» gewesen wären. Solche naiven Darstellungen trugen mit dazu bei, dass die ‹Aquatische Affentheorie› in Fachkreisen trotz nachdenkenswerter Teilaspekte von vielen allenfalls belächelt wurde.

hier nicht fortfahren. Man könnte mir noch völlig zu Unrecht vorwerfen, ich wolle mich lustig machen.

8) Elaine Morgan führt an, dass das *Haar auf dem Rücken spärlicher sei als auf der Bauchseite.* Dass für das Scham- und Barthaar des Menschen andere Auslesebedingungen herrschen als für das Fell von Robben und anderen Wassertieren, dürfte auf der Hand liegen. Des Weiteren lässt mich dieses Kriterium ratlos. Stimmt die Feststellung überhaupt, wenn man die Haare verschiedener im Wasser lebender Säugetiere exakt vermisst? Sind Haardichte, Haarlänge und Haarstruktur nicht ganz verschieden zu bewertende Gesichtspunkte und so weiter?

Auch Menschen mit glattem Haar haben lockige oder gewellte, eher festere Genitalhaare, während alle Wassertiere nur mittellange, ganz glatte seidenweiche Haare besitzen. Wenn die Bauchhaare ein Relikt des ehemaligen Wasserlebens sein sollten, wären seidige Natur-Dessous doch nicht von Nachteil. Welcher Selektionswert sollte uns Menschen denn Gene ausgerechnet für gewellte oder gelockte, festere Genitalhaare beschert haben? Jedenfalls kann ich keinen Anpassungswert, keinen Überlebensvorteil und nicht einmal eine Funktion mit all dem verbinden, die irgendwie als Beziehung zum früheren Leben im Wasser denkbar wäre. Auch Elaine Morgans eigene Beiträge zu diesem Thema geben hierzu keine eindeutige Erklärung.

9) Die *verstärkte Ausbildung von Schweißdrüsen* sei bei aquatischen Säugetieren und dem Menschen anzutreffen, nicht jedoch bei jenen der

Savanne. Die Diskussion um Anzahl, morphologische Anpassungen und physiologische Leistungen von Schweißdrüsen bei Affen und Menschen bietet interessanten Stoff, auch von einer stammesgeschichtlichen Perspektive aus gesehen. Aber der stammesgeschichtliche oder evolutionsbiologische Vergleich mit den Schweißdrüsen von im Wasser lebenden Säugetieren erscheint mir geradezu grotesk.

Dass die Evolution des Menschen irgendetwas mit Wasser zu tun haben könnte, haben schon viele gedacht; Anlässe hierfür gibt es reichlich. Leider hat die Gemeinschaft der Wissenschaftler aber nur ein einziges Werk zustande gebracht, das sich mit diesem Thema näher auseinander setzte. Es waren Herausgeber um Machtheld Roede und eine Reihe zum Teil renommierter Autoren, die dieses Abenteuer wagten. Man muss es so nennen, denn die ‹Aquatische Affentheorie› erntete in der Fachwelt nichts als mitleidsvolles, abfälliges oder gar ärgerliches Lächeln.[304] Zwei der Autoren, Holger und Signe Preuschoft, resümieren am Schluss ihrer eingehenden Untersuchung: Die ‹Aquatische Affentheorie› «hebt ein paar willkürlich ausgewählte ‹rätselhafte› Merkmale von *Homo sapiens* hervor, … ohne den geringsten Versuch, detaillierte, kausale Erklärungen für den Ursprung dieser Merkmale zu liefern».[305] Dies war weiter oben auch einer meiner hauptsächlichen Kritikpunkte.

Dabei habe ich viel Verständnis für all die «aquatischen Irrungen», denn eine enorm intensive Beziehung der Menschen und naher Verwandter bietet für rege Geister wirklich sehr attraktive Ansätze nachzudenken. Nur weil diese maßgeblich von einer Nicht-Wissenschaftlerin geschultert werden mussten und sich die allermeisten Wissenschaftler hämisch verweigerten, hatten auch möglicherweise richtige Erkenntnisse kaum eine Chance, sich durchzusetzen. Mit den in vorausgehenden Kapiteln dargelegten Beobachtungen, Studien und Argumenten aber wollte ich nachvollziehbar belegen, dass es in einer Periode unserer Evolution gerade das Waten und die Ufernutzung waren, die den heutigen Menschen nachhaltig und wesentlich mitgestaltet haben, während Merkmale, die als Argumente für ein Wasserleben unserer Vorfahren herangezogen wurden, offensichtlich gegenstandslos sind.

Kapitel 12
Vom Schwerpunkt und der langbeinigen Schönen

Der Schwerpunkt hinten – und andere Gründe für die Aufrichtung

Wenngleich sich der Antrieb bei den meisten guten Schwimmern hinten befindet, hat die überwiegende Zahl wasserlebender Säugetiere große und starke Vordergliedmaßen in Gestalt von Flossen evolviert. Nur bei den Seehunden ist eine Dominanz der Vorder- über die Hintergliedmaßen nicht offensichtlich. Alle diese Wassertiere haben eine fischähnliche Fortbewegungsweise in ihrer Evolution sozusagen ein zweites Mal erfunden. Der Evolutionsprozess ist jedoch weder umkehrbar noch wiederholbar; wasserlebende Säugetiere sind nicht wieder zu laichenden und mit Kiemen atmenden Fischen geworden, sondern sie gebären lungenatmende Junge usw. Daher wird bei Säugetieren im Wasser auch die Wirbelsäule mit ihren Bewegungsmöglichkeiten jeweils anders eingesetzt. Bei Seelöwen, bei Manatis und anderen Seekühen sowie bei allen Walen finden wir starke, gut ausgebildete Vordergliedmaßen. Andererseits wurden die Hinterextremitäten bei den zusammengenommen rund 105 Arten von Walen, Seekühen, dem Walross und Seelöwen verkleinert oder, was häufiger zu beobachten ist, ganz abgeschafft.

Wie verhält es sich aber bei vierbeinigen, amphibisch lebenden Säugetieren wie beispielsweise dem Flusspferd? Einige seiner Besonderheiten wurden bereits erwähnt. Im Berliner Zoologischen Garten lädt ein herrliches, modernes Flusspferdhaus zum Besuch ein. Dort kann man *Hippopotamus amphibius* an Land und in einem gewaltigen Aquarium unter Wasser beobachten. Einer der mächtigen Fleischberge, eine große Flusspferdkuh, heißt nicht umsonst ‹Boulette›. Bei *Boulette* aber erlebt man unter Wasser eine riesige Überraschung. Die vermeintlichen Kolosse an Land werden unter Wasser zu federleicht dahinschwebenden Wesen. Sie elfengleich zu nennen, wäre etwas übertrieben. Wir haben sie hinter ihrer riesigen Panzerglasscheibe filmen dürfen. In vielen Szenen konnten wir auszählen, dass bei dieser leichten, fast schwerelosen Bewegung die Vorderbeine den Boden länger und häufiger berührten und zum Steuern eingesetzt wurden als die Hufe der Hinterbeine. Wenn die dicken untergetauchten ‹Hippos› durch den Auftrieb des Wassers und ihrer ein-

geatmeten Luft auf dem Grund des Gewässers fast gewichtslos dahinglei-
ten, kann der Auftrieb das Gewicht des schweren Kopfes, des Halses und
der Schultern nicht ganz ausgleichen. Sie stützen sich vorn öfter ab als
hinten.

Die amphibisch lebenden Flusspferde sind nicht, wie man früher an-
nahm, die nächsten Verwandten der Schweine, sondern sie stellen in der
Tat die allernächste heute lebende Verwandtschaft der Wale dar.[320] Deshalb eignen sich die ‹Hippos› als Modell für die Urwale, als jene Ur-
Landhuftiere sich anschickten, den Lebensraum Wasser wieder zu ihrer
Wahlheimat zu erklären. Natürlich wird dieser Gang ins Wasser durch
die Flusspferde in vielen Aspekten anders ablaufen, als es bei den Urwalen geschah. Aber es gibt andererseits wahrscheinlich auch im Tierreich
für ein solches Übergangsstadium beim Wassergang einer Tiergruppe im
Laufe der Evolution kein besseres Modell als jenes der amphibisch lebenden nächsten Verwandten.

Daher kann dieses im Wasser und auf dem Lande lebende Säugetier
wohl als gut geeignetes Modell für jene im Wasser lebenden Säugetiere
verwandt werden, die von unspezialisierten landlebenden Vierfüßern
herstammen, denn sie alle tragen den größeren Teil ihres Körpergewichtes auf den Vordergliedmaßen. Die von uns untersuchten Flusspferde liefen an Land wie jedes durchschnittliche vierfüßige Säugetier. Mit ihrem
weit vorn liegenden Schwerpunkt belasteten die Hippos ihre Vorderfüße
bei jedem Schritt länger als die Hinterfüße. Die Schwungphasen zwischen dem Abheben und dem wieder Aufsetzen waren vorn kürzer als
hinten. Auf den ersten Blick liefen sie zwar auch unter Wasser vierfüßig.
Wie bereits angesprochen, zeigte unsere Statistik der Unterwasserbewe-
gungen aber zu unserem Erstaunen, dass sie dort halbwegs zweifüßige,
gewissermaßen bipede Lebewesen sind, die wesentlich mehr auf den
Vorderfüßen liefen und auch steuerten.[319] Dabei vernachlässigten sie die
Aktionen der Hinterbeine. Würde man noch ein paar Millionen Jahre der
Evolution entwerfen, so würden sie unter den bereits gegebenen Verhältnissen wohl zwangsläufig viel mehr die Funktionen der Vorderbeine
funktionell selektieren und optimieren, wahrscheinlich auf Kosten der
immer weniger benutzten Hintergliedmaßen.

Ausselesemechanismen auf die Funktionalität der Hinterbeine würden
wohl gar nicht oder nur wenig greifen, weil nur Organe durch Auslese

optimiert werden können, deren Benutzung den Unterschied zwischen guter und weniger guter Erfüllung einer Funktion auch offenbart. Also würden die Hinterbeine möglicherweise allmählich mehr und mehr überflüssig. Denn dann würde als neuer Selektionsfaktor auftauchen, dass diejenigen Individuen funktionell im Vorteil wären, die solche wenig benutzten Extremitäten kleiner oder später einmal gar nicht ausbilden würden. Ob dies für die Hippos tatsächlich so sein wird, sei dahingestellt. Zu vielfältig sind die Wege der Evolution und die ineinander greifenden Faktoren, beispielsweise der Ernährung, die ja derzeit ganz auf dem Land stattfindet. Aber bei den Walen und den Seekühen ist es offenbar so abgelaufen. Denn bei ihnen hat die Natur die Hintergliedmaßen gänzlich für überflüssig erklärt.

Im Gegensatz zu Hippos und wohl auch den landlebenden Vorfahren der Wale landet ein vierfüßig, immer tiefer ins Wasser gehender Affe unweigerlich auf seinen Hinterfüßen. Affen tragen eben wegen ihrer schwereren Beine und relativ geringeren Hals- und Kopfmasse mehr Gewicht auf den Hinterbeinen und sinken deshalb eher nach hinten als nach vorn. Es ist also durchaus keine Selbstverständlichkeit, dass Affen im Wasser auf den Hinterfüßen waten. Einem Flusspferd oder einem Hund könnte das überhaupt nicht widerfahren.

Eigentlich kennt das jeder Hundehalter, nur wird er kaum darüber nachgedacht haben, dass sein Hund hierfür eine bestimmte Schwerpunktslage konstruktiv eingebaut bekommen hat. Wenn er seinem Hund ein Stöckchen in den See wirft, wird ‹Bello› ins Wasser rennen und genau dann zu schwimmen beginnen, wenn seine Vorderpfoten ihn nicht mehr tragen. Hätten jene Hundehalter einen Makaken, wüssten sie, dass jener in dieser Tiefe auf den Hinterfüßen zu waten begänne und erst etwas tiefer im Wasser anfangen würde zu schwimmen.[313] Bei beiden Tieren liegt die Wahl der Fortbewegungsweise im seichten Wasser an der Position des Schwerpunktes. Es mag komisch klingen, aber wahrscheinlich war es letztendlich nur die Lage des Massenzentrums im Körper, weshalb die frühen Mitglieder unserer Gattung auf den Füßen der Hintergliedmaßen gehende Primaten geworden sind.

Alle Primaten, bei denen man eine einigermaßen deutliche Dominanz der Hinterextremitäten findet, leben gleichzeitig zu einem erheblichen Anteil auch in den Bäumen. Die langen, kräftigen Beine sind Ausdruck des

Sprungvermögens in dem von vielen Abgründen zwischen Baumkronen geprägten Lebensraum. Bei den ganz überwiegend terrestrischen Primaten wie beispielsweise dem Husarenaffen ist diese Dominanz der Hinterbeine viel weniger ausgeprägt. Die Selektion für eine schnelle Fortbewegung am Boden hat bei den bodenlebenden Wanderern und Galoppierern zu große Unterschiede der Länge und der Massen zwischen Vorder- und Hinterbeinen einfach nicht gestattet.

Man hat die langen Beine des heutigen *Homo sapiens* in der Vergangenheit immer wieder mit der Schrittlänge und der erreichbaren Maximalgeschwindigkeit des sprintenden Durchschnittsmenschen in Verbindung gebracht. Dabei hat man jahrzehntelang ziemlich konsequent übersehen, dass ein sprintender Mensch im Gelände nicht die Spitzengeschwindigkeit eines im Vergleich mit uns kleinen galoppierenden Affens erreicht, wie beispielsweise die eines Pavianweibchens, eines Rhesusaffen oder einer Meerkatze. Um wie viel langsamer müssen also die ersten zweibeinigen Urhominiden mit ihren noch längst nicht so gut angepassten und damals noch viel kürzeren Beinen gewesen sein! Wäre die erreichbare Geschwindigkeit bei den ersten zweibeinigen Vorfahren ein wichtiges Selektionskriterium gewesen, so wären jene binnen sehr kurzer Frist wegen ihrer unzulänglichen Zweibeinigkeit ausgestorben und hätten ihre diesbezüglichen Gene ins Vergessen der Evolution mitgenommen. Also hatte ein vierfüßig auf dem Boden gehender Affe *keinen für die natürliche Zuchtwahl wirksamen Grund, längere Hinterbeine zu evolvieren.*

Irgendwann jedoch hatte unser Vorfahr zweifellos und zwangsläufig diese Stufe hinter sich gelassen. Er war biped und aufrecht geworden, denn wir Menschen zeigen dieses Ergebnis der Evolution. Nach der Phase der Aufrichtung konnte dieser sicher noch unbeholfene, kurzbeinige Zweifüßer längere Beine jedoch oft sehr gut gebrauchen. Manchmal sogar werden schon nur wenig längere Beine als die eines anderen Individuums lebensrettend gewesen sein. Aber niemand wird bezweifeln, dass eine gewohnheitsmäßige Bipedie eine absolut *unerlässliche Vorbedingung* dafür war, einen solchen Selektionsdruck für längere Beine erst *anschließend* zu schaffen. Deshalb müssen zuvor völlig andere Auslesebedingungen geherrscht haben, die vorteilhaft waren, obwohl sie aus einem ziemlich perfekten Vierfüßer[310] einen recht stümperhaften Anfänger aufrechter Bipedie machten.

Nun kann man zeigen, dass die Kombination kurzer Oberschenkel mit relativ längeren Unterschenkeln für eine watende Fortbewegung günstig ist.[322] Um diesen mechanischen Vorteil aber nutzen zu können, müssen Knie und Füße über der Wasseroberfläche nach vorn geschwungen werden. Das Wasser jedoch ist nicht überall gleich flach. Und wenn das Bein beim Gehen durch Beugung des Hüft- und des Kniegelenks nicht über den Wasserspiegel gehoben werden kann, wird die große Länge des Unterschenkels für einen watenden Primaten sehr nachteilig. Beim Gehen ist nämlich der Fuß der schnellste Teil des ganzen Körpers. Daher müsste man bei längerem Unterschenkel mit großem Kraftaufwand im Kniegelenk gegen den zunehmenden Widerstand des Fußes im Wasser anarbeiten. Mit längerem Unterschenkel wird nämlich gleichzeitig der Lastarm länger, das heißt, dass beispielsweise bei längerem Unterschenkel der Kraftaufwand für die Streckung des Knies unter Wasser proportional steigt. Denn schon bei nur geringfügig verlängertem Unterschenkel macht sich der gestiegene Kraftaufwand ungünstig bemerkbar.

Außerdem wird unser watender Vorfahre nicht ausschließlich watend im Wasser verblieben sein. Bei einer semiaquatischen und – zur anderen Hälfte – semiterrestrischen Lebensweise sind lange Unterschenkel sicher nachteilig für längeres Wandern, also für die Überwindung größerer Strecken. Und natürlich kann man damit auch nicht ganz so schnell davonsprinten, wenn es wegen eines Raubfeindes um das nackte Überleben geht. Und man kann mit langen Unterschenkeln sicherlich schlechter klettern, um sich ein sicheres, trockenes Nachtquartier zu suchen. Daher ist in einer solchen Umgebung ein Kompromiss nötig, der Ober- und Unterschenkel von annähernd gleicher Länge begünstigt.

Natürliche Auslese für den optimal watenden Primaten

Die beiden Fragen, welche hinter diesem etwas befremdlichen, notwendigerweise verkürzten Zwischentitel stecken, lauten:

- Auf welchen Körperproportionen müsste erstens ein positiver Selektionsdruck gelegen haben, wenn ein vierfüßiger Primat sich watend fortbewegt hat?
- Gibt es zweitens Anzeichen dafür – und wenn ja, welche –, die eine Auslese in Richtung dieser Proportionen während der Evolution zum Menschen belegen oder zumindest hoch wahrscheinlich machen?

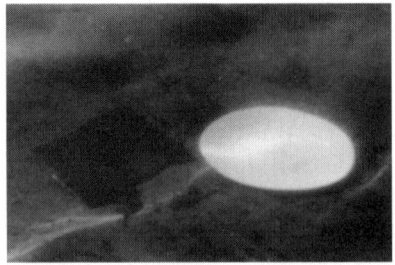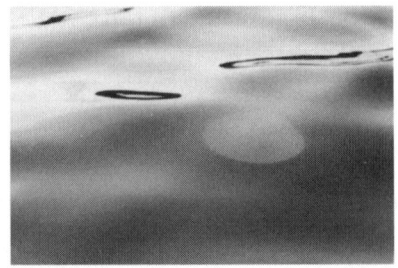

Mit einem Neigungswinkel von zirka 45° ins Wasser geschaut (links), erkennt man die beiden auf dem Grund liegenden Objekte sehr gut. Wenn man etwas flacher über das Wasser blickt, mit etwa 30° Neigung, wird insbesondere der dunklere der beiden Körper von Reflexen verschluckt. Größere Körperhöhe, beispielsweise durch längere Beine, könnte watenden Primaten helfen, Krokodile manchmal rechtzeitig zu sehen. Auch wenn diese Situation selten rettend war und in fünf oder sechs Generationen nur einmal vorkam, war dies für eine Population bereits von einschneidender Bedeutung (fünf weitere Selektionsvorteile siehe nächste Abbildung).

Auf diese Fragen habe ich bisher folgende fünf Antworten:

1. Ich war mit meinem dreijährigen Jungen zum Baden. Wir standen im flachen Uferbereich des Schlachtensees. Der Dreikäsehoch ist höchst interessiert an Fischen und jubelt jedes Mal laut los, wenn er welche sieht. Ich entdecke einen kleinen Schwarm winziger, blassgrauer Fischchen, die einen Meter vor uns wenige Zentimeter über dem sandigen Grund mal gleiten, mal stehen, mal ein bisschen voranzucken. Man muss aber schon genau hinsehen.

«Guck mal da, ein paar kleine Fischchen.» – «Wo, Papa?» – «Na, da, gleich vor uns.» – «Wo, Papa?» Sohnemann sieht sie einfach nicht. Ich wundere mich, weil er sonst geradezu Adleraugen hat. Zeige ich für ihn in die falsche Richtung? Liegt es an der Brechung der Blickrichtung ins Wasser? Ich bücke mich hinunter und will ihm den Schwarm aus seiner Perspektive zeigen. Da stelle ich fest, dass in seiner Blickhöhe das Wasser nichts als spiegelt. Die Fische sind unsichtbar. Ich nehme ihn auf den Arm: «Siehst du, da unten?»- «Wo?» – «Na, da, wo ich hinzeige.» – «Ja, da sind sie! Ganz klein!», ruft er entdeckend aus und will gleich, dass ich ihn absetze, damit er die Fischchen verfolgen und möglichst fangen könne. – Wer Fische erfolgreich fangen will, wer ein sich näherndes Krokodil als Schatten im Trüben rechtzeitig (vielleicht in der letzten rettenden Sekunde) entdecken will, der ist mit

längere Beine: Gang leichter, schneller, weniger gefährlich   *längere Beine:* Gang leichter, schneller, weniger gefährlich

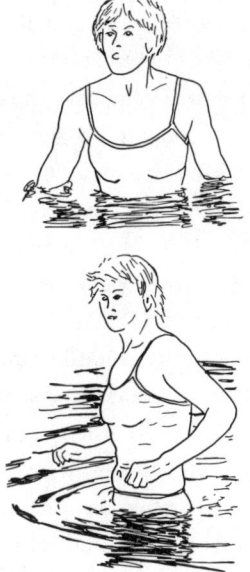

längere Beine: Gang noch möglich   *im Wasser:* Gang leichter, sicherer
kürzere Beine: Schwimmen, unsicherer   *an Land:* Gang unsicherer, belastender

Neben dem ersten Selektionsfaktor, einer verminderten Spiegelung, gibt es bei watender Lebensweise fünf weitere in der Evolution möglicherweise wirksame Selektionsvorteile für längere Beine: 2) **Bei niedrigem Wasser (links oben)** fließt weniger Wasser gegen den Bauch, sondern leichter zwischen den Beinen hindurch, was Energie spart und größere Geschwindigkeit ermöglicht. 3) Bei einer Wassertiefe **über dem Bauchnabel (oben rechts)** ragt bei längeren Beinen oder einem längeren Rumpf ein größerer Teil des Oberkörpers aus dem Wasser. Da dieser keinen Auftrieb erhält, kann das Individuum mehr Kraft mit den Füßen übertragen, was das Gehen erleichtert und die erreichbare Geschwindigkeit erhöht. Bei kurzen Beinen wird man im Gegensatz hierzu durch den Auftrieb so leicht, dass das Gehen sehr erschwert wird. 4) **In noch tieferem Wasser (unten links)** muss ein Primat mit kurzen Beinen schwimmen. Er hat keine Information mehr über die aktuelle Wassertiefe. Dies kann zu gefährlichen Situationen führen. Mit längeren Beinen kann man auf Zehenspitzen langsam hüpfend in flacheres Wasser gelangen. 5) Unsere frühesten, aufrecht gehenden Vorfahren waren als Übergangsformen anatomisch schlecht ausgerüstete, unsichere Zweifüßer. Im Wasser kann man sich als unsicherer Aufrechtgänger **sicherer fortbewegen als an der Luft (unten rechts)**, denn das dickflüssigere Element wirkt etwa wie ein fließendes Stützkissen. Dies wird auch in der Rehabilitation beispielsweise nach Schlaganfällen genutzt. 6) Wegen des niedrigeren Gewichtes ist außerdem die Belastung der noch nicht optimal «konstruierten» Gelenke geringer (selbes Bild). – Alle Selektionsvorteile zusammengenommen, mögen für die Evolution der Aufrichtung und des bipeden Ganges durchaus populationswirksam gewesen sein.

größerer Körperhöhe besser dran. Dies kann ein selten wirkender, dann aber sehr wirksamer Auslesewert gewesen kann. Zu welchen Anteilen man hierfür den Rumpf und die Beine am besten verlängern möge, bestimmen andere Faktoren (siehe unten).

2. Wenn man in flachem, beispielsweise hüfttiefem Wasser watet, wird bei etwas längeren Beinen mehr Wasser nicht gegen den Unterbauch, sondern mit geringerem Widerstand zwischen den Beinen hindurchfließen. Dies ist energetisch erheblich günstiger und erlaubt es unter anderem, auf der Suche nach Nahrung mit demselben Energieaufwand größere Fluss- oder Bachabschnitte watend zu durchwandern. Die Viskosität von Wasser ist bei den zu veranschlagenden Temperaturen größenordnungsmäßig rund fünfzigmal so hoch wie jene von Luft. Eine watende Nahrungssuche wird also kaum behindert, wenn die betreffenden Individuen Nahrungsstückchen vornehmlich aufsammeln oder durch gelegentlichen schnellen Zugriff erbeuten und dann langsam weitergehen, bis sie den nächsten Bissen entdecken. Oder aber sie waten langsam – und schleudern plötzlich einen Fisch ans Ufer oder packen beispielsweise einen Frosch.

3. Wenn das Wasser an den Bauchnabel oder bis zum Brustkorb hinaufreicht, erfährt ein watender Primat schon recht viel Auftrieb, er wiegt also weniger als an Land. Aber bei längeren Beinen ist der über den Wasserspiegel ragende Teil des Körpers größer und wiegt mehr. Im Vergleich zu einem Makaken mit kurzen Beinen, der knapp schultertief nur wenig aus dem Wasser herausschaut, müsste ein Urhominide mit längeren Beinen daher immer noch mehr Gewicht auf den Füßen tragen. Dieses größere Gewicht ermöglicht ihm eine bessere Kraftübertragung auf den Boden. Er könnte also besser und auch schneller gehen als der vierfüßige Affe mit seinen relativ kurzen Beinen, wann immer dies von Vorteil wäre. Die Flucht vor einem Krokodil ist watend aussichtslos, wenn man so tief im Wasser steht, dass man kaum noch etwas wiegt. Längere Beine können in manchen Situationen so manchem watenden Urmenschen zu längerem Leben und damit statistisch eventuell zu mehr Nachkommen verholfen haben.

4. In noch etwas tieferem Wasser muss ein vierfüßiger Affe schwimmen. Seine Beine sind eben zu kurz. Meist erhält man aber schwimmend praktisch keine Information darüber, welche Wassertiefe gerade be-

steht. Dies gilt besonders, wenn das Wasser nicht ganz glasklar ist. Als Mensch oder als Affe ohne Echolot erfährt man nicht, wann man wieder Grund hätte und waten könnte. Man muss einfach probieren. Nicht zu wissen, wann man wieder waten könnte, ist jedoch manchmal gefährlich und kann gelegentlich sogar tödlich sein. In solch einer gefährlichen Situation ist ein Primat mit längeren Beinen, der gerade noch waten kann, in einer ungleich sichereren Lage. Selbst wenn ein Individuum deshalb sehr selten ertrinken oder Opfer eines Krokodils werden würde – sagen wir einmal in sechs Menschen- oder Affenleben –, könnten etwas längere Hintergliedmaßen immer noch als sehr starker selektiver Vorteil für einen am Ufer lebenden Primaten angesehen werden.

5. Computersimulationen am Skelett von ‹Lucy›, dem berühmten *Australopithecus*-Fund, haben gezeigt, dass Australopithecinen in jenem Stadium der Evolution aufgrund ihrer Proportionen, insbesondere jener der Beine, beim aufrechten Gang auf zwei Füßen relativ langsam waren. Wenngleich sie beim gemächlichen Schreiten durchaus schon als gut angepasste aufrechte Gänger betrachtet werden, waren sie bei einer etwaigen bipeden Flucht sicher langsamer, als wir es heute sind.[312, 318] Sicher gab es außer einer schnellen Flucht auch eine ganze Reihe weiterer Mechanismen der Feindvermeidung, aber Lucys Sippe hat trotzdem in der Savanne relativ unsicher gelebt, wenn sie sich in der Savanne bewegte, wo ihr gefährliche und schnelle Beutegreifer auflauerten. Diese Berechnungen bedeuten gleichzeitig, dass sie im Vergleich zu den an sich schon recht langsamen heutigen Menschen noch viel langsamer waren als galoppierende Affen. Aber gerade dies kann ein starker Grund für ein gewohnheitsmäßiges Waten unserer Vorfahren gewesen sein: Durch die Viskosität (Zähflüssigkeit) des Wassers geht man in diesem Medium, übertrieben ausgedrückt, wie in dickem Öl. Man kann sich also, wenn man zu Fuß noch nicht sehr sicher ist, gewissermaßen gegen die dickflüssige Suppe lehnen. Diese Tatsache findet auch in der Rehabilitation gangunsicherer Personen Anwendung. Die kürzeren Strecken an Land zu den sicheren Schlafbäumen stehen diesem Aufenthalt im Wasser argumentativ nicht im Wege.

Warum sind lange Beine schön?

Neulich blätterte ich eine Modezeitschrift durch, eine beliebte Beschäftigung bei meinen seltenen Friseurbesuchen. Mir fällt eine langbeinige Schöne in einem richtig schicken roten Hosenanzug auf. Natürlich trägt sie für das Foto sommerleichte Stilettos. Plötzlich stutze ich und habe den Eindruck, die Beine seien viel zu lang. Beim Erwachsenen findet man die Hälfte der Körperhöhe ziemlich genau in Höhe der Oberkante des Schambeins. Da das Model auf dem Foto aufrecht steht, zirkele ich mit Daumen- und Zeigefingernagel ab und finde, dass die Beine von der Fersensohle aufwärts gemessen um mehr als eine halbe Kopflänge zu lang sind. Solche unproportional langen Beine hat aber niemand auf der Welt! Nicht nur Barbies Beine sind unverhältnismäßig lang, sondern die Redakteure oder Layouter an den Computern haben dieser ohnehin schon buchstäblich bildschönen Frau am Bildschirm noch viel längere Beine verpasst, als dies gottgegeben möglich wäre.

Lange Beine aber hatten bei unseren Vorfahren möglicherweise einen signifikanten Überlebensvorteil. Tatsächlich aber haben Frauen proportional kürzere Beine als Männer. Bei Mitteleuropäern macht dies bei mittlerer Körperlänge etwas mehr als einen halben Zentimeter aus, um den Frauenbeine verhältnismäßig, also unter Einrechnung des Größenunterschiedes von Männern und Frauen, kürzer sind als jene von Männern.[315] Aber vielleicht ist es gerade dieser Umstand, dass unverhältnismäßig lange Beinen von Frauen als schön empfunden werden. Die Erklärung wäre also, dass eine potenzielle Partnerin mit langen Beinen Gene mit relativ höherem Überlebenswert demonstriert, genau analog dem bewunderten Bizeps bei Männern, der ebenfalls für einen genetisch bestimmten Selektionswert plakatiert.

Natürlich kann man sich die Frage stellen, welche Selektionsfaktoren es für längere Beine gäbe, wenn die Population keine watende Phase in der Evolution durchlebt hätte. Mit längeren Beinen kann man zwar besser wandern, aber hier haben wir wieder das Problem zu überwinden, dass vierfüßige Affen ja nicht wandern und dass sie sich um keinen Preis der Welt längere Beine zulegen würden, weil dies nur Nachteile brächte. Ein Argument *für* lange Beine würde erst im Nachhinein zutreffen, wenn sie der aufrechte Gang schon längst erfunden hätte, so dass sie sich nun auch zum Wandern eignen. Vielleicht aber werden sie erst als Signal für

Lange Beine (links) werden von Männern als schön empfunden. Dies könnte stammesgeschichtliche Ursachen haben, weil es für ‹gute Gene› spricht. Das Model auf einem Foto in einer Modezeitschrift trägt sehr hohe Stilettos; in der redaktionellen Bearbeitung wurden ihre Beine außerdem elektronisch gezerrt. – Frauen haben einen proportional etwas längeren Rumpf als Männer (rechts), was ebenfalls positiven Selektionswerten unterliegt. Dieses Bild demonstriert den als schön empfundenen, langen Frauenkörper. Auch hierfür mögen stammesgeschichtliche Ursachen verantwortlich sein.

«gute» Gene als schön angesehen, seit wir zu langbeinigen Wanderern geworden sind. Dies ist ebenso möglich wie die vielleicht einleuchtendere Begründung, dass vorher bereits «gute» Gene signalisierende Merkmale – also schon etwas verlängerte Beine – in dieser zweiten Phase eher noch eine Verstärkung erfuhren. Dieses als eines der letzten hier vorgetragene Argument mag nicht zu den stärksten gehören. Aber ich denke erstens, dass die oben dargelegten vielen Argumente zusammen ein Gebäude ergeben und dass der gerade eben skizzierte Gedankengang als eine weitere Anregung dafür dienen mag, selbst weiter zu denken.

Oft wird über der Schönheit langer Beine vergessen, dass auch ein langer Körper bei Frauen als schön empfunden wird. Die eng am Bauch anliegenden Flamenco-Kleider betonen dies ebenso wie die aktuelle bauchfreie Mode. Frauen haben tatsächlich durchschnittlich einen verhältnismäßig etwas längeren Rumpf als Männer, was in Mitteleuropa etwa einen knappen halben Zentimeter ausmacht. [315] Aber wir nehmen alle diese Proportionen unbewusst und ganzheitlich wahr – und wir schauen, ohne dies zu bemerken, offenbar recht genau hin.

Natürlich bietet ein längerer Rumpf – übrigens viel entscheidender als ein breites Becken! – den Vorteil von mehr Platz für das Ungeborene in der Schwangerschaft. Das breitere Becken, das wir sehen, betrifft nämlich in geringerem Maße die mehr oder weniger zur Seite ausladenden Schaufeln des Darmbeines, auf denen der Fetus überhaupt nicht ruht. Wenn das werdende Kind so groß ist, dass sein Gewicht eine wesentliche Rolle spielt, wird es nämlich von der vorderen Bauchwand getragen, weil es gewissermaßen nach vorne aus dem Bauch herausfallen würde. In bedeutenderem Ausmaß wird die scheinbare Beckenbreite von der Fettauflagerung seitlich auf den Hüften konturiert. Breitere Darmbeinschaufeln spielen für die Erscheinung der weiblichen oder männlichen Körpergestalt ebenfalls nur eine geringe Rolle. Bei einigen tausend deutschen Frauen im Alter zwischen 20 und 25 Jahren waren die Beckenbreiten zwar geringer als jene gleichaltriger Männer; proportional jedoch hätten die Männer etwa einen halben Zentimeter breitere Darmbeinschaufeln haben müssen, um den Proportionen der jungen Frauen zu entsprechen. [315]

Entscheidend für den optischen Eindruck ist nämlich in diesem Fall weniger das Skelett des Beckens, sondern viel mehr das Unterhautfett in Höhe des Hüftgelenks. Diese Hüftbreite wird im Gegensatz zur typisch weiblichen Taille als Kontrast wahrgenommen und als weiblich bewertet. Das Fettgewebe auf der Hüfte hat auch bei schlanken Frauen einen Überlebensvorteil, bei einer watenden Lebensweise als Isolation und als Energiereserve für eine mögliche Schwangerschaft. Die Hüftrundungen werben also ebenfalls für «gute», das heißt mit Hinblick auf die natürliche Zuchtwahl viel versprechende Gene mit guten Überlebensaussichten.

Entscheidender aber könnte sein, dass der lange Rumpf ein etwas höheres Gewicht besitzt, als wenn er kürzer wäre. Ein langer Körperstamm, der mehr wiegt, schaut auch mehr aus dem Wasser heraus, wenn man watet, und verleiht dem betreffenden Individuum höhere Bodenlast, also einen sichereren Gang im Wasser.

Eine Schussfahrt geht in die Knie, nicht jedoch im Wasser

Es gibt also durchaus eine ganze Reihe guter, in der natürlichen Auslese wirksamer Gründe für längere Beine und ein gut streckbares Hüftgelenk bei einer mindestens zu einem guten Anteil watenden Lebensweise. Wie wir gesehen haben, hätten sie keinen Vorteil für einen halb baum-, halb bodenlebenden Vorfahren geboten – es sei denn, dieser Vorfahre wäre beim Verlassen des Flachwassers auf zwei Beinen weitergegangen.[316] Lange Hinterbeine im Verhältnis zur Rumpflänge findet man, wenn auch nicht so ausgeprägt wie beim Menschen, ebenfalls bei stark an terrestrische Lebensweise angepassten Affen wie Pavianen oder bei Husarenaffen. Aber die Affen heben ihre Körper beim Gehen oder Laufen mit den Vordergliedmaßen auf völlig andere Weise hoch über den Boden, als sie dies mit den Hinterbeinen tun.

Bei den Vordergliedmaßen stützen sie sich nämlich nicht auf die ganzen Handflächen, sondern nur auf die Finger. Dabei berührt der relativ kurze Daumen den Boden nicht einmal mit seiner Spitze, denn nur die übrigen vier längeren Finger stützen das Körpergewicht ab.[321, 323] Dabei werden die vier tragenden Finger passiv rechtwinklig im Grundgelenk so weit nach oben durchgebogen, dass jede thailändische Tempeltänzerin neidisch werden könnte. Der Handteller, die Handwurzel und der Unterarm bilden dabei eine Linie, so dass die Hand funktionell den stützenden Arm verlängert. Würden sie auf den Handtellern wie auf «Sohlen der Vorderbeine» laufen, wären sie dagegen ungleich langsamer.

Die Füße der Hundsaffen besitzen Gelenke zwischen Fußwurzel und Mittelfuß. Auf einen menschlichen Fuß projiziert sind dies Gelenke etwa in der Mitte der Fußlänge. Bei Makaken erlauben sie also ebenfalls, dass Mittelfuß und Zehen nach oben durchgebogen werden. So wie der Mensch auf Ballen und Zehen gehen kann, können dies die Rhesusaffen und Meerkatzen (usw.) auf dem Mittelfuß und den Zehen, während sie gewissermaßen mit dem hinteren Teil der Fußsohle wie mit Pumps aufstehen können. Auch diese anatomische Variante verlängert letztlich das Hinterbein, und, was wichtiger ist, es sorgt für einen langen und leichten Fuß, wenn auch nicht so perfektioniert, wie es bei den schnell sprintenden Antilopen der Fall ist.

Die Anatomie unserer Beine und Füße unterscheidet sich grundlegend von der spezialisierter terrestrischer Primaten, aber auch von der schneller Huftiere. *Homo sapiens* geht und läuft auf den Sohlen seiner Füße. Unsere Füße sind dementsprechend massiver gebaut. Zusammen mit langen Ober- und Unterschenkeln hindern sie uns daran, Spitzensprinter im Tierreich zu sein, denn je länger die Extremität ist, desto größer ist auch die Trägheit der Füße gegen Drehbeschleunigungen im Hüftgelenk. Paviane oder auch Grüne Meerkatzen mit ihren leichten Händen und Füßen starten also viel leichter zu Höchstgeschwindigkeiten durch. Auch machen die schnellen Sprinter im Tierreich die Spitzen ihrer langen Gliedmaßen dadurch leichter, dass sie kurze, dicke Muskelbäuche nah am Körper besitzen und lange, leichte Sehnen zu den Knochen von Zehen und Fingern entsenden. Auch die schnellen terrestrischen Primaten haben längere Sehnen als die langsamen Kletterer.

Das Prinzip dabei ist leicht erklärt: Habe ich ein dünnes Bambusstöckchen mit einem festen Klebeband an einen Ziegelstein gebunden und nehme den Ziegelstein in beide Hände, so kann ich den Ziegelstein leicht mit dem Stock daran hin und her drehen. Der Schwerpunkt des Systems liegt nämlich nah bei meinen Händen und entwickelt wenig Trägheit. So verhält es sich bei dicken, schweren Muskeln nah dem Körper und leichten Gliedmaßen. Drehe ich aber mein Modell herum, greife das Ende der Bambusstange und versuche nun, den Ziegelstein am anderen Ende ebenso schnell hin und her zu schwenken, so gelingt mir das kaum. Vielleicht bricht mir sogar der Bambusstock durch. Schwere Füße können also, vom Körper aus bewegt, keine schnellen Schritte vollführen. Schwere Muskeln nah am Körper können andererseits die leichten Gazellenfüßchen schnell bewegen.

Menschen besitzen nun im Gegensatz zu den schnellen bodenlebenden Primaten keine sonderlich langen Sehnen an den Muskeln ihrer Gliedmaßen. Die schwimmenden Säugetiere aber besitzen betont lange Muskeln mit kurzen Sehnen, denn bei ihnen spielt die Trägheit ihrer Gliedmaßen gegen schnelle Beschleunigungen praktisch keine Rolle. Die Kombination der menschlichen Merkmale (1. lange Beine, 2. ein mittelgroßer, sohlengängiger Fuß und 3. Beine mit mittellangen Sehnen zu den Füßen und Zehen) ergeben nun einen ausgezeichnet watenden Primaten. Gleichzeitig ergibt dieser Kompromiss der Anatomie des Menschen einen optimalen Wanderer und einen guten Langstreckenläufer, aber einen wesentlich weniger guten Sprinter.

Es kann dabei zu Recht eingewandt werden, dass der Unterschied der relativen Sehnenlängen zwischen den halb oder vornehmlich terrestrischen vierfüßigen Primaten und dem Menschen gar nicht so sonderlich groß ist. Makaken und Paviane hingegen regulieren eher ihre Schrittlängen beim Galoppieren, während der Mensch bei der Regulation zweifüßiger Schrittlängen die Füße bei jedem Schritt erheblich mehr beschleunigen und abbremsen muss, weil unsere menschliche Schrittlänge weitgehend nur durch die Länge unserer Beine bestimmt werden kann. Wie eben hergeleitet wurde, ist dies ein ungünstiger Kompromiss hinsichtlich der erreichbaren Geschwindigkeiten.

Terrestrische Primaten zeigen entweder eine vierfüßige oder, natürlich viel seltener, eine aufrechte zweifüßige Körperhaltung. Dies ist eine sehr strenge Alternative. Die Übergangsphase von der Vierfüßigkeit zur aufrechten Bipedie war sicherlich gekennzeichnet von der Frage, wie oft und für wie lange pro Tag derjenige Primat aufstand und auf seinen Hinterbeinen aufrecht ging. Es war mit absoluter Sicherheit keine Übergangsphase, während der dieser Primat die meiste Zeit halb aufgerichtet oder mit nur halb gestreckten Beingelenken ging und stand. Eine solche Haltung ist energetisch viel zu aufwendig und bringt hohe Belastungen in den Wirbeln des Rückgrates mit sich.[325] Kürzlich wurde jedoch berechnet, dass *Australopithecus afarensis* ‹Lucy› schon recht Energie sparend gehen konnte. Dies gilt aber nur für langsame Fortbewegung: «Die Anatomie des Fortbewegungsapparates von *Australopithecus afarensis* war wohl für eine besondere ökologische Nische optimiert – Nahrungssuche mit geringen Geschwindigkeiten – und stellt weder einen Kompromiss noch einen Übergang dar.»[318] Die Optimierung einer langsamen Gehgeschwindigkeit passt hervorragend zur hier vorgestellten Theorie des langsam watenden Nahrungserwerbs.

Für uns Menschen wird eine nur halbwegs aufgerichtete Haltung mit gebeugten Knien schon nach wenigen Minuten unerträglich. Sie gehört zum Martyrium der Trainingsvorbereitungen für einen froh erlebten Skiurlaub mittels einer Musik- oder Videokassette: «Und während die folgende Musik spielt, gehen Sie in eine leichte Kniehocke und tun so, als würden Sie in einer Schussfahrt die Piste hinabsausen… Und schön in den Knien wippen!… Noch nicht genug? Die Musik dauert noch ein wenig… Und schön weiter! In leichter Hocke wippen!

Guut so! …». Wie froh man ist, sich anschließend wieder durchstrecken zu können!

Ein kurzbeiniger, aufrechter Primat mit krummen Knien wäre also vom Energieaufwand her undenkbar. Auch völlig aufgerichtet aber wäre er, wie bereits festgestellt, auf festem Boden außerdem viel langsamer als ein vierfüßiger. Auch wenn wir andere, noch weitgehend im Dunkeln liegende Mechanismen der Feindabwehr berücksichtigen, wäre also die Evolution der Aufrichtung schon aus den beiden hier genannten Gründen eigentlich unmöglich, da sie nichts als Nachteile gehabt hätte.

Der Auftrieb im Wasser kompensiert aber all diese Probleme. Wenn zum Beispiel ein Affe vom Körperbautyp eines Makaken im hüfttiefen Wasser watet, wird er wegen des Auftriebs etwa nur noch rund vierzig Prozent seines Gewichtes mit den Beinmuskeln tragen müssen. Dermaßen entlastet, vermögen seine Wirbelsäule und seine Beine ihn problemlos längere Zeit in aufrechter Haltung zu tragen, auch wenn die Hüft- und Kniegelenke nicht durchgestreckt sind. Japanmakaken (*Macaca fuscata*) und Javaneraffen (*Macaca fascicularis*) waten mit dieser Haltung im Wasser und behalten die aufgerichtete Position manchmal für einen kurzen Moment bei, wenn sie aus dem Wasser ans Land kommen. Deshalb scheint es möglich, dass unsere Vorfahren an Land vierfüßig, im Wasser aber biped gingen. Nachdem sie anschließend im Laufe vieler Generation aufgrund der oben diskutierten Selektionswerte längere Beine und stärker streckbare Gelenke durch natürliche Zuchtwahl erworben hatten, war es vielleicht nicht mehr so unvorteilhaft, beim Verlassen des Wassers weiterhin aufrecht zu gehen. Denn durch die neu erworbene Anatomie erreichte man nun größere Geschwindigkeiten und Ausdauer ohne erheblich hohen Energieaufwand.

Alle hier abzuwägenden Selektionskräfte haben aber nur dann eine wirklich ausschlaggebende Wirkung, wenn jener damals lebende Primat sich nicht nur ein paar Minuten täglich im Wasser aufhielt. Daher scheint ein richtig amphibisches Stadium gar nicht unwahrscheinlich. Als wichtigster Faktor muss hierbei die Energiebilanz des amphibischen Primaten angesehen werden. Und wenn höhere Geschwindigkeiten meist nicht erforderlich sind, reduziert Waten den Energieverbrauch ganz entscheidend, welcher zur Aufrechterhaltung der Körperposition gegen die Schwerkraft ständig zu erbringen ist. Dies macht sich in einer

Gesamtbilanz des Energieverbrauchs sicher ganz wesentlich bemerkbar. Die gegen die Schwerkraft wirkende Muskulatur, besonders der Beine einschließlich der Hüfte, macht etwa zwei Drittel aller Körpermuskeln aus.[317] Zusammen mit der gegen die Gravitation wirkenden Muskeln des Rückgrates mag dies etwas mehr als siebzig Prozent des gesamten Muskelgewichts ergeben. Wenn wir als ganz groben Überschlag annehmen, dass der Kraftaufwand gegen die Schwerkraft durch einen Aufenthalt im Wasser um zirka ein Drittel entlastet würde und dass dies für durchschnittlich 45 Prozent der täglichen Fortbewegungszeit gelten würde, könnte ein solches Individuum etwa 15 Prozent des gegen die Schwerkraft und zur Lokomotion aufgewandten Energieverbrauchs einsparen.

Natürlich erhöht eine watende Lebensweise andererseits auch den Energiebedarf aus thermischen Gründen. Zumindest zum Teil kann dies aber, wie oben diskutiert, durch eine verbesserte Isolation durch die Hautschichten kompensiert werden.[324] Gleichzeitig entspannt aber die Nahrungssuche in dieser ökologischen Nische den Energieetat, da eine hochwertige, energiereiche Nahrung hier ohne hohe Energieinvestitionen leicht zu gewinnen ist.

Im Lichte dieser neuen Theorie eines ökologischen und lokomotorischen Generalisten als unserem hypothetischen Vorfahren unter den Affen scheinen einige der am Anfang des Buches dargelegten Theorien zur Stammesgeschichte der Aufrichtung des Menschen durchaus immer wieder in einzelnen Gesichtspunkten zuzutreffen. Ein Beispiel mag hier zur Verdeutlichung genügen, nämlich das unserer Vorfahren als Aasesser. Jene Theorie enthält, wie andere auch, einige Gesichtspunkte, die mit der in diesem Buch vorgestellten Theorie keineswegs kollidieren.[311] Wahrscheinlich ist nämlich die Annahme richtig, dass das Mark aus Knochen frisch toter Tiere in einer bestimmten Evolutionsphase unserer Vorfahren durchaus eine bedeutende Rolle als zusätzliche Energiequelle spielte. Aber dies kann nur Knochenmark betreffen, das nicht ohnehin von Hyänen gewissermaßen bereitgestellt wurde. Die Notwendigkeit, große Nahrungsstücke, aller Wahrscheinlichkeit nach Tierkadaver, zu Bäumen zu schleppen, dient jener Theorie nach als Argument für den Erwerb des aufrechten Ganges. Zweifellos jedoch waren unsere Vorfahren so lange völlig unfähig, gegen die Zähne von Hyänen zu konkurrieren, bis sie in der Lage waren, kräftige und effektive Steinwerkzeuge herzustellen, die ihnen auch das Öffnen großer Röhrenknochen ermöglichten. Werkzeuge dieser Art wurden aber mindestens erst ein bis zwei Millionen Jahre später erfunden, als die aufrechte Körperhaltung und Fortbewegung evolvierte.[314]

Daher sind diese neuen Sichtweisen in vieler Hinsicht eine Synthese einiger anderer Theorien. Darüber hinaus fügt sie die Notwendigkeit eines amphibischen, aber nicht schwimmenden Stadiums eines watenden ökologischen Opportunisten den bisherigen, dokumentierten Stadien hypothetisch hinzu. Dieser ökologische Generalist musste auch in seiner Fortbewegungsweise unspezialisiert sein und, außer zu waten, natürlich auch gehen, laufen und manchmal auch noch (gerne) klettern. Gerade während ich dieses Buches schrieb, erschienen Veröffentlichungen mit Argumenten über die ernährungsphysiologische Notwendigkeit von Nahrung aus dem Wasser für die Evolution und Entwicklung des menschlichen Gehirns (siehe Kap. 9). In ihnen sehe ich eine starke Stütze der hier dargelegten Argumentationskette. Auch erschien es mir für eine in sich geschlossene Theorie notwendig, das Verhalten des heutigen Menschen unter stammesgeschichtlichen Aspekten ebenso einzubeziehen, wie dies in vielen Theorien beispielsweise mit anatomischen Merkmalen getan wird. Nur durch eine Zusammenschau der paläontologischen, anatomischen, physiologischen, der vergleichend primatologischen und der humanethologischen Befunde schien es mir möglich, diese Theorie als ein stabiles theoretisches Gerüst zur Evolution des aufrechten Menschen hier vorzulegen.

Literatur und Anmerkungen

Kapitel 1

1 Die Füße des Mauerseglers taugen nur noch zum Anklammern an senkrechten Felswänden, aber nicht einmal zum Sitzen auf flachem Untergrund. Ihr wissenschaftlicher Name, *Apus apus*, bedeutet auf deutsch: der Fußlose.

2 Dies kann nur gelten, soweit sich eine schnelle, sehr dynamisch ablaufende Evolution bei anderen fossil dokumentierten Tieren mit Sicherheit zeigen lässt.

3 Persönliche Mitteilung von Prof. Wulf Schiefenhövel.

4 Langsam kletternde Beuteltiere von zirka 1 kg Körpergewicht mit Wickelschwanz.

5 In der Zoologischen Systematik wird die Familie der Hominiden (Menschenartigen) von den meisten Fachleuten in die beiden Unterfamilien der Australopithecinen und der Hominiden aufgeteilt. Hierbei sind die inzwischen ausgestorbenen Australopithecinen die ursprünglichen Formen. Zu ihnen gehören derzeit drei Gattungen früher Menschenartiger: *Sahelanthropus*, *Ardipithecus* und *Australopithecus*.

6 Ardrey R (1961): African genesis. Dell, New York.

7 Blumenshine RJ, Cavallo JA (1992): Frühe Hominiden – Aasfresser. Spektrum Wiss., Heft 12: 88–95.

8 Darwin C (1966): Die Abstammung des Menschen. Übersetzung von: The Descent of Man. 2. Auflg. 1874, l.c.: 59f. Körner, Stuttgart.

9 Hewes GW (1961): Food transport and the origin of hominid bipedalism. Amer. Anthropol. 63: 687–710.

10 Isaac C (1978): The food sharing behaviour of protohuman hominids. In: Isaac G, Leakey EF (Hrsg.): Human Ancestors: 74–83. Freeman, San Francisco.

11 Jablonski NG, Chaplin G (1993): Origin of habitual terrestrial bipedalism in the ancestor of the Hominidae. J. Hum. Evol. 24: 259–280.

12 Jolly CJ (1970): The seed-eaters: a new model of hominoid differentiation based on a baboon analogy. Man 5: 1–26.

13 Kingdon J (1994): Und der Mensch schuf sich selbst – Das Wagnis der menschlichen Evolution. Birkhäuser Verlag, Basel, Boston, Berlin.

14 Lovejoy CO (1974): The gait of australopithecines. Yearb. Phys. Anthropol. 17: 147–161.

15 Lovejoy CO (1980): Hominid origins: The role of bipedalism. Am. J. Phys. Anthropol. 52: 250.

16 Die Theorie von DJ Morton wird gut referiert und diskutiert in: Tuttle R (1982): Darwin's apes, dental apes, and the descent of man: normal science in evolutionary anthropology. Curr. Anthropol. 15: 389–426.

17 Nach neuesten Untersuchungen werden zwei Gorillaarten mit fünf Unterarten unterschieden: Westlicher Gorilla (*Gorilla gorilla*) mit den beiden Unterarten: Westlicher Flachlandgorilla (*Gorilla gorilla gorilla*) und Cross-River-Gorilla (*G. g. diehli*), Östlicher Gorilla (*Gorilla beringei*) mit den drei Unterarten: Berggorilla (*G. b. beringei*), Bwindi-Gorilla (*G. b. bwidi*) und dem Grauers Gorilla (*G. b. graueri*). – Vergleiche: Niemitz C (2002: Aktuelle wissenschaftliche Kommentare zu: Arthur J. Rio-

pelle: «Schneeflöckchen». Die Große National Geographic Bibliothek. – Die besten historischen Reportagen aus 100 Jahren Forschung und Entdeckung. Band III, 104–110. Wissen Media-Verlag, Gütersloh, München).

18 Dies gilt besonders nach der Lektüre von: Rowley-Conwy P (1993): Gewaltiger Jäger oder unbedeutender Aassammler? In: Burenhult G (Hrsg.): Die ersten Menschen. Ursprünge und Geschichte des Menschen bis 10 000 vor Christus: 60–61. Jahr-Verlag, Hamburg.

19 Zum Beispiel: Sell A (1997): Lokomotion und Position bei Westlichen Flachlandgorillas (*Gorilla g. gorilla* Savage & Wyman, 1847). Diplomarbeit, Freie Universität Berlin, Berlin.

20 Stanford CB (2002): Brief communications: arboreal bipedalism in Bwindi chimpanzees. Am. J. Phys. Anthropol. 119: 87–91.

21 Videan EN, McGrew WC (2001): Are bonobos (*Pan pansicus*) really more bipedal than chimpanzees (*Pan troglodytes*)? Am. J. Primatol. 54: 233–239.

22 Videan EN, McGrew WC (2002): Bipedality in chimpanzee (*Pan troglodytes*) and bonobo (*Pan paniscus*): testing hypotheses on the evolution of bipedalism. Am. J. Phys. Anthropol. 118: 184–190.

23 Washburn SL (1960): Tools and human evolution. Sci. Amer. 203: 63–75.

24 Washburn SL (1967): Behaviour and the origin of man. Proc. Royal Anthrop. Soc. 3: 21–27.

25 Wrangham RW (1980): Bipedal locomotion as a feeding adaptation in Gelada baboons, and its implications for hominid evolution. J. Hum. Evol. 9: 329–331.

Kapitel 2

26 Aiello LC (1994): Body and energy requirements. In: Jones S, Martin RD, Pilbeam D (Hrsg.): The Cambridge Encyclopedia of Human Evolution: 41–44. Cambridge University Press, Cambridge.

27 Aiello LC, Dean Ch (1990): In introduction into human evolutionary anatomy. Academic Press, London, San Diego.

28 Bearder SK (2000): Flood brothers. BBC Wildlife 18 (6): 64–68.

29 Bender R, Verhaegen M, Oser N (1997): Der Erwerb menschlicher Bipedie aus der Sicht der Aquatic Ape Theory. Anthrop. Anz. 55: 1–14.

30 Carrier DR (1984): The energetic paradox of human running and hominid evolution. Curr. Anthropol. 25: 483–495.

31 Vergleiche: Chaplin G, Jablonski NG, Cable NT (1994): Physiology, thermoregulation and bipedalism. J. Hum. Evol. 27: 497–510.

32 Chon LS, Song SM, Draganich LF (1995): Predicting the kinematics of gait based on the optimum trajectory of the swinging limb. J. Biomech. 28: 377–385.

33 Falk D (1986): Evolution of cranial blood drainage in hominids; enlarged occipital-marginal sinuses and emissary foramina. Am. J. Phys. Anthrop. 70: 311–324.

34 Foley RA (2000): Menschen vor Homo sapiens – Wie und warum sich unsere Art durchsetzte. Jan Thorbecke Verlag, Sigmaringen.

35 Foley RA, Elton S (1998): Time and energy: the ecological context for the evolution of bipedalism. In: Strasser E, Fleagle J, Rosenberger A, McHenry H (Hrsg.): Primate Locomotion – Recent Advances: 419–433. Plenum Press, New York, London.

36 Goodall J (1968): The behaviour of free-living chimpanzees in the Gombe Stream Reserve. Animal Behav. Monographs 1: 161–311.

37 Goodall J (1992): Unusual violence in the overthrow of an alpha male chimpanzee at Gombe. In: Nishida T, McGrew WC, Marler P, Pickford M, de Waal FBM (Hrsg.): Topics of primatology. Vol. 1: Human origins: 142. Tokyo University Press, Tokyo.

38 Goodall J, Niemitz C (2002): Mein Leben unter wilden Schimpansen (Goodall). Mit aktuellen wissenschaftlichen Kommentaren (Niemitz). Die Große National Geographic Bibliothek. – Die besten historischen Reportagen aus 100 Jahren Forschung und Entdeckung. Band III: 10–46. Wissen Media-Verlag, Gütersloh, München.

39 Hardy A (1960): Was man more aquatic in the past? New Scientist 7: 642–645.

40 Henn V (1996): Höhere Funktionen des Zentralnervensystems. In: Klinke R, Silbernagl S (Hrsg.): Lehrbuch der Physiologie: 691–708. Georg Thieme, Stuttgart, New York.

41 Kirschmann E (1999): Das Zeitalter der Werfer – Eine neue Sicht des Menschen. Kirschmann, Hannover.

42 Lovejoy CO (1981): The origin of man. Science 211: 341–350.

43 Matsushima T, Rhoton AL, de Oliveira E, Peace D (1983): Microsurgical anatomy of the veins of the posterior fossa. J. Neurosurgery 59: 63–105.

44 Morgan E (1990): The scars of evolution – What our body tells us about human origins. Penguin Press, London.

45 Morgan E (1997): The aquatic ape hypothesis – the most credible theory of human evolution. Souvenir Press, London.

46 Pickford M (1991): Does the geological evidence support the Aquatic Ape Theory? In: Roede M, Wind J, Patrick J, Reynolds V (Hrsg.): The aquatic ape: fact or fiction? 127–132. Souvenir Press, London.

47 Preuschoft H, Preuschoft S (1991): The Aquatic Ape Theory, seen from epistemological and paleoanthropological viewpoints. In: Roede M, Wind J, Patrick J, Reynolds V (Hrsg.): The aquatic ape: fact or fiction? 142–173. Souvenir Press, London.

48 Reynolds V (1991): Cold and watery? Hot and dusty? Our ancestral environment and our ancestors themselves: an overview. In: Roede M, Wind J, Patrick J, Reynolds V (Hrsg.): The aquatic ape: fact or fiction? 331–341. Souvenir Press, London.

49 Roede M, Wind J, Patrick J, Reynolds V (1991) (Hrsg.): The aquatic ape: fact or fiction? Souvenir Press, London.

50 Rodman PS, McHenry HM (1980): Bioenergetics and the origin of human bipedalism. Am. J. Phys. Anthropol. 52: 103–106.

51 Rose MD (1976): Bipedal behavior of olive baboons (*Papio anubis*) and its relevance to an understanding of the evolution of human bipedalism. Am. J. Phys. Anthropol. 44: 247–261.

52 Shipman P (1986): Scavenging or hunting in early hominids: theoretical framework and tests. Am. Anthropol. 88: 27–43.

53 Sinclair ARE, Leakey MD, Norton-Griffith M (1986): Migration and hominid bipedalism. Nature 324: 307–308.

54 Wang WJ (1999): The mechanics of bipedalism in relation to load-carrying: biomechanical optima in hominid evolution. PhD-Thesis, Univ. of Liverpool, Liverpool.

55 Westenhöfer M (1942): Der Eigenweg des Menschen. Verlag Die Medizinische Welt W. Mannstaedt, Berlin.

56 Wheeler PE (1991): Body hair reduction and tract orientation in man: Hydrodynamics or thermoregulatory aerodynamics? In: Roede M, Wind J, Patrick J, Reynolds V (Hrsg.): The aquatic ape: fact or fiction? 221–236. Souvenir Press, London.

57 Wheeler PE (1993): The influence of stature and body form on hominid energy and water budgets: a comparison of *Australopithecus* and early *Homo* physiques. J. Hum. Evol. 24: 13–28.

58 Witte H, Preuschoft H, Recknagel S (1991): Human body proportions explained on the basis of biomechanical principles. Z. Morph. Anthropol. 78: 407–423.

59 Zippel U (1990): Schlaf-Wach-Zustand. In: Sommer K (Hrsg.): Der Mensch – Anatomie, Physiologie, Ontogenie: 554–556. Volk und Wissen, Berlin.

Kapitel 3

60 Hier seien nur die folgenden, viele Argumente und Belege zusammenfassenden Bücher aufgeführt. Es handelt sich um die folgenden sechs Bücher: 1) Dobzhansky Th, Boesiger E, Sperlich D (1980): Beiträge zur Evolutionstheorie. Band 10. In: Stubbe H (Hrsg.): Genetik – Grundlagen, Ergebnisse und Probleme in Einzeldarstellungen. Gustav Fischer Verlag, Jena. – 2) Fleagle JG (1999): Primate Adaptation and Evolution. 2nd ed. Academic Press, San Diego, London. – 3) Jones St, Martin RD, Pilbeam D (Hrsg.) (1994): The Cambridge Encyclopedia of Human Evolution. Cambridge University Press, Cambridge, New York. – 4) Schmitt M (1994): Wie sich das Leben entwickelte. Die faszinierende Geschichte der Evolution. Mosaik Verlag, München. – 5) Schwemmler W (1991): Symbiogenese als Motor der Evolution – Grundriss einer Theoretischen Biologie. Paul Parey, Berlin, Hamburg. – 6) Smith JM, Szathmáry E (1996): Evolution – Prozesse, Mechanismen, Modelle. Spektrum Akademischer Verlag, Heidelberg, Berlin.

61 Niemitz C (1996): Zur Evolution von Formen und neuen Materialien in der belebten Natur. Urania Band 4. Urania, Berlin.

62 Niemitz C (1999): Fossilien, Gene und Moleküle – Zur Evolution des menschlichen Genoms. – In: Niemitz C & Niemitz S (Hrsg.): Genforschung und Gentechnik – Ängste und Hoffnungen, 1–31. Springer for Science, Berlin, Heidelberg, New York.

63 Rechenberg, I. (1994): Evolutionsstrategie. – Fromann-Holzboog, Stuttgart.

Kapitel 4

64 Anonymus 1: Aber bitte mit Blick aufs Meer. Der Tagesspiegel Nr. 17 726, Immobilienspiegel S. 11, 6.4.2002.

65 Anonymus 2: Die Immobilie der Woche. Der Tagesspiegel Nr. 17 726, Immobilienspiegel S. 11, 6.4.2002.

66 Badrian AJ, Badrian NL (1984): Social organization of *Pan paniscus* in the Lomako Forest, Zaïre. In: Susman RL (Hrsg.): The pygmy chimpanzee – evolutionary biology and behavior: 325–346. Plenum Press, New York.

67 Badrian NL, Malenky RK (1984): Feeding ecology of *Pan paniscus* in the Lomako Forest, Zaïre. In: Susman RL (Hrsg.): The pygmy chimpanzee – evolutionary biology and behavior: 275–300. Plenum Press, New York.

68 Courbin A (1999): Meereslust – Das Abendland und die Entdeckung der Küste. 2. Aufl. Fischer Taschenbuch Verlag, Frankfurt a.M.

69 Dawkins R (1978): Das egoistische Gen. Springer-Verlag, Berlin, Heidelberg. Im Original: The selfish gene. Oxford University Press, Oxford (1978).

70 Heinz M, Nissen HJ (2001): Mensch und Umwelt – Kultur und Umwelt. In: Alt KW, Rauschenberger N (Hrsg.): Ökohistorische Reflexionen – Mensch und Umwelt zwischen Steinzeit und Silicon Valley: 149–170. Rombach Verlag, Freiburg.

71 Kano T (1979): A pilot study on the ecology of pygmy chimpanzees. In: Hamburg DA, McCown ER (Hrsg.): The great apes – perspectives on human evolution. Vol. 5: 123–135. Benjamin Cummings Publ., Menlo Park (Calif).

72 Kano T, Mulavwa M (1984): Feeding ecology of the pygmy chimpanzee (*Pan paniscus*) of Wamba. In: Susman RL (Hrsg.): The pygmy chimpanzee – evolutionary biology and behavior: 233–274. Plenum Press, New York.

73 Niemitz C (1996): Zur Evolution von Formen und neuen Materialien in der belebten Natur. Urania, Band 4: 1–33. Urania, Berlin.

74 Nikolei J (2002): Lokomotionsökologie adulter Hanumanlanguren (*Semnopithecus entellus*) in einem saisonalen Waldhabitat in Ramnagar (Südnepal). Dissertation, Freie Universität Berlin, Berlin.

75 Niesche D (2001): Ganggeschwindigkeiten ausgewählter urbaner Menschen in verschiedenen sozialen Konstellationen und Situationen. Staatsexamensarbeit, Freie Universität Berlin, Berlin.

76 Susman RL (1984): The locomotor behavior of *Pan paniscus* in the Lomako forest. In: Susman RL (Hrsg.): The pygmy chimpanzee – evolutionary biology and behavior: 369 – 391. Plenum Press, New York.

77 Vergleiche auch: Tischler B, Atzwanger K (2000): Wasser als Gestaltungselement der Innenarchitektur beeinflusst das menschliche Wohlbefinden. Homo 51/Suppl.: S133.

78 UNESCO (2002) (Hrsg.): Schätze der Menschheit – Kulturdenkmäler und Naturparadise unter dem Schutz der UNESCO Welterbekonvention. 8. Aufl., Weltbild Verlag, Augsburg.

79 Waal F de (1989): Peacemaking among primates. Harvard University Press, Cambridge (Mass.).

80 Vergleiche auch: Wilson EO (1975): Sociobiology – The new synthesis. The Belknap Press of Harvard University Press, Cambridge (Mass.).

81 Wittfogel KA (1962): Die Orientalische Despotie: eine vergleichende Untersuchung totaler Macht. Ullstein Verlag, Köln.

Kapitel 5

82 Ankel F (1970): Einführung in die Primatenkunde. Gustav Fischer, Stuttgart.

83 Asfaw B, White T, Lovejoy O, Latimer B, Simpson S, Suwa G (1999): *Australopithecus garhi*: A new species of early hominid from Ethiopia. Science 284: 629–635. Zur systematischen Kategorie der Familie der Hominiden im Sinne des Buchtextes, also ohne die Menschenaffen, siehe auch die Anmerkungen 87, 88, 91, 92, 94, 95, 97, 98, 99, 103, 116, 118, 126, 132, 142, 143, 145, 147 und 150.

84 Badrian NL, Malenky RK (1984): Feeding ecology of *Pan paniscus* in the Lomako Forest, Zaïre. In: Susman RL (Hrsg.): The pygmy chimpanzee – evolutionary biology and behavior: 275–300. Plenum Press, New York.

85 Barriel V (1996): *Pan paniscus* and hominoid phylogeny. Morphological data, molecular data and ‹total evidence›. Folia primatol. 68: 50–56.

86 Bauchot R, Stephan H (1966): Données nouvelles sur l'encéphalisation des insectivores et des prosimiens. Mammalia 30: 74–105.

87 Bermúdez de Castro JM, Arsuaga JL, Carbonell E, Rosas A, Martinez I, Mosquera M (1997): A hominid from the lower Pleistocene of Atapuerca, Spain: possible ancestors to neandertals and modern humans. Science 276: 1392–1395.

88 Bräuer G, Reincke J (1999): Die ersten Menschen. Brockhaus Enzyklopädie Mensch – Natur – Technik. Vol. 1, Vom Urknall zum Menschen: 557–589. Bibliographisches Institut F. A. Brockhaus, Leipzig.

89 Christel M (1993): Greiftechniken und Handpräferenzen verschiedener catarrhiner Primaten beim Aufnehmen kleiner Objekte. Doktorarbeit, Freie Universität Berlin, Berlin.

90 Christel M, Kitzel S, Niemitz C (1998): How precisely do bonobos (Pan paniscus) grasp small objects? Internat. J. Primatol. 19: 165–194.

91 Conroy GC, Weber GW, Seidler H, Tobias PV, Kane A, Brunsden B (1998): Endocranial capacity in an early hominid cranium from Sterkfontein, South Africa. Science 280: 1730–1731.

92 Conroy GC, Weber G, Seidler H, Tobias PV (1999): Response to Holloway RL: Hominid brain volume. Science 283: 34–35.

93 Coppens Y (1985): Die Wurzeln des Menschen – Das neue Bild unserer Herkunft. Deutsche Verlagsanstalt, München.

94 Vergleiche auch: Culotta E (1995a): New hominids crowd the field. Science 269: 918.

95 Vergleiche auch: Culotta E (1995b): Asian hominids grow older. Science 270: 1116–1117.

96 Fleagle JG (1999): Primate Adaptation and Evolution. 2nd ed. Academic Press, San Diego, London.

97 Gabunia L, Vekua A, Lordkipanidze D, Swisher III CC, Ferring R, Justus A, Nioradze M, Tvalchrelidze M, Antón SC, Bosinski G, Jöris O, de Lumley M-A, Majsuradze G, Mouskhelishvili A (2000): Earliest pleistocene hominid cranial remains from Dmanisi, Republic of Georgia: taxonomy, geological setting, and age. Science 288: 1019–1025.

98 Gommery D (1998) Axe vertébral, Hominoidea fossiles et posture orthograde: préambule à la bipédie. Primatologie 1: 135–160.

99 Heinzelin Jd, Clark D, White T, Hart W, Renne P, Wolde-Gabriel G, Beyene Y, Vrba E (1999): Environment and behavior of 2.5-million-year-old Bouri hominids. Science 284: 625–629.

100 Henneberg M (1997): The problem of species in hominid evolution. Persp. Hum. Biol. 3: 21–31.

101 Hill WCO (1974) Primates – Comparative Anatomy and Taxonomy. Band VII Cynopithecinae. Edinburgh University Press, Edinburgh.

102 Hogg ME (1965) A Biology of Man. Band I, l.c. p. 67. Heinemann, London.

103 Holloway RL (1999): Hominid brain volume. Science 283: 34.

104 Iwamoto M, Tomita M (1966): On the movement order of four limbs while walking and the body weight distribution to fore and hind limbs with standing on all fours in monkeys. J. Anthropol. Soc. Nippon 74: 228–231.

105 Ji QA, Luo ZX, Yuan ChX, Wible JR, Zhang, JP, Georgi JA (2002): The earliest known eutherian mammal. Nature 416: 816–822.

106 Vergleiche: Jouffroy FK, Berge Ch, Niemitz C (1984): Comparative study of the lower extremity in the genus Tarsius. In: Niemitz C (Hrsg): Biology of Tarsiers: 167–190. Gustav Fischer Verlag, Stuttgart, New York.

107 Jouffroy FK, Godinot M, Nakano Y (1992): Biometrical characteristics of primate hands. In: Preuschoft H, Chivers D (Hrsg.): The Hands of Primates: 133–171. Springer Verlag, Wien.

108 Jungers WL (1977): Hindlimbs and pelvic adaptations to vertical climbing and clinging in *Megaladapis*, a giant subfossil prosimian from Madagascar. Yearb. Phys. Anthropol. 20: 508–524.

109 Kelly J (1992): Evolution of apes. In: Jones S, Martin RD, Pilbeam D (Hrsg.): The Cambridge Encyclopedia of Human Evolution: 223–230. Cambridge University Press, Cambridge, New York.

110 Siehe beispielsweise: Kelly RE (2001): Tripedal knuckle-walking: a proposal for the evolution of human locomotion and handedness. J. Theor. Biol. 213: 333–358.

111 Vergleiche: Kimura T (1985): Bipedal and quadrupedal walking in primates: comparative dynamics. In: Kondo S (Hrsg.): Primate Morphophysiology, Locomotor Analyses and Human Bipedalism: 81–104. University of Tokyo Press, Tokyo.

112 Kimura T (1992): Hindlimb dominance during primate high-speed locomotion. Primates 33: 465–476.

113 Kimura T, Okada M, Ishida H (1979): Kinesiological characteristics of primate walking: Its significance in human walking. In: Morbeck ME, Preuschoft, H, Gomberg N (Hrsg.): Environment, Behavior, and Morphology: Dynamic Interactions in Primates: 297–311. Gustav Fischer, New York.

114 Kingdon J (1994): Und der Mensch schuf sich selbst – Das Wagnis der menschlichen Evolution. Birkhäuser Verlag, Basel, Boston, Berlin.

115 Kitzel St (1995): Experimente zur Lateralität und Motorik des Greifverhaltens beim Bonobo (*Pan paniscus*). Thesis, Freie Universität Berlin, Berlin.

116 McCollum MA (1999): The robust australopithecine face: a morphogenetic perspective. Science 284: 301–305.

117 McCrossin ML, Benefit BR, Gitau SN, Palmer AK, Blue KT (1998): Fossil evidence for the origins of terrestriality among Old World higher primates. In: Strasser E, Fleagle J, Rosenberger A, McHernry H (Hrsg.): Primate Locomotion – Recent Advances: 353–396. Plenum Press, New York, London.

118 McHenry HM (1992): How big were early hominids? Evol. Anthropol. 1: 15–20.

119 Morin PA, Moore JJ, Chakraborty R, Jin L, Goodall J, Woodruff DS (1994): Kin selection, social structure, gene flow, and the evolution of chimpanzees. Science 265: 1193–1201.

120 Napier JR, Davis PR (1959): The forelimb skeleton and associated remains of *Proconsul africanus*. Fossil Mamm. Afr. (Brit. Mus. Nat. Hist., London), 16: 1–69.

121 Napier JR, Napier PH (1968): A Handbook of Living Primates. Academic Press, London, New York.

122 Niemitz C (1977): Zur Funktionsmorphologie und Biometrie der Gattung *Tarsius* Storr, 1780 (Mammalia, Primates, Tarsiidae) – Herleitung von Evolutionsmechanismen bei einem Primaten. Courier Forschungsinstitut Senckenberg 25: 1–161.

123 Niemitz C (1979): Relationships among anatomy, ecology, and behavior: a model developed in the genus *Tarsius*, with thoughts about phylogenetic mechanisms and adaptive interactions. In: Morbeck ME, Preuschoft H, Gomberg N (Hrsg.): Environment, Behavior, and Morphology: Dynamic Interactions in Primates: 119–128. Gustav Fischer Verlag, New York, Stuttgart.

124 Vergleiche: Niemitz C (1985): Leaping locomotion and the anatomy of the tarsier. In: Kondo S (Hrsg.): Primate Morphophysiology, Locomotor Analyses and Human Bipedalism: 235–251. University of Tokyo Press, Tokyo.

125 Niemitz C (1989): Risiken und Krankheiten als Evolutionsfaktoren – Eine Untersuchung am Beispiel von *Tarsius*. Zool. Garten N.F. 59: 1–12.

126 Niemitz C (1999): Fossilien, Gene und Moleküle – Zur Evolution des menschlichen Genoms. In: Niemitz C, Niemitz S (Hrsg.): Genforschung und Gentechnik – Ängste und Hoffnungen: 1–31. Springer for Science, Berlin, Heidelberg, New York.

127 Niemitz C, Niesche D (2003) Walking speed dependence from socio-economic status reanalysed – Are status-high men faster than others? Manuskript eingereicht.

128 Vergleiche: Oxnard CE (1979): The morphological-behavioral interface in extant primates: some implications for systematics and evolution. In: Morbeck ME, Preuschoft H, Gomberg N (Hrsg.): Environment, Behavior, and Morphology: Dynamic Interactions in Primates: 209–228. Gustav Fischer Verlag, New York, Stuttgart.

129 Oxnard CE (1983): The order of man – a biomathematical anatomy of the Primates. Hong Kong University Press, Hong Kong.

130 Vergleiche: Oxnard CE (1984): The place of *Tarsius* as revealed by multivariatae statistical morphometrics. In: Niemitz C (Hrsg.): Biology of Tarsiers: 17–32. Gustav Fischer Verlag, Stuttgart, New York.

131 Pickford M (2002): Paleoenvironments and hominoid evolution. Z. Morphol. Anthropol. 83: 337–348.

132 Pilbeam D (1995): Die Abstammung von Hominoiden und Hominiden. Spektrum Wiss., Mai 1984. Nachdruck in: Streit B (Hrsg.): Evolution des Menschen: 38–49. Spektrum Akademischer Verlag, Heidelberg.

133 Preuschoft H (1973): Functional anatomy of the upper extremity. In: Bourne GH (Hrsg.): The Chimpanzee, Vol. 6: 34–115. Karger, Basel.

134 Preuschoft H, Christian A, Günther M (1998): Size dependences in prosimian locomotion and their implications for the distribution of body mass. Folia primatol. 69 (Suppl. 1): 60–81.

135 Preuschoft H, Preuschoft S (1991): The Aquatic Ape Theory, seen from epistemological and paleoanthropological viewpoints. In: Roede M, Wind J, Patrick J, Reynolds V (Hrsg.): The Aquatic Ape: Fact or Fiction? 142–173. Souvenir Press, London.

136 Preuschoft H, Tardieu Ch (1996): Biomechanical reasons for the divergent morphology of the knee joint and the distal epiphyseal suture in hominoids. Folia primatol. 66: 82–92.

137 Reynolds TR (1985) Mechanics of increased support of weight by the hindlimbs in primates. Am. J. Phys. Anthropol. 67: 335–349.

138 Rose MD (1979) Positional behavior of natural populations: some quantitative results of a field study of *Colobus guereza* and *Cercopithecus aethiops*. In: Morbeck ME, Preuschoft H, Gomberg N (Hrsg.): Environment, Behavior, and Morphology: Dynamic Interaction in Primates, 75–93. Gunstav Fischer, New York, Stuttgart.

139 In dem Zitat bezieht sich Fleagle auf: Rose MD (1993): Locomotor anatomy of Miocene hominoids. In: Gebo DL, DeKalb F (Hrsg): Postcranial Adaptation in Nonhuman Primates: 252–272. NIU Press, Chicago.

140 Rowe N (1996) The pictorial guide to the living primates. Pogonias Press, East Hampton, NY.

141 Schmid P (1983): Eine Rekonstruktion des Skelettes von A.L. 288–1 (Hadar) und deren Konsequenzen. Folia primatol. 40: 283–306.

142 Schrenk F (1998): Unterkiefer UR 501 und der *Homo rudolfensis* – Neue Funde zur

Menschwerdung im südöstlichen Afrika. Forschungs-Mitteilungen der DFG 8/98: 18–21.

143 Schrenk F, Bromage TG, Betzler CG, Ring U, Juwayeyi YM (1993): Oldest Homo and Pliocene biogeography of the Malawi rift. Nature 365: 833–836.

144 Shoshani, J, Groves, CP, Simons, EL, Gunnell, EF (1996): Primate phylogeny: morphological vs. molecular results. Mol. Phylogen. Evol. 5, 102–154.

145 Sibley CG (1995): DNA-DNA hybridisation in the study of primate evolution. In: Jones S, Martin RD, Pilbeam D (Hrsg.): The Cambridge Encyclopedia of Human Evolution: 313–315. 2nd ed. Cambridge University Press, Cambridge.

146 Simons EL (1967): Fossil primates and the evolution of some primate locomotor systems. Am. J. Phys. Anthropol. 26: 241–254.

147 Sponheimer M, Lee-Thorp JA (1999): Isotopic evidence for the diet of an early hominid, Australopithecus africanus. Science 283: 368–370.

148 Stephan H (1984) Morphology of the brain in Tarsius. In: Niemitz C (Hrsg.): Biology of Tarsiers: 319–344. Gustav Fischer Verlag, New York, Stuttgart.

149 Stephan H. Bauchot R (1965) Hirn-Körpergewichtsbeziehungen bei den Halbaffen (Prosimii). Acta zool. 46: 209–231.

150 Strait DS, Grine FE (1999): Cladistics and early hominid phylogeny. Science 285: 1210–1211.

151 Struhsaker TT (1967): Ecology of vervet monkeys (Cercopithecus aethiops) in the Masai-Amboseli Game Reserve, Kenya. Ecology 48: 891–904.

152 Thompson DW (1917): On Growth and Form. Cambridge University Press, Cambridge.

153 Tuttle R (1975): Parallelism, brachiation, and hominoid phylogeny. In: Luckett WP, Szalay FS (Hrsg.): Phylogeny of the Primates: 447–480. Plenum Press, New York.

154 Tuttle R, Watts DP (1985): The positional behavior and adaptive complexes of Pan gorilla. In: Kondo S (Hrsg.): Primate Morphophysiology, Locomotor Analyses and Human Bipedalism: 261–288. University of Tokyo Press, Tokyo.

155 Vilenski JA (1979): Masses, centers of gravity, and moments of inertia of the body segments of the rhesus monkey. Am. J. Phys. Anthropol. 50: 57–66.

156 Waal F de (1989): Peacemaking among primates. Harvard University Press, Cambridge (Mass.).

157 Walker AC, Pickford M (1983): New postcranial fossils of Proconsul africanus and Proconsul nyanzae. In: Ciochon RL, Corruccini R (Hrsg.): New Interpretations of Ape and Human Ancestry: 325–352. Plenum Press, New York.

158 Walker AC, Teaford M (1989): The hunt for Proconsul. Sci. Amer. 260: 76–82.

159 Ward CV (1998): Afropithecus, Proconsul, and the primitive hominoid skeleton. In: Strasser E, Fleagle J, Rosenberger A, McHernry H (Hrsg.): Primate Locomotion – Recent Advances: 337–352. Plenum Press, New York, London.

160 Witte H, Preuschoft H, Recknagel S (1991): Human body proportions explained on the basis of biomechanical principles. Z. Morph. Anthropol. 78: 407–423.

Kapitel 6

161 Hayama S, Nakatsukasa M, Kinimatsu Y (1992): Monkey performance: the development of bipedalism in trained Japanese monkeys. Acta Anat. Nipponica 67: 169–185.

162 Jungklaus B, Neumann M, Niemitz C (2000): Lebenserwartung und Arbeitsbelas-

tung im Mittelalter in der Mark Brandenburg – Untersuchungen an der Skelettserie aus Treskow/Neuruppin. In: Schultz M, Atzwanger K, Niemitz C et al. (Hrsg.): Homo – unsere Herkunft und Zukunft. Proceedings 4. Kongress der Gesellschaft für Anthropologie: 299–305. Cuvillier Verlag, Göttingen.

163 Kingdon J (1994): Und der Mensch schuf sich selbst – Das Wagnis der menschlichen Evolution. Birkhäuser Verlag, Basel, Boston, Berlin.

164 Köpf-Maier P (2000): Atlas of human anatomy. Band 1. Karger, Basel, Freiburg, Paris.

165 Zwischenzeitlich hat die Evolution dieses konstruktive Problem bei gut angepassten Läufern, wie zum Beispiel Hunden, optimal gelöst. Siehe: Loscher D (2001): Kinematische Funktionsanalyse der Wirbelsäulenbewegungen des Haushundes (C. lupus familiaris) in verschiedenen Gangarten. Diplomarbeit, Freie Universität Berlin, Berlin.

166 Niemitz C (1999a): Gestalt, Statik und Bewegung. Brockhaus Enzyklopädie Mensch – Natur – Technik. Band 2, Phänomen Mensch: 92–114. Bibliographisches Institut F. A. Brockhaus, Leipzig, Mannheim.

167 Niemitz C (1999b): Frühe Vorläufer – Affen und Hominiden. Brockhaus Enzyklopädie Mensch – Natur – Technik. Band 1, Vom Urknall zum Menschen: 509–556. Bibliographisches Institut F. A. Brockhaus, Leipzig, Mannheim.

168 Niemitz C (2002): Kinematics and ontogeny of locomotion on monkeys and human babies. Z. Morphol. Anthropol. 83: 383–400.

169 Plagenhoef, St., persönliche Mitteilung.

170 Preuschoft H, Christian A (1999): Statik und Dynamik bei Tetrapoden. In: Ganslosser U (Hrsg.): Spitzenleistungen – Unglaubliches aus dem Tierreich: 89–130. Filander Verlag, Fürth.

171 Preuschoft H, Hayama S, Günther M (1988): The curvature of the lumbar spine during acquisition of bipedalism in Japanese macaques. Folia primatol. 50: 42–58.

172 Pridmore PM (2000): The origin of asymmetrical gaits in synapsid vertebrates – evidence from monotremes, mesozoic mammals and trackways. In: Zeller U (Hrsg.): Origin and evolutionary transformations of mammals – using biological signals in understanding earth history: 43. Natural History Museum, Humboldt University, Berlin.

173 Putz R (1991): Rumpf. In: Dreckhahn D, Zenker W (Hrsg.): Benninghoff Anatomie, Band 1: 245–324. Urban & Schwarzenberg, München, Wien.

174 Reutter K (1989): Bewegungsapparat. In: Mörike K, Betz E, Mergenthaler W (Hrsg.): Biologie des Menschen. Quelle & Meyer Verlag, Heidelberg, Wiesbaden.

175 Starck D (1995): Säugetiere. Allgemeines, Ordo 1 – 9. In: Starck D (Hrsg.): Lehrbuch der Speziellen Zoologie. Band II: Wirbeltiere. 5. Teil: Säugetiere. G. Fischer Verlag, Jena.

176 Samandari F, Mai JK (1995): Funktionelle Anatomie für Zahnmediziner. Band 1. Quintessenz-Verlag, Berlin, Chicago, São Paulo.

177 Schiebler Th H, Schmidt W (2002): Anatomie. Springer, Berlin, Heidelberg, New York.

178 Waldeyer A, Mayet A (1987): Anatomie des Menschen. Band 1. Walter de Gruyter, Berlin, New York.

Kapitel 7

179 Amores A, Force A, Yan YL, Joly L, Amemiya C, Fritz A, Ho RK, Langeland J, Prince V, Wang YL, Westerfield M, Ekker M, Postlethwait JH (1998): Zebrafish hox clusters and vertebrate genome evolution. Science 282: 1711–1714.

180 Vergleiche hierzu: Andrews PJ, Aiello LC (1984): An evolutionary model for feeding and positional behaviour. In: Chivers DJ, Wood BA, Bilsborough A (Hrsg.): Food Acquisition and Processing in Primates: 429–466. Plenum Press, New York.

181 Cartmill M (1992): Non-human primates. In: Jones S, Martin RD, Pilbeam D (Hrsg.): The Cambridge Encyclopedia of Human Evolution: 24–32. Cambridge University Press, Cambridge.

182 Davidson EH, Peterson KJ, Cameron RA (1995): Origin of bilaterian body plans: evolution of developmental regulatory mechanisms. Science 270: 1319–1325.

183 Dickmann S (1997): Possible new roles for *HOX* genes. Science 278: 1882–1883.

184 Fleagle JG, McGraw WSC (2000): Function and phylogeny in large African cercopithecines. In: Niemitz C (Hrsg.): Sektion 2: Primatologie und funktionelle Anatomie. Proceedings 3. Kongr. Ges. f. Anthropol., 1.-3. Okt. 1998, Göttingen: 51–56. Cuvellier-Verlag, Göttingen.

185 Foley RA, Elton S (1998): Time and energy: the ecological context for the evolution of bipedalism. In: Strasser E, Fleagle J, Rosenberger A, McHenry H (Hrsg.): Primate Locomotion – Recent Advances: 419–433. Plenum Press, New York, London.

186 Siehe auch: Goodall J (1986): The chimpanzees of Gombe: Patterns of behavior. Harvard University Press, Cambridge, MA.

187 Henry GL, Melton DA (1998): *Mixer*, a homeobox gene required for endoderm development. Science 281: 91–96.

188 Hunt KD (1998): Ecological morphology of *Australopithecus afarensis* – travelling terrestrially, eating arboreally. In: Strasser E, Fleagle J, Rosenberger A, McHenry H (Hrsg.): Primate Locomotion – Recent Advances: 397–418. Plenum Press, New York, London.

189 Siehe auch: Kress H (1999): Gene und Baupläne – Evolution von Evolutionsprogrammen. In: Niemitz C, Niemitz S (Hrsg.): Genforschung und Gentechnik – Ängste und Hoffnungen: 31–54. Springer for Science, Berlin, Heidelberg, New York.

190 Martin RD (1984): Tree shrews. In: Macdonald D (Hrsg.): The Encyclopaedia of Mammals: 440–445. Facts on File, New York.

191 Martin RD (1990): Primate origins and evolution – Phylogenetic reconstructions. Chapman and Hall, London.

192 Siehe auch: McGrew WC, Baldwin PJ, Tutin CEG (1981): Chimpanzees in a hot, dry and open habitat: Mt. Assirik, Senegal, West Africa. J. Hum. Evol. 10: 217–244.

193 Moyá-Solá S, Köhler M (1996): A *Dryopithecus* skeleton and the origins of great-ape locomotion. Nature 379: 156–159.

194 Nikolei J (2002): Lokomotionsökologie adulter Hanuman-Languren (*Semnopithecus entellus*) in einem saisonalen Waldhabitat in Ramnagar, Südnepal. Dissertation, Freie Universität Berlin, Berlin.

195 Niemitz C (1999a): Fossilien, Gene und Moleküle – Zur Evolution des menschlichen Genoms. In: Niemitz C, Niemitz S (Hrsg.): Genforschung und Gentechnik – Ängste und Hoffnungen: 1–31. Springer for Science, Berlin, Heidelberg, New York.

196 Niemitz C (2002): Kinematics and ontogeny of locomotion on monkeys and human babies. Z. Morph. Anthropol. 83: 383–400.

197 Podzuweit D (1994): Sozio-Ökologie weiblicher Hanuman Languren (*Presbytis entellus*) in Ramnagar, Südnepal. Dissertation, Georg-August-Universität zu Göttingen, Göttingen; sowie auch Nikoleis eigene Beobachtungen.

198 Preuschoft H, Demes B (1984): Biomechanics of brachiation. In: Preuschoft H, Chivers D, Brockelman W, Creel N (Hrsg.): The Lesser Apes. Evolutionary and Behavioural Biology: 96–118. Edinburgh University Press, Edinburgh.

199 Preuschoft H, Demes B (1985): Biomechanic determinants of arm length and body mass in brachiators. Fortschr. Zool. 30: 39–43.

200 Vergleiche: Remis MJ (1998): The gorilla paradox – The effects of body size and habitat on the positional behavior of lowland and mountain gorillas. In: Strasser E, Fleagle J, Rosenberger A, McHenry H (Hrsg.): Primate Locomotion – Recent Advances: 95–106. Plenum Press, New York, London.

201 Schmid P (1983): Eine Rekonstruktion des Skelettes von A.L. 288–1 (Hadar) und deren Konsequenzen. Folia primatol. 40: 283–306.

202 Stanford CB (2002): Brief communications: arboreal bipedalism in Bwindi chimpanzees. Am. J. Phys. Anthropol. 119: 87–91.

Kapitel 8

203 Badrian AJ, Badrian NL (1984): Social organization of *Pan paniscus* in the Lomako Forest, Zaïre. In: Susman RL (Hrsg.): The Pygmy Chimpanzee – Evolutionary Biology and Behavior: 325–346. Plenum Press, New York.

204 Badrian NL, Malenky RK (1984): Feeding ecology of *Pan paniscus* in the Lomako Forest, Zaïre. – In: Susman RL (Hrsg.): The Pygmy Chimpanzee – Evolutionary Biology and Behavior: 275–300. Plenum Press, New York.

205 Bearder SK, persönliche Mitteilung.

206 Bearder SK (2000): Flood brothers. BBC Wildlife 18 (6): 64–68.

207 Bennett EL, Sebastian AC (1988): Social organization and ecology of proboscis monkeys (*Nasalis larvatus*) in mixed coastal forest of Sarawak. Internat. J. Primatol. 9: 233–255.

208 Cowlishaw G, Clutton-Brock T (2001): Primates. In: Macdonald, D (Hrsg.): The New Encyclopedia of Mammals: 290–301. Oxford University Press, Oxford.

209 Ellis D (1991): Is an aquatic ape viable in terms of marine ecology and primate behaviour? In: Roede M, Wind J, Patrick J, Reynolds V (Hrsg.): The Aquatic Ape: Fact or Fiction? 36–74. Souvenir Press, London.

210 Goldschmidt E (2001): Grunzende Sieger – Das Verhalten des Wildschweins im Jahreszyklus. Institut für Wildtierforschung und Ego, Hamburg.

211 Kano T (1979): A pilot study on the ecology of pygmy chimpanzees. In: Hamburg DA, McCown ER (Hrsg.): The Great Apes – Perspectives on Human Evolution. Vol. 5: 123–135. Benjamin Cummings Publ., Menlo Park (Calif).

212 Kano T, Mulavwa M (1984): Feeding ecology of the pygmy chimpanzee (*Pan paniscus*) of Wamba. In: Susman RL (Hrsg.): The Pygmy Chimpanzee – Evolutionary Biology and Behavior: 233–274. Plenum Press, New York.

213 Matthews Adele, Matthews Andreas (2000): Primate populations and inventory of large and medium sized mammals in the Campo Ma'an project area, Southwest Cameroon. Report to Tropenbos Foundation: 1–221. Freie Universität Berlin, Berlin.

214 Matthews Adele, Matthews Andreas (2002): Distribution, population density, and

status of sympatric cercopithecids in the Campo Ma'an area, Southwestern Cameroon. Primates 43: 155–168.

215 Mendes FDC, Martins LBR, Pereira JA, Marquezan RF (2000): Fishing with a bait: a note on behavioural flexibility in *Cebus apella*. Folia primatol. 71: 350–352.

216 Nash LT, Bearder SK, Olson TR (1989): Synopsis of galago species characteristics. Internat. J. Primatol. 10: 57–80.

217 Nikolei J (2002): Lokomotionsökologie adulter Hanuman-Languren (*Semnopithecus entellus*) in einem saisonalen Waldhabitat in Ramnagar, Südnepal. Dissertation, Freie Universität Berlin, Berlin.

218 Novak RM (1991): Primates. In: Novak RM (Hrsg.): Walker's Mammals of the World. 5th edition: 400–514. John Hopkins University Press, Baltimore.

219 Penn L (1996): The chimpanzees of Conkouati. IPPL-News 23(4): 3–4.

220 Pfeifer JB, persönliche Mitteilung.

221 Pochron ST (2000): The core dry-season diet of yellow baboons (*Papio hamdryas cynocephalus*) in Ruaha National Park, Tanzania. Folia primatol. 71: 346–349.

222 Radke, R, persönliche Mitteilung.

223 Rowe N (1996): The Pictorial Guide to the Living Primates. Pogonias Press, East Hampton, New York.

224 Sommer V (1989): Die Affen – Unsere wilde Verwandtschaft. Gruner + Jahr, Hamburg.

225 Susman RL (1984): The locomotor behavior of *Pan paniscus* in the Lomako forest. In: Susman RL (Hrsg.): The Pygmy Chimpanzee – Evolutionary Biology and Behavior: 369–391. Plenum Press, New York.

226 Waal F de (1989): Peacemaking Among Primates. Harvard University Press, Cambridge (Mass.).

227 Watanabe K (1989): Fish: a new addition to the diet of Japanese macaques on Koshima Island. Folia primatol. 52: 124–131.

Kapitel 9

228 Anonymus (2002): A face for German bog man. Science 297: 1271.

229 Azema M (1992): La représentation du mouvement dans l'art animalier paléolithique des Pyrénées. Préhistoire Ariègoise. Bull. Soc. Préhistor. Ariège Pyrénées 47: 19–76.

230 Badrian NL, Malenky RK (1984): Feeding ecology of *Pan paniscus* in the Lomako Forest, Zaïre. – In: Susman RL (Hrsg.): The Pygmy Chimpanzee – Evolutionary Biology and Behavior: 275–300. Plenum Press, New York.

231 Bearder SK (2000): Flood brothers. BBC Wildlife 18 (6): 64–68.

232 Beyth M (1978): Comparative study of sedimentary fills of Danakil depression (Ethiopia) and Dead Sea rift (Israel). Tectonophysics 46: 357–367.

233 Biberson P (1964): Torralba et Ambrona. Notes sur deux stations acheuléennes de chasseurs d'éléphants de la vieille Castille. Miscelanea en homenaje al Abate Henri Breuil I: 201–248, Barcelona.

234 Böhme, G. (1998): Neue Funde von Fischen, Amphibien und Reptilien aus dem Mittelpleistozän von Bilzingsleben. – Praehistoria Thuringica 2, 96–107.

235 Bowler JM, Johnston H, Olley JM, Prescott JR, Roberts, RG, Shawcross W, Spooner NA (2003): New ages for human occupation and climatic change at Lake Mungo, Australia. Nature 412: 837–840.

236 Bräuer G (1999): Die Acheuléen-Fundstelle von Orlorgesailie. Brockhaus Enzyklopädie Mensch – Natur – Technik. Vol. 1, Vom Urknall zum Menschen: 621.
Bibliographisches Institut F. A. Brockhaus, Leipzig.

237 Bräuer G, Reincke J (1999): Die ersten Menschen. Brockhaus Enzyklopädie
Mensch – Natur – Technik. Vol. 1, Vom Urknall zum Menschen: 557–589. Bibliographisches Institut F. A. Brockhaus, Leipzig.

238 Brühl E (1998): Frühe Hominiden, Teil 1: Die Fundstellen erectoider und praesa-
pienter Formen in Europa und Westasien. Praehistoria thuringica 2: 123–152.

239 Brunet M, Guy F, Pilbeam D, Mackaye HT, Likius A, Ahounta D, Beauvilain A, Blon-
del C, Bocherens H, Boisserie J-R, de Bonis L, Coppens Y, Dejax J, Denys Ch, Durin-
ger Ph, Eisenmann V, Fanone G, Fronty P, Geraads D, Lehmann Th, Lihoreau F,
Louchart A, Mahamat A, Merceron G, Mouchelin G, Otero O, Campomanes PP, de
Leon MP, Rage R-C, Sapanet M, Schuster M, Sudre J, Tassy P, Valentin X, Vignaud P,
Viriot L, Zazzo A, Zollikofer Ch (2002): A new hominid from the upper Miocene of
Chad, central Afrika. Nature 418: 145–151.

240 Burenhult G (1993): Die Megalithbauern Westeuropas. In: Burenhult G (Hrsg.): Illustrierte Geschichte der Menschheit – Die Menschen der Steinzeit: 78–99. Jahr-
Verlag, Hamburg.

241 Burenhult G (2000): Die Eisenzeit in Europa. In: Burenhult G (Hrsg.) Die Kulturen
der Alten Welt – Die ersten Städte und Staaten: 187–195. Weltbild-Verlag, Augsburg.

242 Clottes J, Courtin J (1995): Grotte Cosquer – Eine im Meer versunkene Bilder-
höhle. Jan Thorbecke Verlag, Sigmaringen.

243 FAO (Hrsg.) (2000): The state of food insecurity in the world 1999. Rome 1999. In:
Deutsche Welthungerhilfe (Hrsg.): Jahrbuch Welternährung – Daten, Trends, Perspektiven. Fischer Taschenbuch, Frankfurt a. M.

244 Frison GC (1993): Der moderne Mensch in der Neuen Welt In: Burenhult G
(Hrsg.): Die illustrierte Enzyklopädie der Menschheit – Die ersten Menschen: Ursprünge und Geschichte des Menschen bis vor 10 000 Jahren: 185–205. Jahr-Verlag, Hamburg.

245 Gabunia L, Vekua A, Lordkipanidze D, Swisher III CC, Ferring R, Justus A, Nioradze M, Tvalchrelidze M, Antón SC, Bosinski G, Jöris O, de Lumley M-A, Majsuradze G, Mouskhelishvili A (2000): Earliest pleistocene hominid cranial remains
from Dmanisi, Republic of Georgia: taxonomy, geological setting, and age. Science
288: 1019–1025.

246 Gailli R, Pailhaugue N, persönliche Mitteilung.

247 Gibbons A (2002) Humans' head start: new views of brain evolution. Science 296:
835–837.

248 Vergleiche: Glaubrecht M (2000): Häusliche Jäger – Grabungen belegen: die ersten
Städter lebten nicht vom Ackerbau. Der Tagesspiegel Nr. 17172: 36.

249 Groves C (1993): Die Ursprünge des Menschen – Unsere frühesten Vorfahren. In:
Burenhult G (Hrsg.): Die ersten Menschen. Ursprünge und Geschichte des Menschen bis 10 000 vor Christus: 42–52. Jahr-Verlag, Hamburg.

250 Güsten S (2000): Der Schauplatz der biblischen Sintflut – Der «Titanic»-Entdecker
Robert Ballard hat eine ehemalige menschliche Siedlung im Schwarzen Meer entdeckt. Der Tagesspiegel Nr. 17172: 40.

251 Haas F (2002): Die älteste Darstellung eines Krusters? GfBS-News – Organismen
Diversität Evolution. Nr. 09: 30–31.

252 Hamblin DJ (1973): Die ersten Städte. Time-Life International, ohne Ortsangabe (Niederlande).

253 Jockenhövel A (1998): Mensch und Umwelt in der Bronzezeit Europas: Einführung in die Thematik. In: Hänsel B (Hrsg.): Man and Environment in European Bronze Age: 27–47. Oetker-Voges-Verlag, Kiel.

254 Johanson DC, White TD, Coppens Y (1978): A new species of the genus *Australopithecus* (Primates: Hominidae) from the Pliocene of Eastern Africa. Kirtlandia 28: 1–14.

255 Kingdon J (1994): Und der Mensch schuf sich selbst – Das Wagnis der menschlichen Evolution. Birkhäuser Verlag, Basel, Boston, Berlin.

256 Kortlandt A (1983): Marginal habitats of chimpanzees. J. Hum. Evol. 8: 231–278.

257 La Lumière LP (1991): The evolution of genus *Homo*: where it happened. In: Roede M, Wind J, Patrick J, Reynolds V (Hrsg.): The Aquatic Ape: Fact or Fiction? 23–35. Souvenir Press, London.

258 Leakey MG, Feibel CS, McDougall I, Walker A (1995): New four-million-year-old hominid species from Kanapoi and Allia Bay, Kenya. Nature 376: 565–571.

259 Lorblanchet M (1995): Les grottes ornées de la préhistoire – nouveaux regards. Éditions Errance, Paris.

260 Mania D (1990): Der Mensch vor 350 000 Jahren. Kleinschmager, Artern.

261 Mania D (1997): Bilzingsleben – Ein kulturgeschichtliches Denkmal der Stammesgeschichte des Menschen. Praehistoria thuringica 1: 30–96.

262 Mania D, Mania U (1998): Geräte aus Holz von der altpaläolithischen Fundstelle bei Bilzingsleben. Praehistoria thuringica 2: 32–72.

263 Oakley KP, Andrews P, Keeley LH, Cark JD (1977): A reappraisal of the Clactonian speerpoint. Proc. Prehist. Soc. 43: 13–30.

264 Palmquist L (1993): Kulte bei Çatal Hüyük. In: Burenhult G (Hrsg.): Illustrierte Geschichte der Menschheit – Die Menschen der Steinzeit: 30–31. Jahr-Verlag, Hamburg.

265 Plassard M-O, Plassard J (1995): Die Höhle von Rouffignac. Edition Sud-Ouest, Bordeaux.

266 Probst E (1999a): Deutschland in der Steinzeit – Jäger, Fischer und Bauern zwischen Nordseeküste und Alpenraum, l.c.: 349–351. Orbis Verlag, München.

267 Probst E (1999b): Deutschland in der Bronzezeit – Bauern, Bronzegießer und Burgherren zwischen Nordsee und Alpen, l.c.: 262–266. Orbis Verlag, München.

268 Reynolds V (1991): Cold and watery? Hot and dusty? Our ancestral environment and our ancestors themselves: an overview. In: Roede M, Wind J, Patrick J, Reynolds V (Hrsg.): The Aquatic Ape: Fact or Fiction? 331–341. Souvenir Press, London.

269 Rowley-Conwy P (1993a): Gewaltiger Jäger oder unbedeutender Aassammler? In: Burenhult G (Hrsg.): Die illustrierte Enzyklopädie der Menschheit – Die ersten Menschen: Ursprünge und Geschichte des Menschen bis vor 10 000 Jahren: 60–64. Jahr-Verlag, Hamburg.

270 Rowley-Conwy P (1993b): Steinzeitliche Jäger, Sammler und Bauern in Europa. In: Burenhult G (Hrsg.): Die illustrierte Enzyklopädie der Menschheit – Die Menschen der Steinzeit – Jäger, Sammler und frühe Bauern: 58–75. Jahr-Verlag, Hamburg.

271 Rowley-Conwy P (1993c): Muschelabfälle: Die Müllhalden der Geschichte. In: Burenhult G (Hrsg.): Die illustrierte Enzyklopädie der Menschheit – Die Menschen der Steinzeit – Jäger, Sammler und frühe Bauern: 62. Jahr-Verlag, Hamburg.

272 Sandweiss DH, McInnis H, Burger RL, Cano A, Ojeda B, Paredes R, Sandweiss MdC, Glascock MD (1998): Quebrada Jaguay: early South American maritime adaptation. Science 281: 1830–1832.

273 Schauer P (1997) (Hrsg.): Archäologische Forschungen zum Kultgeschehen in der jüngeren Bronzezeit und frühen Eisenzeit Alteuropas. Kolloquium Regensburg 4.-7. Okt. 1993. Regensburger Beitr. Prähist. Arch. Bd. 2. Ohne Verlag, Bonn.

274 Seaman MNL, Maarten R (1998): Muschelfischerei in Deutschland. Naturw. Rdsch. 51: 385–388.

275 Stiner, MC (1994): Honor among thieves. A zooarchaeological study of neandertal ecology. – Princeton University Press, Princeton.

276 Thieme H (1998): Altpaläolithische Wurfspeere aus Schöningen, Niedersachsen. Praehistoria thuringica 2: 22–31.

277 Vignaud P, Duringer Ph, Mackaye HT, Andossa L, Blondel C, Boisserie J-R, de Bonis L, Eisenmann V, Etienne M-E, Geraads D, Guy F, Lehmann Th, Lihoreau F, Lopez-Martinez N, Mourer-Chauviré C, Otero O, Rage J-C, Schuster M, Viriot L, Zazzo A. Brunet M (2002): Geology and paleontology of the upper Miocene Torros-Menalla hominid locality, Chad. Nature 418: 152–155.

278 Vogel G (1999): Did early African hominids eat meat? Science 283:303.

279 Walter RC, Buffler RT, Bruggemann JH, Guillaume MMM, Berhe SM, Negassi B, Libsekei Y, Cheng H, Edwards RL, Gosel Rv, Néraudeau D, Gagnon M (2000): Early human occupation of the Red Sea cost of Eritrea during the last interglacial. Nature 405: 65–69.

280 Vergleiche: White E (1973): Das Geheimnis der ersten Menschen. In: Time-Life-Bücher (Hrsg.): Die ersten Menschen: 32–65. Time-Life-International (Nederland), ohne Ort.

281 White TD, Suwa G, Asfaw B (1994, 22. Sept.): *Australopithecus ramidus*: a new species of early hominid from Aramis, Ethiopia. Nature 371: 306–312.

282 White TD, Suwa G, Asfaw B (1995, 4. Mai): Corrigendum: *Ardipithecus ramidus*, a new species from Aramis, Ethiopia. Nature 375: 88.

Kapitel 10

283 Anonymus (2002): Feng Shui – Garten für die Sinne. Apotheken Umschau, Juli 2002: 48–51.

284 Berliner Statistik (2002): Fachverbandsmitglieder der Sportvereine und Betriebssportgemeinschaften in Berlin am 1.1.2002 nach Sportarten, Altersgruppen und Geschlecht. Statistischer Bericht B V / S-J02: 14–15.

285 Frau Rabea Halbe sei herzlich für ihre Datenaufnahme in den Berliner Parks gedankt.

286 Heiss W (2002): Alles fließt – und genießt. Der Tagesspiegel, Nr. 17 842, 3.8.2002: 9.

287 Naumann C (2002): Empirische Untersuchung zu Umgebungsfaktoren menschlicher Befindlichkeit. Wiss. Hausarbeit, Freie Universität Berlin, Berlin.

288 Preuschoft H, Preuschoft S (1991): The Aquatic Ape Theory, seen from epistemilogical and paleoanthropological viewpoints. In: Roede M, Wind J, Patrick J, Reynolds V (Hrsg.): The Aquatic Ape: Fact or Fiction? 142–173. Souvenir Press, London.

289 Tischler B, Atzwanger K (2000): Wasser als Gestaltungselement der Innenarchitektur beeinflusst das menschliche Wohlbefinden. Homo 51/Suppl.: S. 133.

290 Für die Erhebung der Daten in den Berliner Schwimmbädern bedanke ich mich herzlich bei Frau Brit A. Walachowicz.

Kapitel 11

291 Für gewöhnlich heißt es, ausnahmslos alle Säugetiere hätten sieben Halswirbel. Außer der Ausnahme des Faultieres kommen noch bei einigen aquatischen Formen Besonderheiten vor. Mindestens bei einigen der praktisch ‹halslos› gewordenen Delphine sind die ganz dünnen sieben Scheiben der Halswirbel knöchern verschmolzen und bilden funktionell nur noch einen einzigen Wirbel. In der Gedankenführung dieses Kapitels ist dies auch deshalb interessant, weil es ein weiteres Mal verdeutlicht, dass man bei solchen stammesgeschichtlichen Herleitungen nicht mit einfachen Analogien argumentieren kann; außerdem muss man nach Widersprüchlichkeiten suchen.

292 Auch dies ist in der Schifffahrtstechnik imitiert worden. Es handelt sich um so genannte Stabilisatoren, die computergesteuerte Frontflossen darstellen und bei schwerer See als Steuerhilfe ausgefahren werden.

293 Deimer P (1989): Das Buch der Robben. Wilhelm Heyne Verlag, München.

294 Ellis D (1991): Is an aquatic ape viable in terms of marine ecology and primate behaviour? In: Roede M, Wind J, Patric, J, Reynolds V (Hrsg.): The Aquatic Ape: Fact or Fiction? 36–74. Souvenir Press, London.

295 Engelhardt A, Pfeifer JB, Niemitz C: Preliminary analysis of shore use and swimming in *Macaca fascicularis*. Primate report (in Vorbereitung).

296 Morgan E (1990): The scars of evolution – What our body tells us about human origins. Penguin Press, London.

297 Morgan E (1991a): The origins of a new theory. In: Roede M, Wind J, Patric, J, Reynolds V (Hrsg.): The Aquatic Ape: Fact or Fiction? 3–8. Souvenir Press, London.

298 Morgan E (1991b): Why a new theory is needed. In: Roede M, Wind J, Patric, J, Reynolds V (Hrsg.): The Aquatic Ape: Fact or Fiction? 9–22. Souvenir Press, London.

299 Vergleiche: Morgan E (1994): The descent of the child – human evolution from a new perspective. Souvenir Press, London.

300 Vergleiche auch: Morgan E (1997): The aquatic ape hypothesis – the most credible theory of human evolution. Souvenir Press, London.

301 Niemitz C (1977): Zur Funktionsmorphologie und Biometrie der Gattung *Tarsius* STORR, 1780 (Mammalia, Primates, Tarsiidae). Courier Forsch. Inst. Senckenberg 25: 1–161.

302 Niemitz C (1979): Relationships among anatomy, ecology, and behavior: a model developed in the genus *Tarsius*, with thoughts about phylogenetic mechanisms and adaptive interactions. In: Morbeck ME, Preuschoft H, Gomberg N (Hrsg.): Environment, Behavior, and Morphology: Dynamic Interaction in Primates: 119–128. Gustav Fischer Verlag, New York, Stuttgart.

303 Niemitz C, Cusimano N: Locomotor patterns of *Hippopotamus amphibius* under conditions of macro- and microgravity (Manuskript).

304 Roede M, Wind J, Patrick J, Reynolds V (1991) (Hrsg.): The Aquatic Ape: Fact or Fiction? Souvenir Press, London.

305 Preuschoft H, Preuschoft S (1991): The Aquatic Ape Theory, seen from epistemological and paleoanthropological viewpoints. In: Roede M, Wind J, Patrick J,

Reynolds V (Hrsg.): The Aquatic Ape: Fact or Fiction? 142–173. Souvenir Press, London.

306 Schagatay E (1991): Human sexual dimorphism: a speculative approach. In: Roede M, Wind J, Patrick J, Reynolds V (Hrsg.): The Aquatic Ape: Fact or Fiction? 299–305. Souvenir Press, London.

307 Trippo U (2000): Körperbau, Körperzusammensetzung und Ernährungsgewohnheiten bei Erwachsenen in Abhängigkeit von Alter und Geschlecht. Dissertation, Universität Potsdam, Potsdam.

308 Waal F de (1987): Vortrag auf dem internationalen Kongress der Gesellschaft für Anthropologie, Berlin; sowie, hinsichtlich des Kopulationsverhaltens, auch eigene Beobachtungen.

309 Westenhöfer M (1942): Der Eigenweg des Menschen. Verlag Die Medizinische Welt W. Mannstaedt, Berlin.

Kapitel 12

310 Alle semiterrestrischen vierfüßigen Affen sind schnell und wendig. Auch aus der Fossildokumentation ergibt sich kein Hinweis auf die Annahme, dass unsere quadrupeden Vorfahren langsamer waren. Mit Sicherheit waren sie schon lange einem Selektionsdruck durch Beutegreifer ausgesetzt, also auf Schnelligkeit optimiert.

311 Blumenshine RJ, Cavallo JA (1992): Frühe Hominiden – Aasfresser. Spektrum Wiss. Heft 12: 88–95.

312 Crompton RH, Li Y, Wang W, Guenther MM (1998): Bipedal walking of ‹Lucy› – Reconstruction of various gaits in *Australopithecus afarensis* using computer simulations. J. Hum. Evol. 35: 55–74.

313 Vergleiche: Dunbar DC (1989): Locomotor behavior of rhesus macaques (*Macaca mulatta*) on Cayo Santiago. Puerto Rico Health Sci. J. 8: 791–85.

314 Diese Ansicht teilt auch Fleagle: «Some argue that bipedalism evolved in conjunction with the use of stone tools. This is not supported by the fossil record, which indicates that human ancestors were bipedal well before they made such artefacts.» Fleagle JG (1994): Primate locomotion and posture. In: Jones St, Martin R, Pilbeam D (Hrsg.): The Cambridge encyclopedia of human evolution. First reprint: 75–79. Cambridge University Press, Cambridge.

315 Errechnet nach den Tabellen in: Flügel B, Greil H, Sommer K (1986): Anthropologischer Atlas – Grundlagen und Daten. Verlag Tribüne, Berlin.

316 Kimura, T (1995): Centre of gravity of the body during the ontogeny of chimpanzee bipedal walking. Folia primatol. 66: 126–136.

317 Kirsch K (1994): Leistungsphysiologie. In: Klinke R, Silbernagl S (Hrsg.): Lehrbuch der Physiologie: 509–529. G. Thieme Verlag, Stuttgart, New York.

318 Kramer PA, Eck GG (2000): Locomotor energetice and leg length in hominid bipedality. J. Hum. Evol. 38: 651–666.

319 Niemitz C, Cusimano N: Locomotor patterns of *Hippopotamus amphibius* under conditions of macro- and microgravity (Manuskript).

320 Nikaido M, Rooney AP, Okada N (1999): Phylogenetic relationships among cetartiodactyls based on insertions of short and long interspersed elements: hippopotamuses are the closest relatives of whales. Proc. Ntl. Acad. Sci. USA 96: 10261–10266.

321 Vergleiche auch: Preuschoft H, Günther M (1994): Biomechanics and body shape in primates compared with horses. Z. Morph. Anthrop. 80: 149–165.

322 Preuschoft H, Preuschoft S (1991): The Aquatic Ape Theory, seen from epistemological and paleoanthropological viewpoints. In: Roede M, Wind J, Patrick J, Reynolds V (Hrsg.): The Aquatic Ape: Fact or fiction? 142–173. Souvenir Press, London.

323 Preuschoft H, Witte H, Christian A, Recknagel St (1994): Körpergestalt und Lokomotion bei großen Säugetieren. Verh. Dt. Ges. Zool. 87: 147–163.

324 Trippo, U. (2000): Körperbau. Körperzusammensetzung und Ernährungsgewohnheiten bei Erwachsenen in Abhängigkeit von Alter und Geschlecht. Dissertation, Universität Potsdam, Potsdam.

325 Wang, WJ (1999): The mechanics of bipedalism in relation to load-carrying: biomechanical optima in hominid evolution. PhD-Thesis, Univ. of Liverpool, Liverpool.

Register